信息技术基础实训
(WPS Office)

主 编　魏化永　章　斌　胡　明
副主编　邓春红　藕海云　张　玮　姚　正　曹路舟

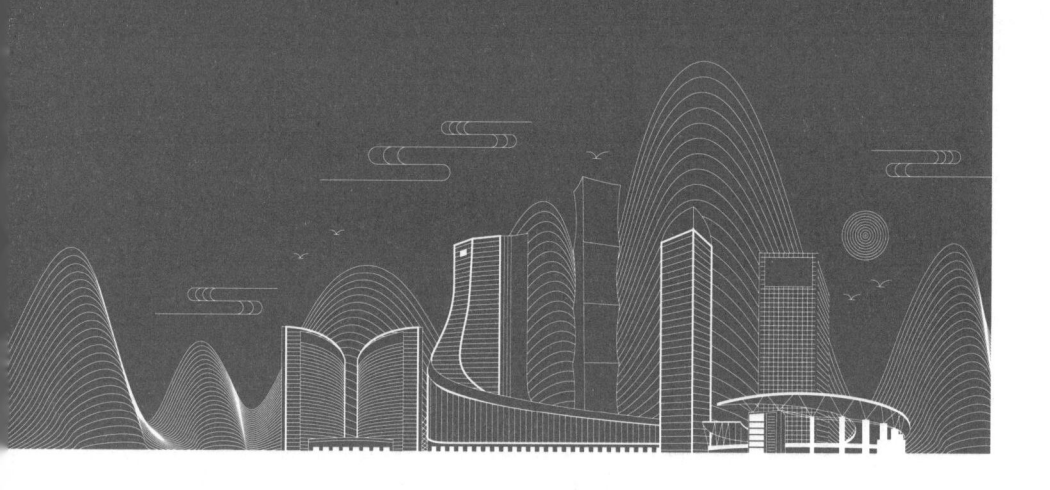

中国教育出版传媒集团
高等教育出版社·北京

内容提要

本书为高等职业教育计算机类课程新形态一体化教材，是许斗、徐济成、周先飞主编的《信息技术基础（WPS Office）》的配套实训用书，依据教育部颁布的《高等职业教育专科信息技术课程标准（2021年版）》，同时兼顾全国计算机等级考试一级 WPS Office 及《WPS 办公应用职业技能等级标准》的教学要求编写而成。

本书系统地介绍了信息技术领域的基础知识和实践操作，采用"项目引导、任务驱动"的编写方式来帮助读者建立扎实的信息技术基础，培养其信息技术素养，提升其实践操作能力。书中各任务以"任务概述+任务实施+任务拓展"的结构组织内容，同时，每个任务均按照"做什么、怎么做、做的效果"的内置逻辑开展任务实施。本书共9个项目、31个任务，主要内容包括计算机基础、文档处理、电子表格处理、演示文稿制作、信息检索、信息素养与社会责任、现代通信技术应用实践、人工智能及相关技术应用、数字媒体技术及虚拟现实技术的应用。书中每个实训项目均设置了基础知识测试环节，涉及全国计算机等级考试一级 WPS Office 及 WPS 办公应用职业技能等级证书认证的内容，帮助读者巩固所学知识并提高应试能力。

本书配有微课视频、课程标准、授课用 PPT、案例素材、习题答案等数字化资源。与本书配套的数字课程在"智慧职教"平台（www.icve.com.cn）上线，学习者可登录平台在线学习，授课教师可调用本课程构建符合自身教学特色的 SPOC 课程，详见"智慧职教"服务指南。授课教师如需获得本书配套教辅资源，请登录"高等教育出版社产品信息检索系统"（xuanshu.hep.com.cn）搜索下载，首次使用本系统的用户，请先进行注册并完成教师资格认证。

本书为高等职业院校各专业"信息技术"或"计算机应用基础"公共基础课程的教材，也可作为全国计算机等级考试一级 WPS Office 及各类培训班的教材，还可作为 WPS 办公应用职业技能等级证书的认证相关教学和培训教材。

图书在版编目（CIP）数据

信息技术基础实训：WPS Office / 魏化永，章斌，胡明主编 . -- 北京：高等教育出版社，2024.9（2025.1重印）.
ISBN 978-7-04-062738-1

I. TP317.1

中国国家版本馆 CIP 数据核字第 2024K04P61 号

Xinxi Jishu Jichu Shixun（WPS Office）

策划编辑	白 颢	责任编辑	吴鸣飞	封面设计	张 志	版式设计	杨 树
责任绘图	于 博	责任校对	高 歌	责任印制	耿 轩		

出版发行	高等教育出版社	网　　址	http://www.hep.edu.cn
社　　址	北京市西城区德外大街4号		http://www.hep.com.cn
邮政编码	100120	网上订购	http://www.hepmall.com.cn
印　　刷	河北信瑞彩印刷有限公司		http://www.hepmall.com
开　　本	787mm×1092mm 1/16		http://www.hepmall.cn
印　　张	15.75		
字　　数	390千字	版　　次	2024年9月第1版
购书热线	010-58581118	印　　次	2025年1月第2次印刷
咨询电话	400-810-0598	定　　价	38.00元

本书如有缺页、倒页、脱页等质量问题，请到所购图书销售部门联系调换
版权所有　侵权必究
物　料　号　62738-00

"智慧职教"服务指南

"智慧职教"（www.icve.com.cn）是由高等教育出版社建设和运营的职业教育数字教学资源共建共享平台和在线课程教学服务平台，与教材配套课程相关的部分包括资源库平台、职教云平台和App等。用户通过平台注册，登录即可使用该平台。

● 资源库平台：为学习者提供本教材配套课程及资源的浏览服务。

登录"智慧职教"平台，在首页搜索框中搜索"信息技术基础实训（WPS Office）"，找到对应作者主持的课程，加入课程参加学习，即可浏览课程资源。

● 职教云平台：帮助任课教师对本教材配套课程进行引用、修改，再发布为个性化课程（SPOC）。

1. 登录职教云平台，在首页单击"新增课程"按钮，根据提示设置要构建的个性化课程的基本信息。

2. 进入课程编辑页面设置教学班级后，在"教学管理"的"教学设计"中"导入"教材配套课程，可根据教学需要进行修改，再发布为个性化课程。

● App：帮助任课教师和学生基于新构建的个性化课程开展线上线下混合式、智能化教与学。

1. 在应用市场搜索"智慧职教icve" App，下载安装。

2. 登录App，任课教师指导学生加入个性化课程，并利用App提供的各类功能，开展课前、课中、课后的教学互动，构建智慧课堂。

"智慧职教"使用帮助及常见问题解答请访问 help.icve.com.cn。

前　　言

在信息技术发展日新月异的今天,我们迎来了一个崭新的时代,这个时代以信息技术为驱动,以新质生产力为引擎,正在以前所未有的速度推动着社会的发展和进步。新一代信息技术与各专业不断交叉融合,信息技术基础教学担负着为高等职业院校各专业培养满足信息化社会需求的高素质技术技能型人才的重要任务,也是培养复合型人才的重要环节。

一、编写理念

党的二十大报告明确指出:"推动战略性新兴产业融合集群发展,构建新一代信息技术、人工智能、生物技术、新能源、新材料、高端装备、绿色环保等一批新的增长引擎。构建优质高效的服务业新体系,推动现代服务业同先进制造业、现代农业深度融合。加快发展物联网,建设高效顺畅的流通体系,降低物流成本。加快发展数字经济,促进数字经济和实体经济深度融合,打造具有国际竞争力的数字产业集群。优化基础设施布局、结构、功能和系统集成,构建现代化基础设施体系。"这一战略部署为我们指明了信息技术发展的方向,也为我们编写本书提供了重要指导。

创新是推动社会进步的重要动力,而实践能力则是将知识转化为生产力的关键。为了推进信息技术实践体系全面落地实施,使广大读者能全面、系统地掌握信息技术基础知识和技能,提高计算机应用能力,我们组织编写了本书,是许斗、徐济成、周先飞主编的《信息技术基础(WPS Office)》(以下简称"主教材")的配套实训用书。

二、内容设计

本书在内容设计上,基于主教材各学习模块内容,坚持"既注重信息技术基础知识的传授,又强调新质生产力的培养和应用"原则,设计了大量的实践案例和基础知识测验,实现了"教—学—做—评"的有机融合,让读者在实践中学习和掌握信息技术,不断提升创新思维和实践能力。本书有针对性地设计了9个项目、31个任务,主要内容包括认识和使用计算机系统、使用WPS文字、使用WPS表格、使用WPS演示、信息检索、信息素养与社会责任、现代通信技术应用实践、人工智能及相关技术应用、数字媒体技术与虚拟现实技术的应用。每个任务均配有任务概述、任务实施、任务拓展3个方面的内容。

三、特色创新

1. 落实课程思政,素养优先。为推进党的二十大精神进教材、进课堂、进头脑,本书全面贯彻落实党的教育方针,以习近平新时代中国特色社会主义思想为指导,所选项目及任务有机融入社会主义核心价值观、中华优秀传统文化、大国工匠精神、绿色低碳发展等思政元素,探索专业知识与综合素养有机融合,促进学生正确价值观、优良品格的形成,培养学生团队协作意识与社会责任感,提高学生可持续发展的素养等。

2. 岗课训证融通,标准融入。本书以《高等职业教育专科信息技术课程标准(2021版)》为依据，融入全国计算机等级考试一级WPS Office及职业技能等级证书认证的有关内容及要求，通过校企"双元"合作接入实训平台、实训课程，使学生具有"完成工作岗位任务"的体验，培养其职业精神，为培养"互联网+"应用技能提供支撑。

3. 案例教学，任务驱动。本书紧密结合职业教育的特点，采用"项目引导、任务驱动"的编写方式，设计了多种形式的实训任务，每个任务均有明确的训练目标、要求和步骤。通过完成这些任务，学生可以逐步掌握信息技术的各项技能，并能够将所学知识应用于实际问题的解决中。

四、编者团队

本书由魏化永、章斌、胡明担任主编，邓春红、藕海云、张玮、姚正、曹路舟担任副主编，周凌、师海燕、李岚、许斗、周先飞、葛天娟、高亮、何尚凯、左菁华、朱铭可、束平、陶健、钱辉、张成叔、王语凡、徐济成、张进军担任参编。

我们希望通过对本书的学习，读者能够深入理解信息技术的本质和应用，掌握信息技术的基本知识和技能，具备在各个领域运用信息技术解决实际问题的能力，成为具备创新精神和实践能力的新时代信息技术人才。同时，我们也期待读者能够将所学知识应用于实践，为推动我国信息技术的创新和发展贡献自己的力量。

由于信息技术的发展日新月异，加之编者的水平有限，书中难免存在疏漏之处，恳请广大读者批评指正。

编　者

2024年6月

目　　录

实训项目 1　认识和使用计算机系统 …………1

任务 1.1　Windows 操作系统个性化设置 ……………………………1
任务 1.2　使用资源管理器管理文件 …………………………………16
任务 1.3　安装配置中文输入法 ………22
任务 1.4　计算机系统基础知识测验 …………………………………25

实训项目 2　使用 WPS 文字 ……………31

任务 2.1　制订学习计划 ………………31
任务 2.2　设计招标文书 ………………42
任务 2.3　综合实训——制作求职简历 …………………………………53
任务 2.4　WPS 文字基础知识测验 ……63

实训项目 3　使用 WPS 表格 ……………69

任务 3.1　制作与美化课程表 …………69
任务 3.2　统计分析学生成绩 …………75
任务 3.3　综合实训——企业收入数据的统计与分析 …………………80
任务 3.4　WPS 表格基础知识测验 ……89

实训项目 4　使用 WPS 演示 ……………93

任务 4.1　制作与美化述职报告 ………93
任务 4.2　综合实训——制作产品宣传演示文稿 ………………………113
任务 4.3　WPS 演示基础知识测验 ……132

实训项目 5　信息检索 ………………138

任务 5.1　百度检索技巧 ………………138
任务 5.2　中国知网的检索方法 ………146
任务 5.3　信息检索基础知识测验 ……152

实训项目 6　信息素养与社会责任 ……155

任务 6.1　配置病毒防护软件 …………155
任务 6.2　配置防火墙 …………………167
任务 6.3　信息素养与社会责任基础知识测验 …………………………172

实训项目 7　现代通信技术应用实践 …175

任务 7.1　配置个人计算机网络 ………175
任务 7.2　在故宫博物院官网中查看近期展览信息 ……………………185
任务 7.3　现代通信技术应用实践基础知识测验 ………………………195

实训项目 8　人工智能及相关技术应用 …………………………………198

任务 8.1　使用 WPS 云盘备份求职简历 ………………………………198
任务 8.2　使用 WPS 云文档协同编辑出游计划 ………………………209
任务 8.3　使用"文心一言"生成年度总结 ……………………………217
任务 8.4　人工智能及相关技术应用基础知识测验 ……………………227

实训项目 9　数字媒体技术与虚拟现实
　　　　　　技术的应用·····················231
　　任务 9.1　制作古诗词短视频················231
　　任务 9.2　体验全景故宫·······················236

任务 9.3　数字媒体技术与虚拟现实
　　　　　技术的应用基础知识测验·····239

参考文献··242

实训项目 1　认识和使用计算机系统

【项目概述】

自 1946 年世界上第一台电子计算机 ENIAC 诞生以来,计算机应用技术取得了长足的发展,并广泛应用于工业、商业、金融、军事、航天科技等各行各业,它改变了人们的工作、生活、学习和思维方式,因此认识计算机,深入了解其发展、分类、特点和应用等相关知识,掌握计算机系统的组成和工作原理,熟练使用计算机操作系统对人们的学习、工作以及生活都显得至关重要。

【项目目标】

知识目标

1. 了解计算机的发展、分类、特点和应用。
2. 了解计算机系统的基本构成和功能。
3. 掌握计算机中信息的表示和编码,并理解计算机的工作原理。
4. 熟练掌握 Windows 10 操作系统的基本操作。

技能目标

1. 能够理解计算机应用技术的演变对社会、经济、文化等方面产生的深远影响。
2. 能够认识计算机的硬件组成部件及其功能。
3. 能够熟练使用 Windows 10 操作系统的基本操作和常用软件。
4. 能够识别应用于工作和生活中的新一代信息技术。

素养目标

1. 培养学生对计算机科学的兴趣和热爱,提升其科学素养和技术素养。
2. 使学生理解计算机科学对社会发展、科技进步以及日常生活的重要影响,提升其社会责任感。
3. 激发学生的爱国热情,增强其"四个自信"。
4. 培养学生良好的逻辑思维和系统分析能力。

任务 1.1　Windows 操作系统个性化设置

PPT：Windows 操作系统个性化设置

【任务概述】

小何是一名大一新生,他每天都需要使用个人计算机来完成各种学习任务,如查阅资料、写作业、制作报告等。然而，他发现自己的个人计算机界面与其他同学的都一样，缺乏个性化和便利性，导致他在使用过程中经常感到单调和乏味。因此，小何决定通过对 Windows 操作系统进行个性化设置，将个人计算机打造成一个符合自己学习需求和个性喜好的学习伙伴。

1. 小何喜欢旅行和摄影，希望使用一些自己拍摄的美景照片作为桌面背景，这样每次打开个人计算机都能感受到旅行的愉悦，同时也能激发他学习的热情。

2. 小何经常使用的应用程序有 QQ 浏览器、WPS 软件、微信等，可将这些应用程序固定到任务栏上，以方便快速打开。同时，根据自己的学习习惯，将常用文件夹和应用程序归类放置到"开始"屏幕中，提高了操作效率。

3. 小何喜欢简洁明了的界面风格，希望使用简单的窗口边框和图标样式，使得整个界面更加清晰易读。

4. 小何喜欢在学习时听一些轻音乐，希望选择一首自己喜欢的歌曲作为系统声音，并在需要时开启通知提醒，以便及时接收课程更新和作业提醒。

5. 小何的宿舍晚上有熄灯时间，希望能够设置个人计算机在特定时间自动进入休眠状态，避免因忘记关机而浪费电能。

【任务实施】

1. 个性化桌面背景

（1）规范管理文件

小何将自己喜欢的旅行照片保存在一个特定的文件夹中，以便后续能够轻松找到它们。

（2）执行"个性化"操作

启动个人计算机，在 Windows 10 操作系统的桌面空白处单击鼠标右键（以下简称"右击"），在弹出的快捷菜单中选择"个性化"菜单命令，如图 1-1 所示，可执行相应的"个性化"操作。

（3）设置桌面背景

① 认识桌面背景设置。在上步操作打开的个性化设置窗口中，在左侧区域选择"背景"选项，右侧区域即显示当前桌面背景的设置选项。在背景设置选项中，可以选择不同的背景类型，包括图片、纯色和幻灯片放映。若使用自己的照片作为背景，应在"背景"下拉列表中选择"图片"选项，如图 1-2 所示。

② 使用图片为桌面背景。单击"浏览"按钮，找到之前保存的旅行照片文件夹，选择想要设置为桌面背景的照片，然后单击"选择图片"按钮，如图 1-3 所示。此时，所选择的照片被设置为桌面背景。

（4）美化桌面背景图片

小何想进一步调整照片的布局方式，可以在背景设置窗口中的"选择契合度"下拉列表中按需要选择相应的布局方式（如"填充""适应"等），并根据自己的喜好调整照片的大小和位置，如图 1-4 所示。

微课 1-1
设置个性化桌面背景

图 1-1 执行"个性化"操作

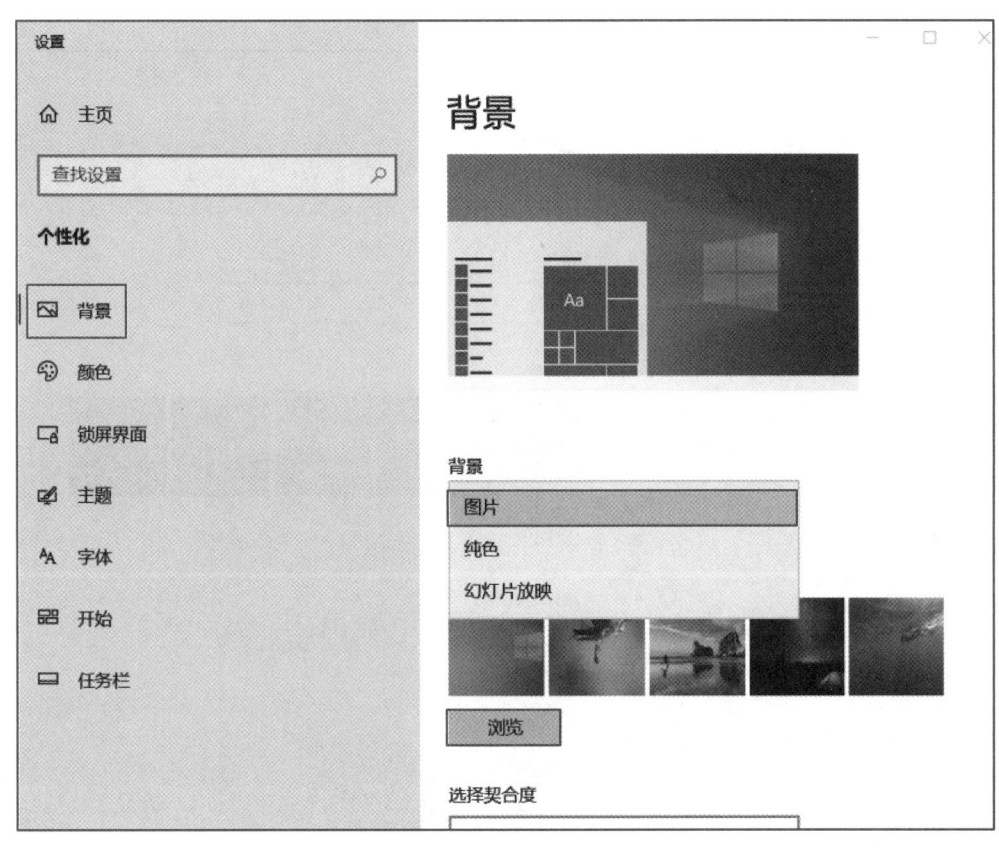

图 1-2　设置桌面背景

图 1-3　选择背景图片

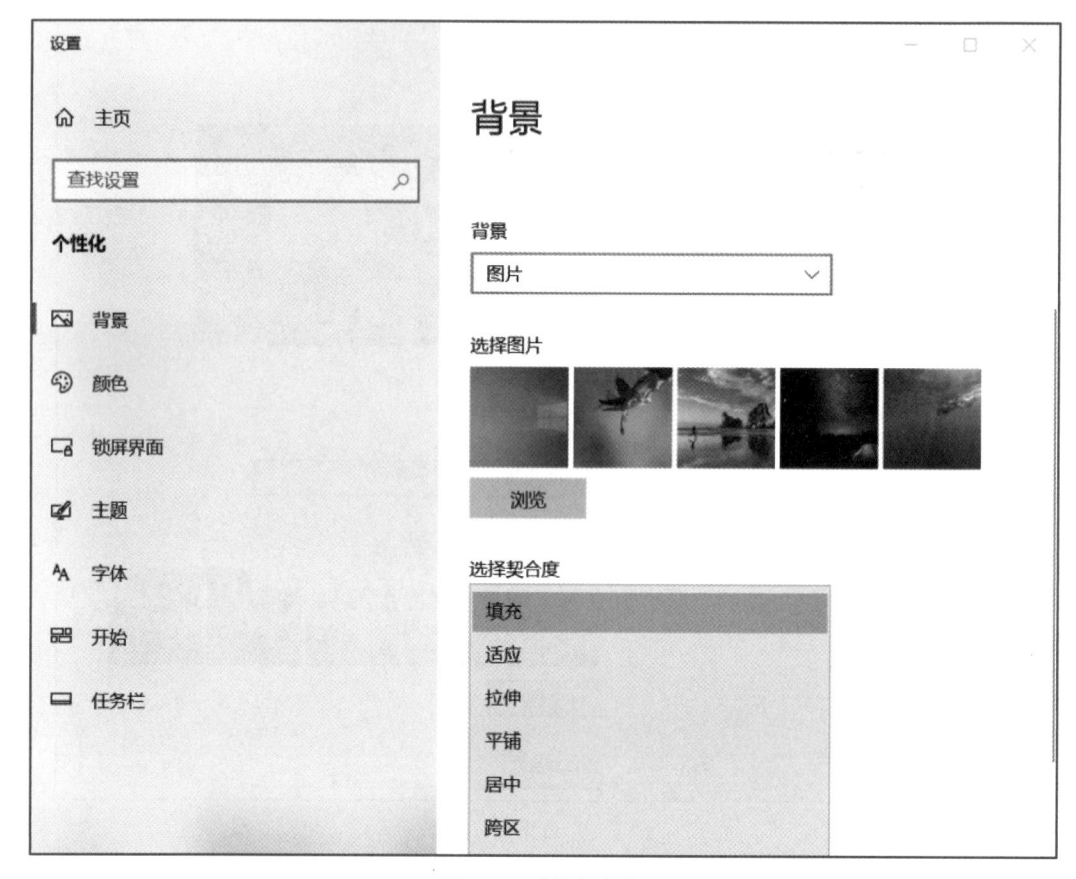

图 1-4　选择契合度

完成上述操作步骤后,小何的桌面背景就已经被成功设置成了自己喜欢的旅行照片。每次打开个人计算机时,都能欣赏到这些美景,感受到旅行的愉悦,并激发学习的热情。同时,也可以随时更换照片,以保持桌面背景的新鲜感。

2. 定制任务栏和"开始"屏幕

在 Windows 10 中,实现将应用程序固定到任务栏以及自定义"开始"屏幕的操作过程如下。

(1) 将应用程序固定到任务栏

1) 查找应用程序

单击屏幕的左下角"开始"按钮,在弹出的菜单中,通过滚动鼠标滚轮或滑动屏幕来查找其常用的应用程序,如"WPS Office 教育版"等,如图 1-5 所示。

2) 固定应用程序到任务栏

右击待固定的应用程序图标,在弹出的快捷菜单中选择"更多"→"固定到任务栏"命令,如图 1-6 所示。通过该操作,将应用程序的图标添加到任务栏上,以后即可通过直接单击任务栏上的图标来快速打开该应用程序。

(2) 自定义"开始"屏幕

小何希望根据自己的学习习惯来归类和放置常用的文件夹和应用程序。

图 1-5　浏览应用程序

"开始"按钮

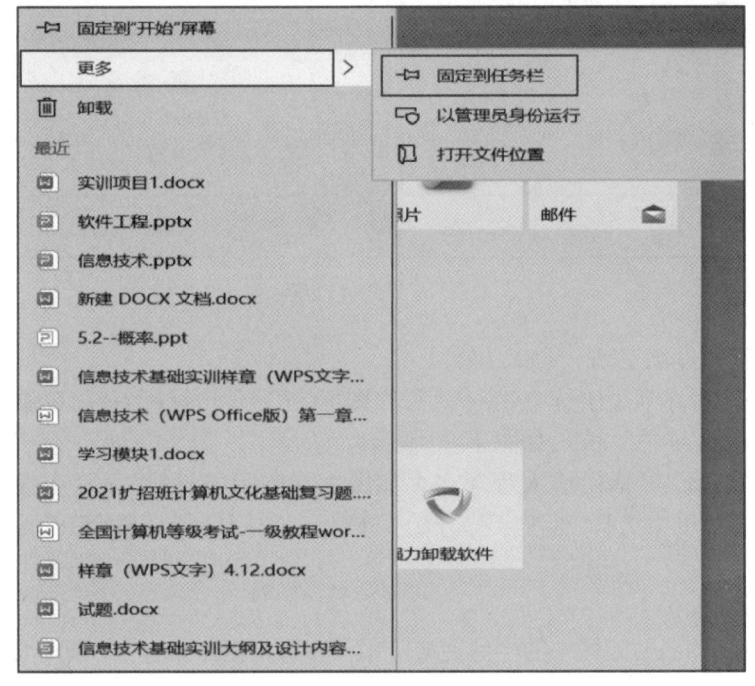

图 1-6　固定应用程序到任务栏

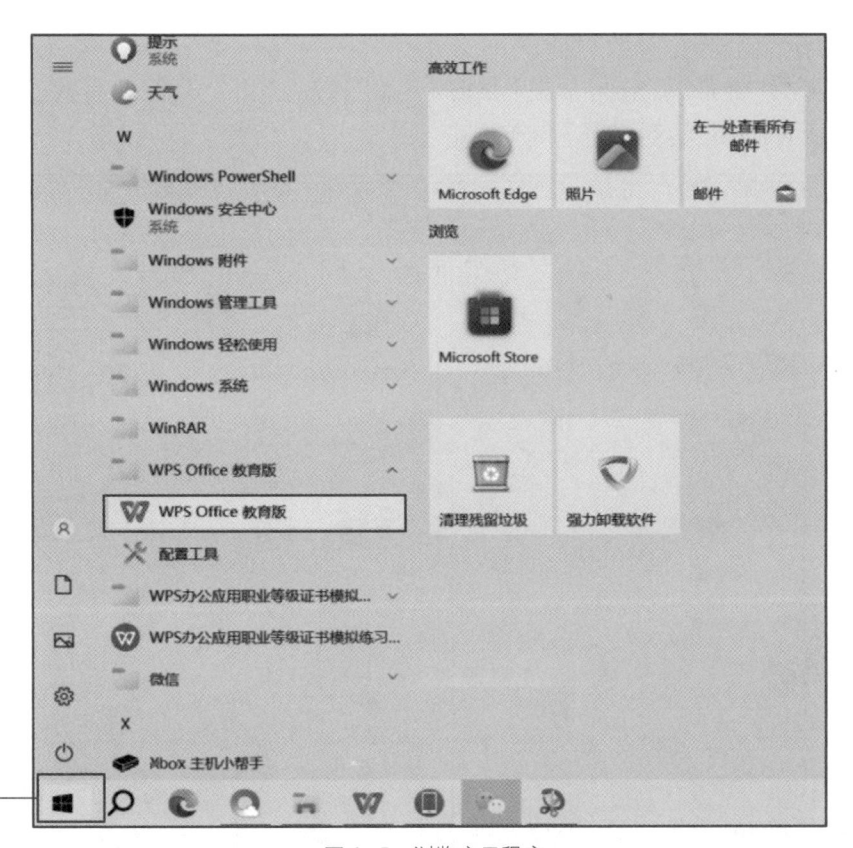

微课 1-2
定制任务栏和"开始"屏幕

1）将应用程序固定到"开始"屏幕

① 认识"开始"屏幕。单击屏幕左下角的"开始"按钮,打开"开始"屏幕,左侧为程序列表区域,右侧为磁贴面板区域,如图 1-7 所示。

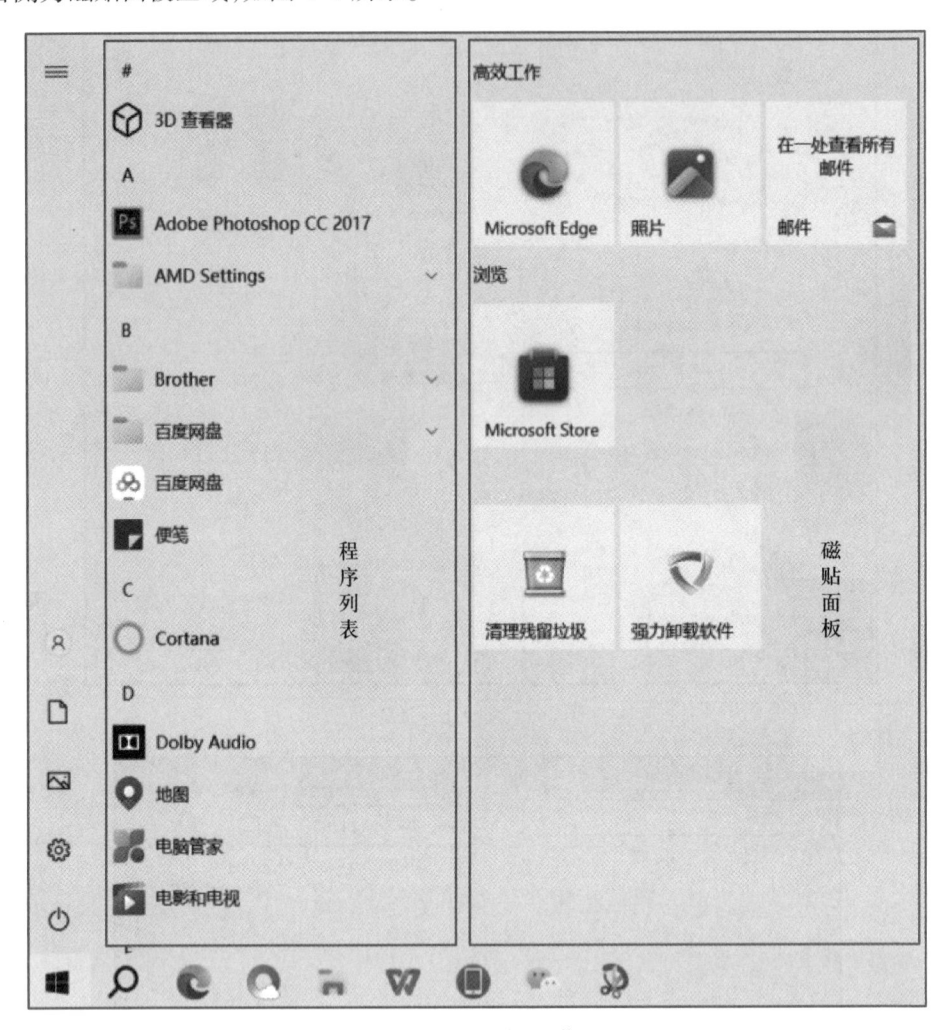

图 1-7 "开始"屏幕

② 将"微信"程序固定到"开始"屏幕。

方法 1:在应用程序列表中选中"微信"程序图标,然后单击鼠标右键,在弹出的快捷菜单中选择"固定到'开始'屏幕"命令,如图 1-8 所示。

方法 2:在"开始"屏幕中键入程序名。如图 1-9 所示,当程序显示在搜索结果中时,右击,在弹出的快捷菜单中选择"固定到'开始'屏幕"或"固定到任务栏"命令,以方便查看该程序。

2）磁贴的其他操作

在"开始"屏幕的磁贴区域中的文件夹或应用程序可根据需要进行"调整大小""取消固定"等操作。

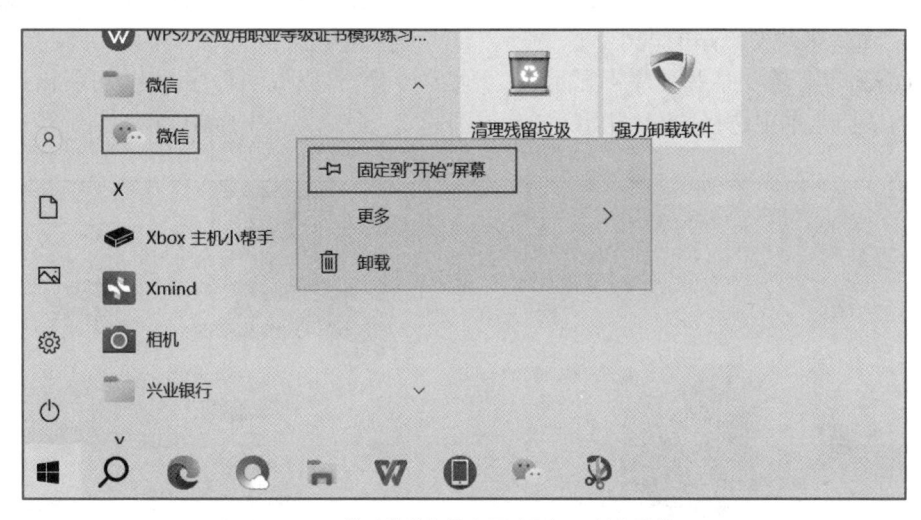

图 1-8　将"微信"程序固定到"开始"屏幕

图 1-9　查找"微信"程序并固定到"开始"屏幕

① 调整大小或位置。可直接在"开始"屏幕中单击并拖曳磁贴,或者通过右键菜单中的"调整大小"命令来改变磁贴的大小。

② 取消固定。若要某些程序不显示在"开始"屏幕,可以取消程序固定,可右击该程序,然后在弹出的快捷菜单中选择"从'开始'屏幕取消固定"命令,如图1-10所示。

图 1-10　将"微信"程序取消固定

3. 调整窗口和图标样式

（1）调整主题和颜色

单击左下角的"开始"按钮,然后单击齿轮状的"设置"按钮,如图1-11所示,打开"设置"窗口,选择"个性化"图标,如图1-12所示。

图 1-11　"设置"按钮

微课1-3
调整窗口和
图标样式

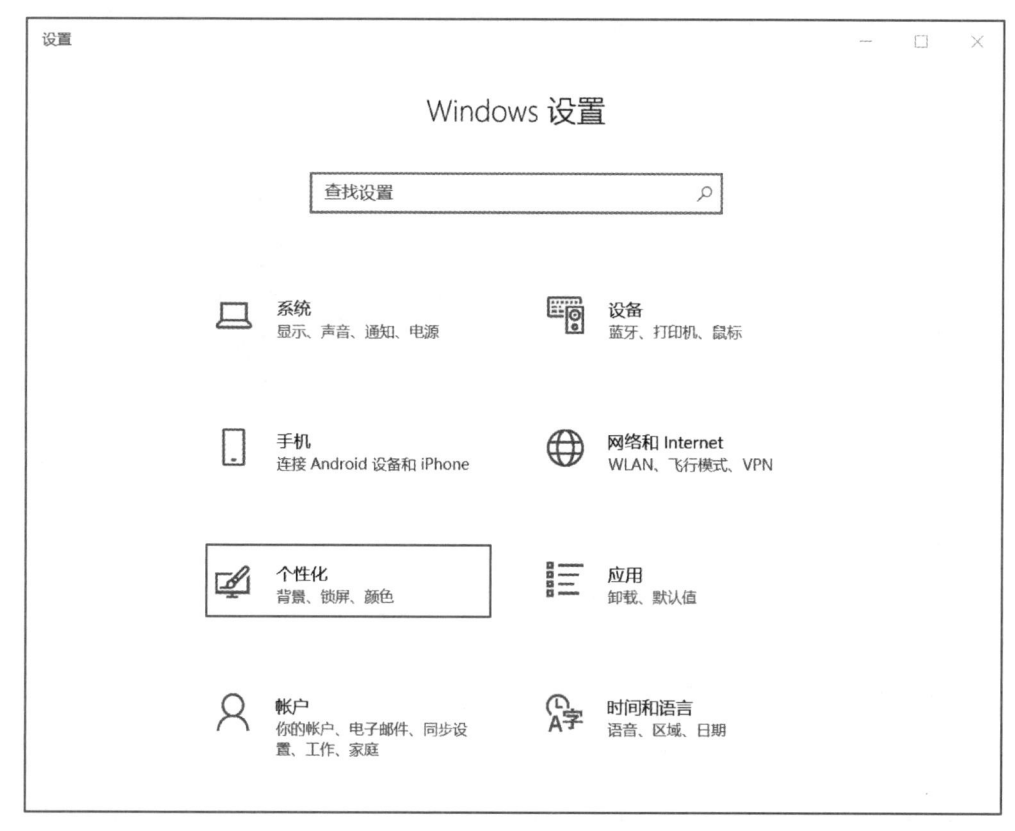

图 1-12 "设置"窗口

在打开窗口左侧选择"主题"选项卡,在右侧可以看到多个系统自带的主题,如图 1-13 所示。选择一个简洁的主题,单击即可应用该主题。如果想要更简洁的主题,可以选择深色主题,其通常具有更少的视觉元素和更高的对比度。

(2)调整窗口边框颜色

在"个性化"设置窗口左侧选择"颜色"选项卡。通过该选项卡,可以调整窗口边框的颜色。选择"自定义颜色"模式,选择自己喜欢的主题色并应用于标题栏和窗口边框,如图 1-14 所示。还可以调整"透明效果"开关,关闭它可以使界面更加简洁。

(3)调整图标样式

在"个性化"设置窗口左侧选择"主题"选项卡,然后在窗口右侧单击"桌面图标设置"超链接,如图 1-15 所示,在打开的窗口中,可以选中或取消选中桌面上的图标,只保留需要的图标,使桌面更加简洁,如图 1-16 所示。还可以右击桌面上的图标,在弹出的快捷菜单中选择"属性"命令,然后在打开的对话框的"快捷方式"选项卡中更改图标样式,可选择更加简洁的图标,如图 1-17 所示。

(4)调整文本大小

在图 1-12 所示的"设置"窗口中,选择"系统"图标,然后在打开的窗口左侧选择"屏幕"选项卡。通过该选项卡,可以调整缩放与布局,使文本和图标的大小更适合用户的视觉需求。还可以使用"高级缩放设置"功能,进一步自定义缩放级别,如图 1-18 所示。

图 1-13 "主题"设置

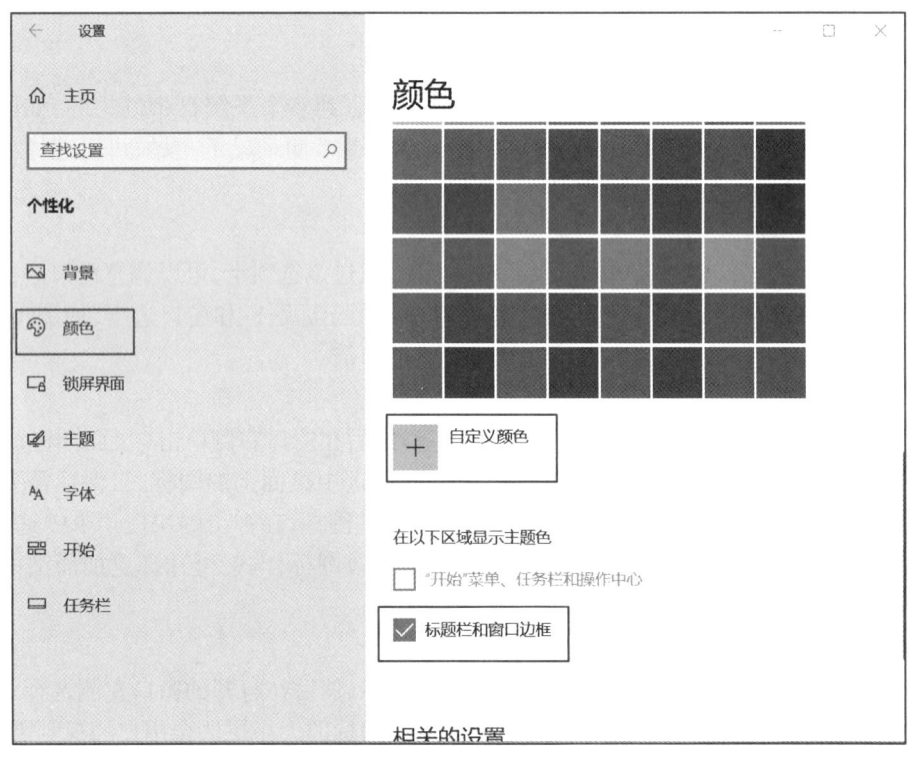

图 1-14 "颜色"设置

图 1-15　桌面图标设置

图 1-16　更改图标

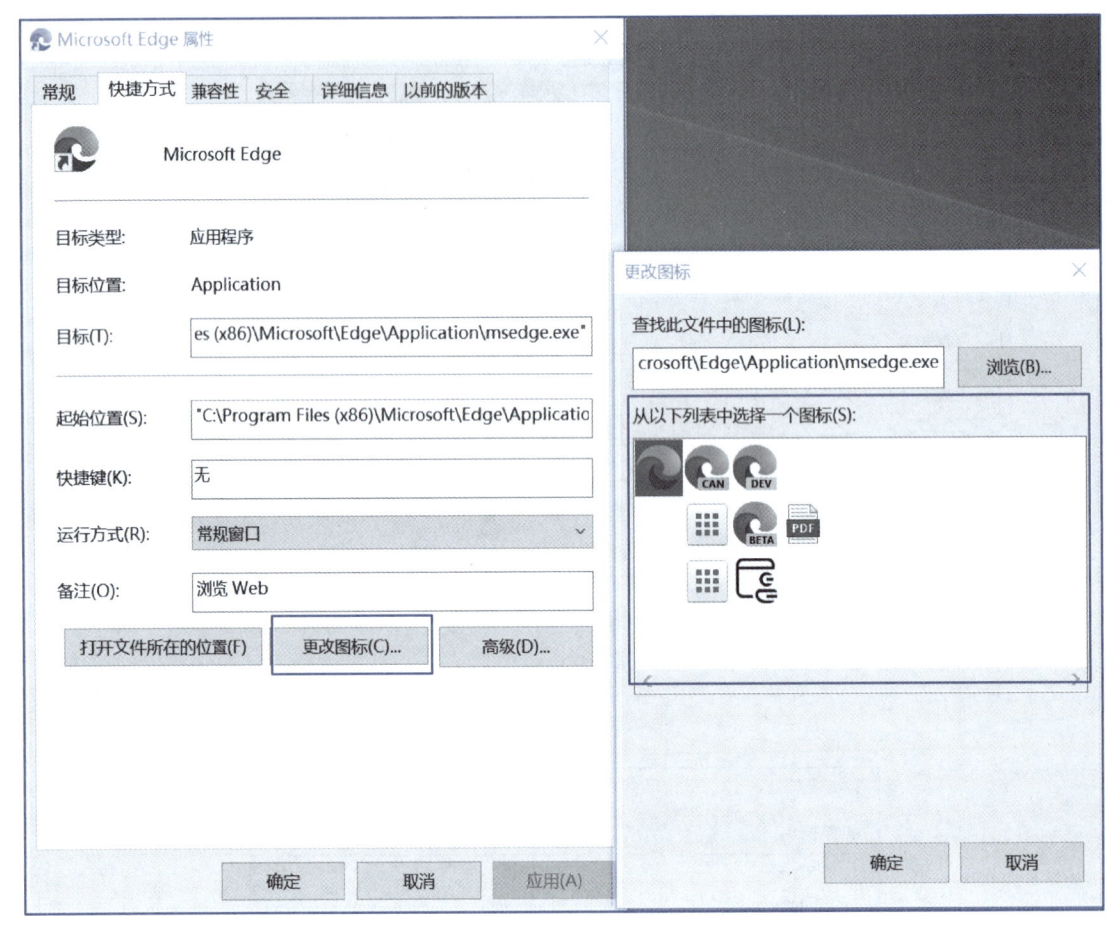

图1-17 "文件属性"更改图标

4. 设置声音和通知

（1）设置声音

单击屏幕左下角的"开始"按钮,然后单击齿轮状的"设置"图标,打开"设置"窗口,单击"系统"图标,在打开的"系统"设置窗口左侧选择"声音"选项卡,在右侧找到"声音控制面板"超链接,如图1-19所示。

单击"声音控制面板"超链接,在打开的"声音"对话框中,可以看到所有调整的系统声音选项,包括错误警报、启动、关闭等。可以通过单击每个选项旁边的下拉箭头来选择想要的声音。由于小何想要设置一首自己喜欢的歌曲作为系统声音,可单击"浏览"按钮,然后找到存储该歌曲的位置,选择并应用它作为系统声音,如图1-20所示。

（2）设置通知

与声音设置一样,在"系统"设置窗口左侧,选择"通知和操作"选项卡,然后在右侧可以看到一些通知功能的操作选项。浏览应用列表,如图1-21所示,找到想要接收通知的应用,如课程应用或作业提醒应用,然后单击其对应的开关按钮以启用通知。

图 1-18　更改文本大小

图 1-19　声音控制面板

微课 1-4
设置系统声音和通知

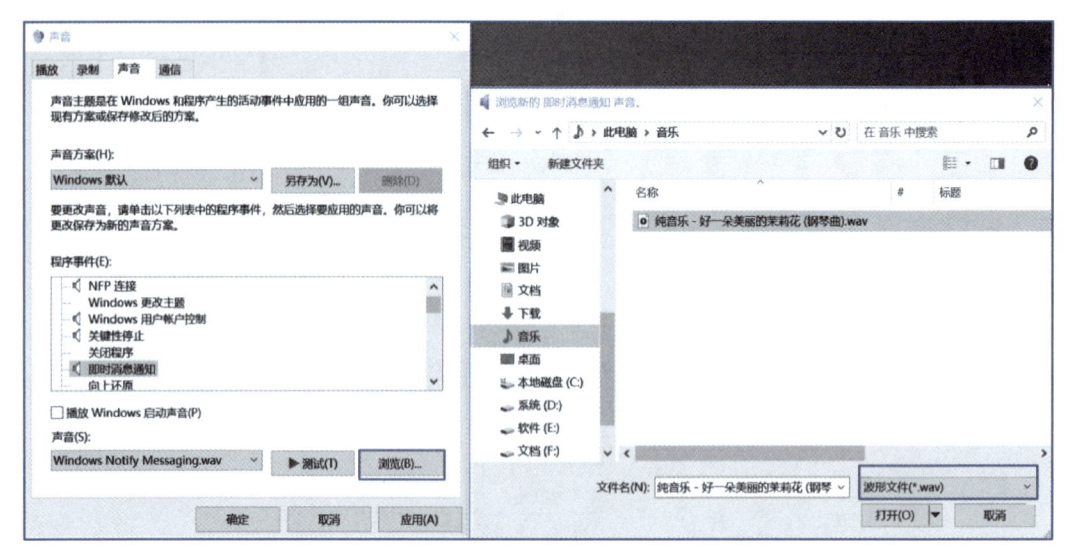

图 1-20 自定义声音

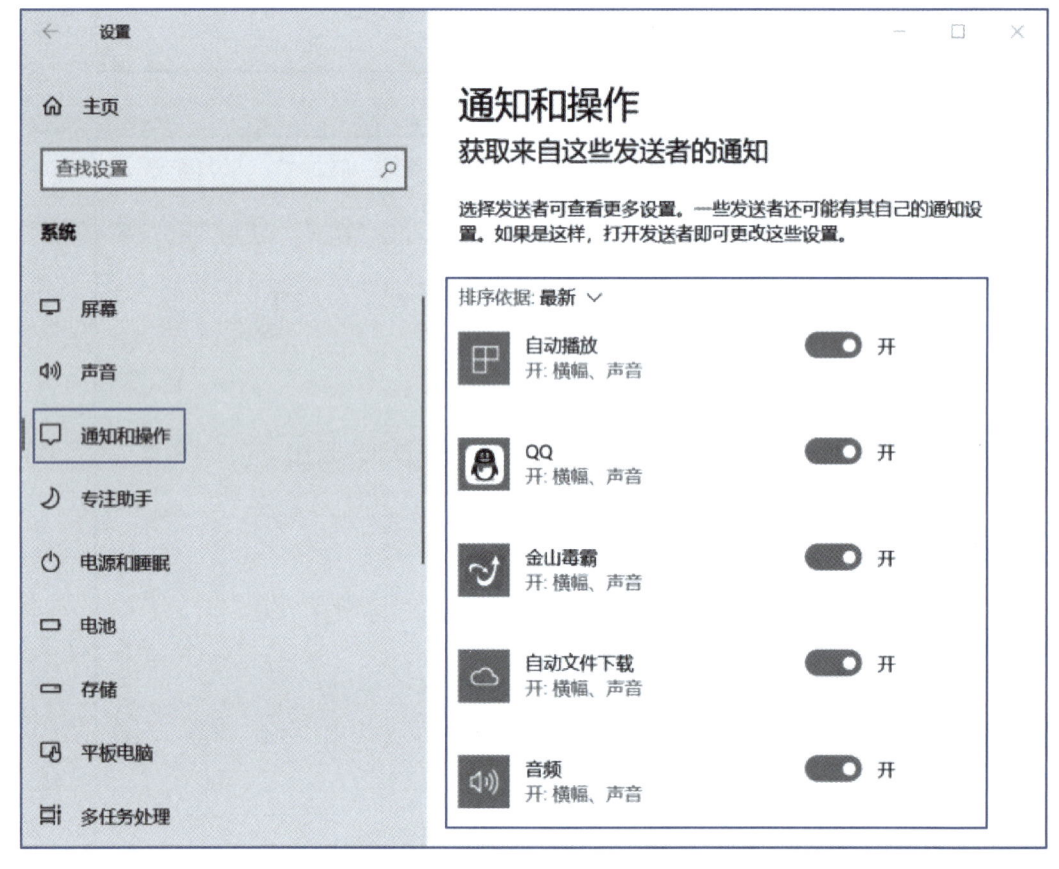

图 1-21 通知和操作

完成上述操作步骤后,小何就可以在 Windows 10 中成功设置其喜欢的歌曲作为系统声音,并启用需要的通知提醒了。这样,在学习时不仅能享受音乐的陪伴,还能及时接收到重要的课程更新通知和作业提醒。

5. 便捷电源管理

在 Windows 10 系统中,小何可以按照以下步骤设置个人计算机在特定时间自动进入休眠状态,以避免因忘记关机而浪费电能。

① 打开在"Windows 设置"窗口,单击"系统"图标。

② 在打开的"系统"窗口左侧菜单中,选择"电源和睡眠"选项卡,进入"电源和睡眠"设置窗口。在窗口右侧有"屏幕"和"睡眠"两个设置项,如图 1-22 所示。在"睡眠"设置项中,可以分别设置个人计算机在接通电源和使用电池时的休眠时间。例如,如果小何想要在晚上熄灯时间后个人计算机自动进入休眠状态,可以将"睡眠"时间设置为熄灯后不久的一个时间点。

微课 1-5 便捷电源管理

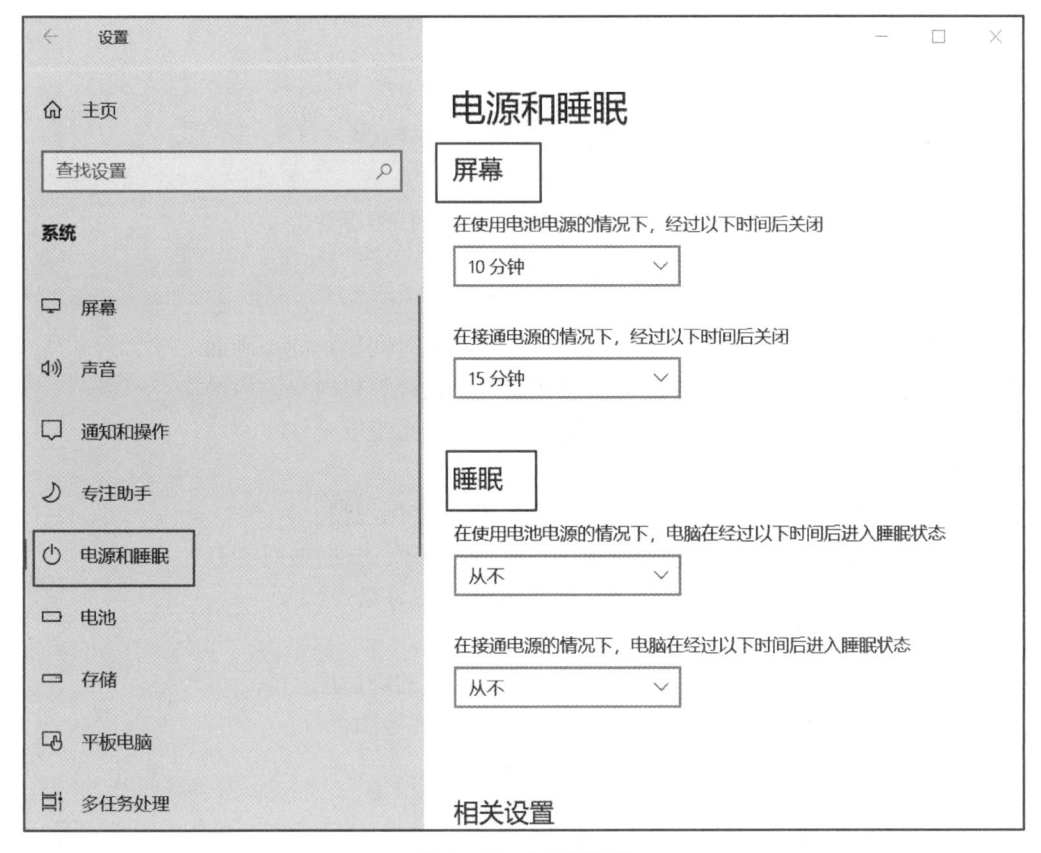

图 1-22 电源和睡眠

③ 应用并保存设置。完成时间设置后,Windows 10 将自动保存这些设置。个人计算机会在设定的时间后自动进入休眠状态。

注意:为了确保设置生效,小何应该确保个人计算机在熄灯时间前处于活动状态,并且没有被手动设置为休眠或关机。这样,当到达设定的时间时,个人计算机将自动进入休眠状态。此外,小何还可以考虑使用其他电源管理功能,如设置电源计划,来进一步定制个人计算机的电源使用行为,以更好地适应其使用需求和宿舍的熄灯时间。

通过 Windows 个性化设置,小何成功地将自己的个人计算机打造成了一个符合自己学习需求和个性喜好的学习伙伴,个人计算机界面更加美观、个性化,操作更加便捷高效,为其提供了更好的学习体验。现在,小何每次打开个人计算机都能感受到一份愉悦和期待,能够更加专注于学习任务,提高了学习效率。

【任务拓展】

1. 桌面背景设置
(1)从个人图片库或在线壁纸资源中选择一张或多张喜欢的图片作为桌面背景。
(2)调整图片的位置、填充方式等,确保背景图片与桌面尺寸相匹配。
(3)如有需要,设置壁纸的幻灯片播放,定时更换背景图片。

2. 窗口颜色与外观调整
(1)选择与桌面背景相协调的窗口边框颜色。
(2)调整窗口的透明度,以获得更佳的视觉效果。
(3)根据个人喜好,设置开始菜单和任务栏的颜色与样式。

3. 音效与声音方案定制
(1)选择或自定义系统声音方案,为不同事件设置独特的声音提示。
(2)调整音量大小,确保音效既舒适又不干扰工作。

4. 屏幕保护程序设置
(1)选择一个喜欢的屏幕保护程序,以防止显示器长时间显示同一画面。
(2)设置屏幕保护程序的启动时间,确保在离开个人计算机时自动启动。
(3)了解并设置屏幕保护程序的密码保护功能,增加系统安全性。

5. 任务栏与"开始"菜单优化
(1)调整任务栏的位置、大小和透明度,以适应个人使用习惯。
(2)将常用程序和文件夹固定到任务栏或"开始"菜单,方便快速访问。
(3)自定义"开始"菜单的布局和分组方式,以提高操作效率。

6. 字体与图标个性化
(1)更换系统字体或调整字体大小,以提升文本阅读的舒适度。
(2)使用第三方图标包或工具,更换文件夹、快捷方式等图标。
(3)自定义特定文件或程序的图标,实现个性化标识。

任务 1.2 使用资源管理器管理文件

PPT:
使用资源管理器管理文件

【任务概述】

某日,计算机协会会长高老师接到新成员小何的求助电话,说自己一份很重要的文件怎么也找不到了,咨询高老师有没有什么办法能够帮助他找到文件,高老师去了一看,难怪文件找不到，小何同学的个人计算机还真是够乱的。屏幕上就创建了一个文件夹，其文件名为"小何的文件"，各种类型文件混杂在一起，毫无章法，显然没有经过任何分类或整理，如图1-23所示。于是高老师指导小何对个人计算机的文件和文件夹进行整理和分类，帮助他找到了需要的文件。最后，高老师一再提醒小何，以后一定要养成良好的文件管理习惯，避免再次出现类似的问题。

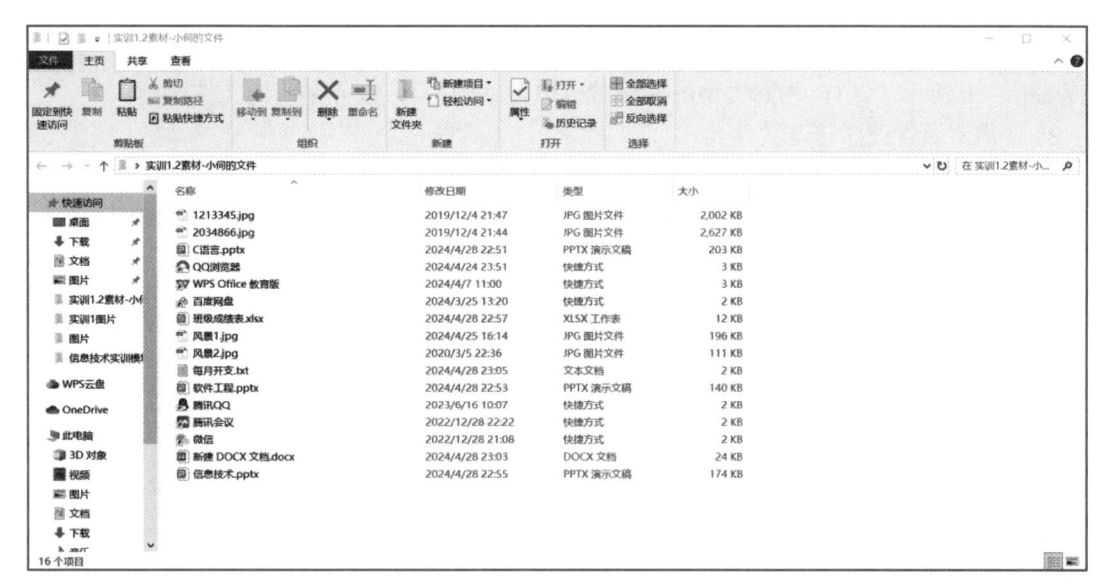

图1-23 小何的文件夹

【任务实施】

1. 认识资源管理

（1）启动资源管理器

右击"开始"按钮，在弹出的快捷菜单中选择"文件资源管理器"命令，打开Windows 10的资源管理器，如图1-24所示。

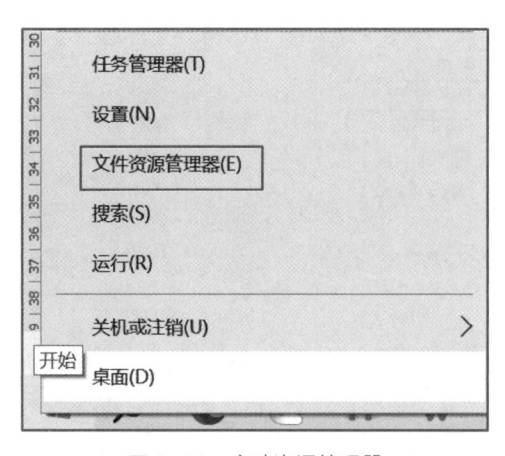

图1-24 启动资源管理器

微课1-6
使用资源管理器管理文件

（2）浏览文件

打开资源管理器的窗口后，在左侧窗口中看到个人计算机中所有的驱动器、文件夹和一些重要的文件，可以双击某个驱动器或文件夹，资源管理器即可在右侧窗口中显示该位置的所有文件和子文件夹，如图1-25所示。

（3）修改文件排序方式

双击进入"小何的文件"，右击空白处，从弹出的快捷菜单中选择"排序方式"→"类型"命令，如图1-26所示。这样，相同类型的文件就可以归纳到一起，以方便查询文件种类。

2. 使用资源管理器管理文件

（1）新建文件夹

根据文件的类型，创建一些新的文件夹，用来归纳整理各种文件。这里可以创建学习资料、图

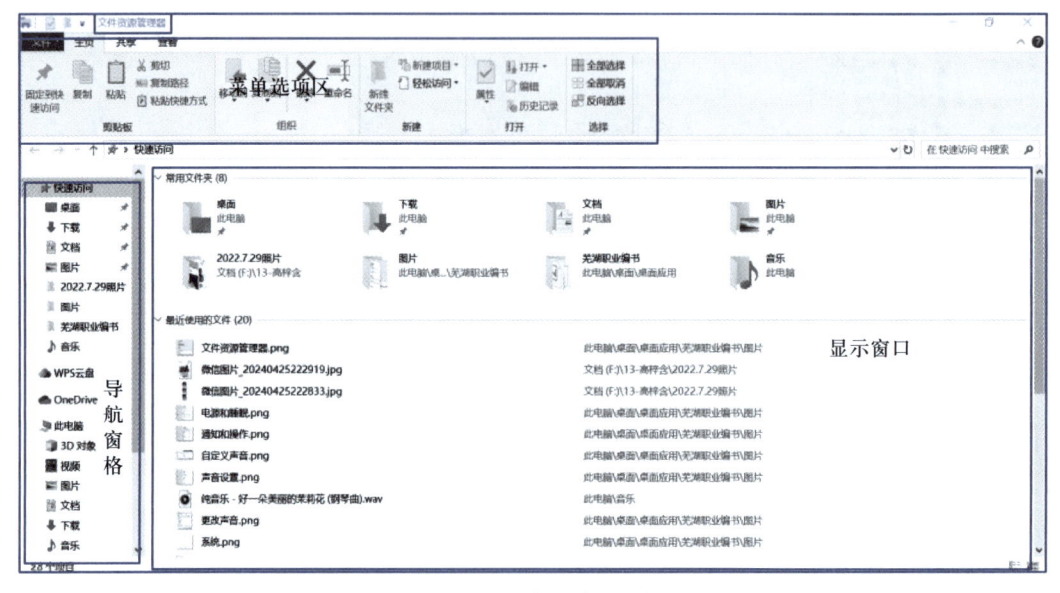

图1-25 文件资源管理器窗口

图1-26 更改排序方式

片和视频等多个文件夹。

选择"主页"选项卡中的"新建文件夹"选项,如图 1-27 所示,将新文件夹命名为"学习资料",之后依次创建"图片""常用软件"等文件夹。

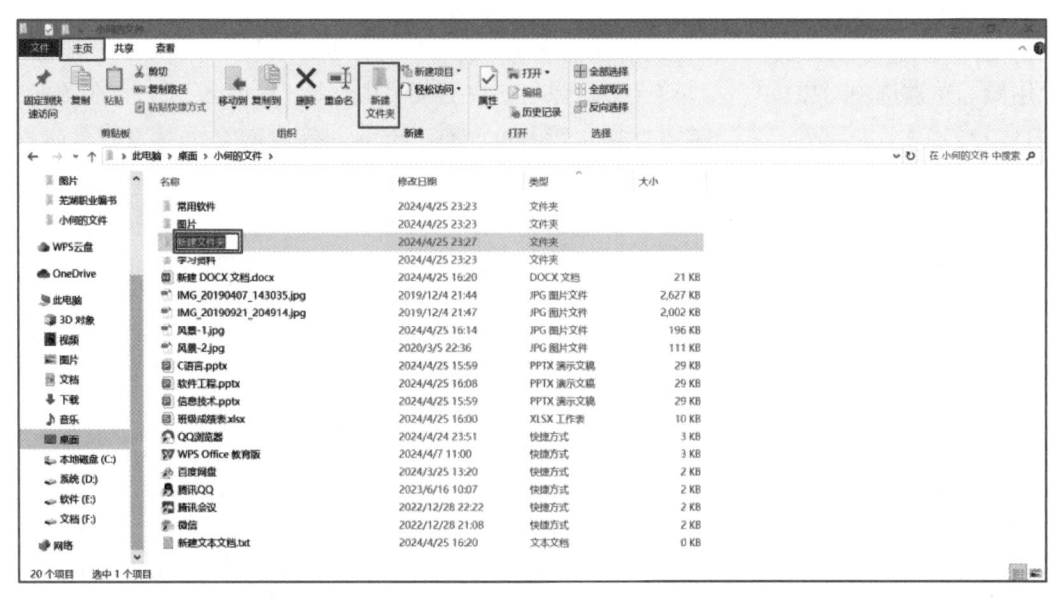

图 1-27 新建文件夹

（2）移动和复制文件

创建好新的文件夹后,利用鼠标选中多个同类型的文件,例如,连续选取所有图片文件(扩展名为 jpg),单击鼠标右键,在弹出的快捷菜单中选择"剪切"命令,如图 1-28 所示。打开"图片"文件夹,在目标窗口空白处单击鼠标右键,在弹出的快捷菜单中选择"粘贴"命令,即可实现对象的移动。

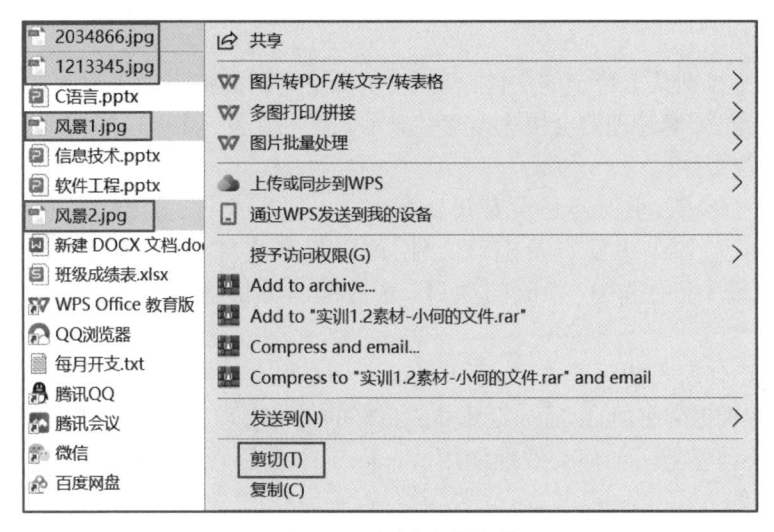

图 1-28 移动和复制文件

接下来，依次将 C 语言、信息技术、软件工程等文件放入到"学习资料"文件夹，将 WPS Office 教育版、微信、QQ 等经常使用的软件放入到"常用软件"文件夹等。通过移动操作，将相同类型的文件归纳到同一个文件夹中，以方便日后查找使用。

（3）重命名文件

把文件"新建 DOCX 文档"根据内容重命名为"大一学习计划"。具体操作如下。

用鼠标左键选中对象，单击鼠标右键，在弹出的快捷菜单中选择"重命名"命令，在图标下方文字区域内输入新的名称"大一学习计划"，按 Enter 键结束，即可实现对选定对象的重命名，如图 1-29 所示。

图 1-29　重命名文件

（4）搜索文件

如果想要快速找到某个特定的文件，可以在资源管理器的搜索栏中输入文件的名称或关键字，然后按 Enter 键，资源管理器会快速搜索并显示匹配的文件，如图 1-30 所示。

（5）显示隐藏文件

通过以上几个步骤，小何还是没有找到所需要的重要文件，高老师估计他的文件可能被设置为隐藏属性了，如果想要查看隐藏文件，可以打开文件夹"小何的文件"，在"查看"选项卡"显示／隐藏"组中选中"隐藏的项目"复选框即可将隐藏的文件显示出来，如图 1-31 所示。

最终找到了小何所需的重要文件，原来是他不小心将文件的属性设置为隐藏属性。找回文件后，高老师也趁机提醒小何，以后一定要养成良好的文件管理习惯，避免再次出现类似的问题。通过这件事情，小何学习了如何有效地使用 Windows 10 资源管理器来管理文件，提高了自身的学习和工作的效率。

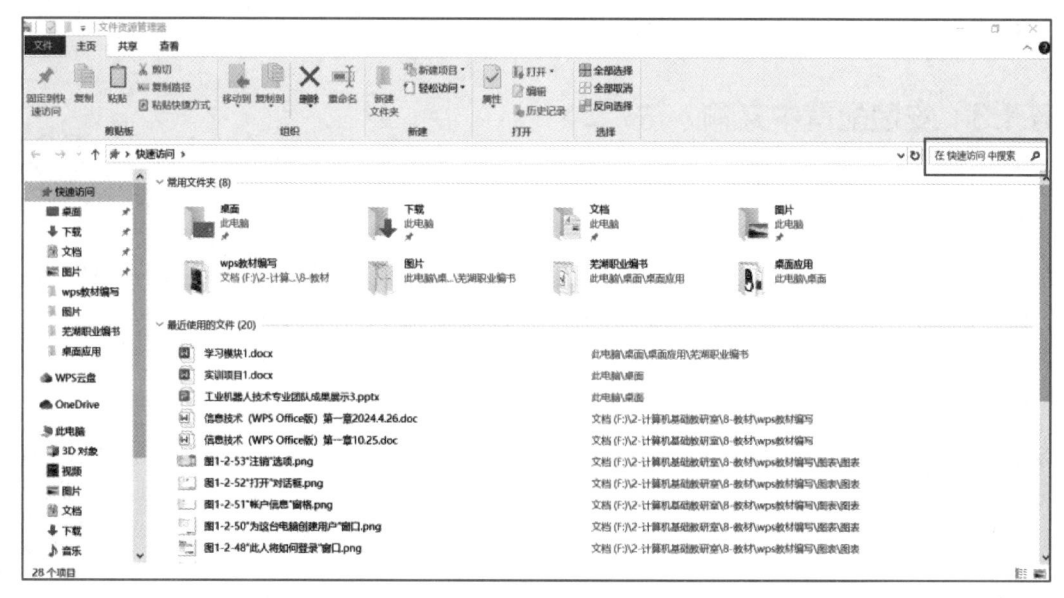

图 1-30　搜索文件

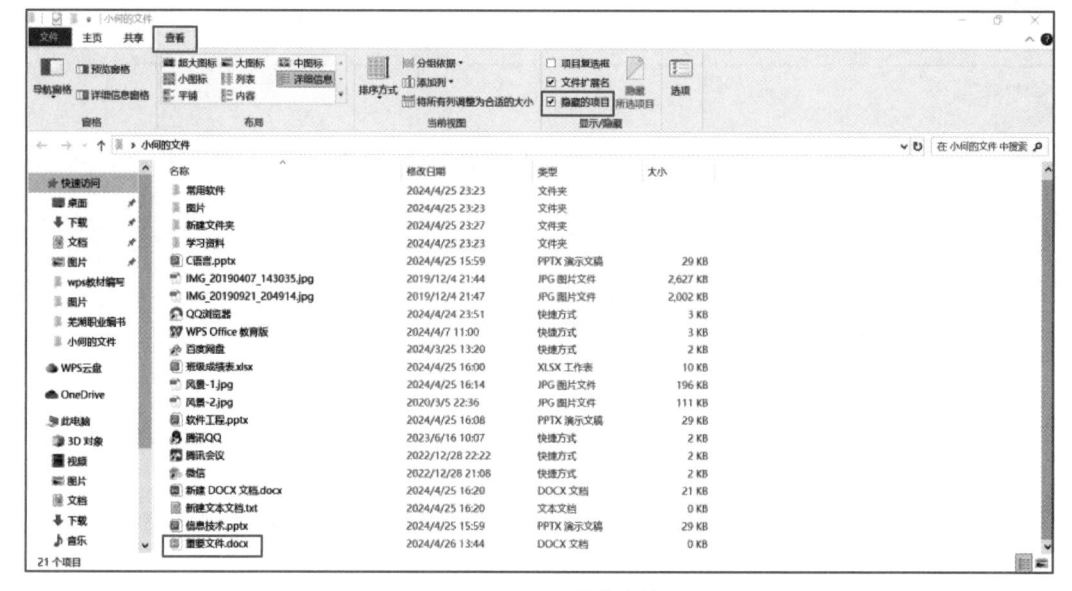

图 1-31　显示隐藏文件

【任务拓展】

打开素材文件夹,并进行如下的操作:
(1)将"图类"文件夹中的 flower.bmp 文件名重命名为 tree.jpg。
(2)在"项目"文件夹中新建 data 文件夹。
(3)将"素材"文件夹中的 police.wri 文件移动到文件夹 data 中。
(4)在"项目"文件夹中新建一个文本文档"说明 .txt",并将文件内容设为"为理想而奋斗"。

（5）删除 tools 文件夹中的 READ.EXE 文件。

任务 1.3　安装配置中文输入法

【任务概述】

罗伯特是一位刚刚来到中国留学的外国学生，由于其母语是英文，他发现自己在日常生活和学习中经常需要用到中文输入法来输入汉字。然而，他的个人计算机目前并没有安装中文输入法，这给他带来了很大的不便。因此，他决定学习如何安装和配置中文输入法，以便更好地适应在中国的生活和学习。

【任务实施】

1. 安装中文输入法

（1）Windows 10 自带的中文输入法

首先，从"开始"菜单进入"Windows Settings"界面，在设置界面中选择"Time & Language"选项，如图 1-32 所示。

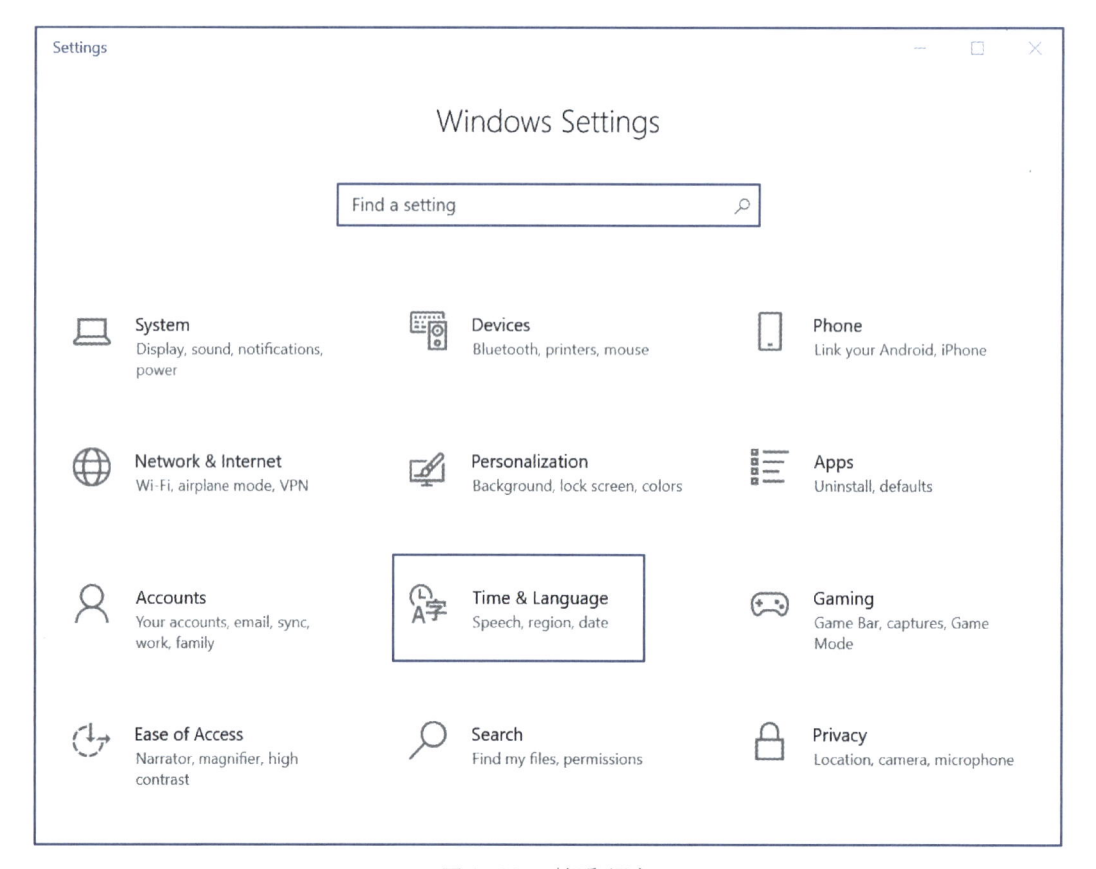

图 1-32　时间和语言

在打开窗口左侧选择"Language"选项卡，可以看见当前个人计算机已安装的语言列表。由于罗伯特的个人计算机之前并没有安装简体中文，所以列表中并没有中文选项，于是单击"Add a language"按钮，开始搜索并添加中文语言包，如图1-33所示。

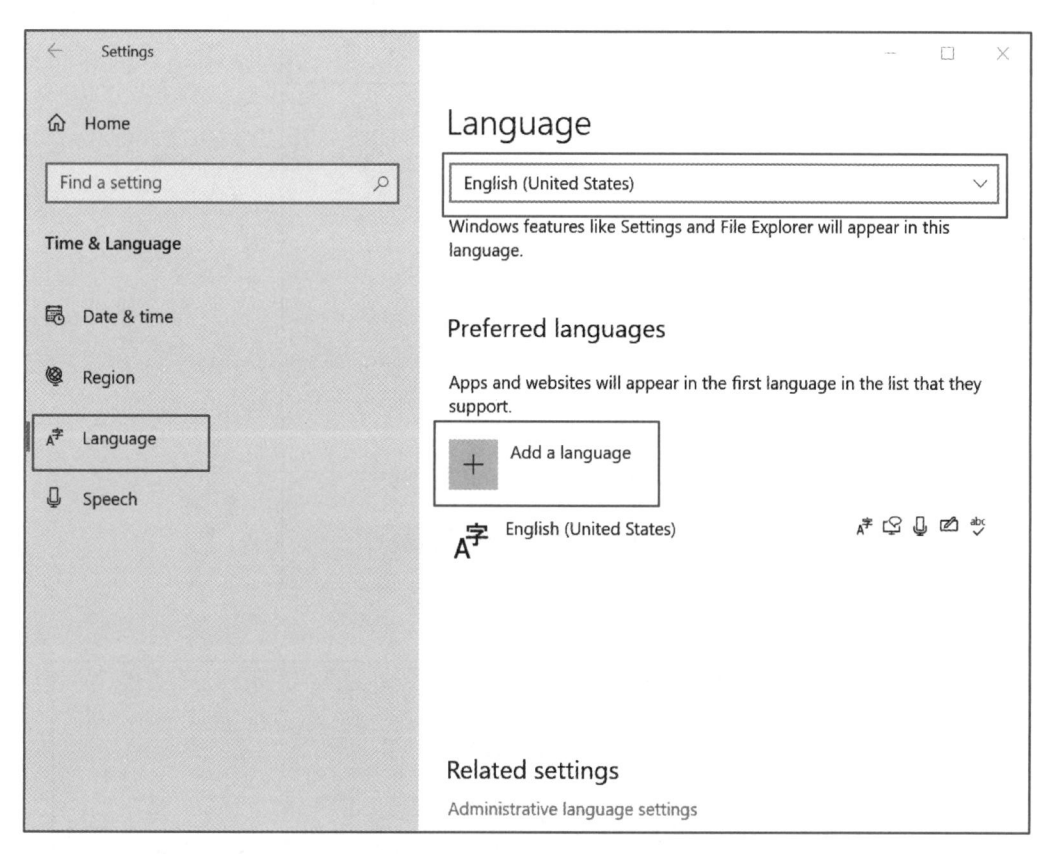

图1-33 添加语言

在搜索框中输入"Chinese"，系统显示出了相关的语言包选项。选择自己需要的中文版本（如简体中文），如图1-34所示，并单击Next按钮，系统开始下载并安装中文语言包。安装完成后，中文就出现在了已安装的语言列表中。返回Language界面，选择应用"中文（中华人民共和国）"，如图1-35所示，再重启计算机，Windows显示语言为中文显示。同时，即可在屏幕右下角看到系统自带的中文输入法：微软拼音，可根据需要使用鼠标或者快捷键Ctrl+Shift进行切换。

（2）安装第三方中文输入法软件：以搜狗输入法为例

打开Windows 10自带的Edge浏览器，进入搜狗输入法官网下载该安装软件，下载完成后单击底部的"运行"按钮。

在输入法安装界面中，单击"立即安装"按钮。建议将该软件安装在D盘或其他非系统盘，以避免系统盘空间不足。安装完成后，取消选中底部的广告选项，单击"完成"按钮，即可在屏幕右下角"通知区域"找到搜狗输入法，如图1-36所示。初次切换时，可能会打开安全控制对话框，可选择"允许"选项。

图 1-34　搜索简体中文

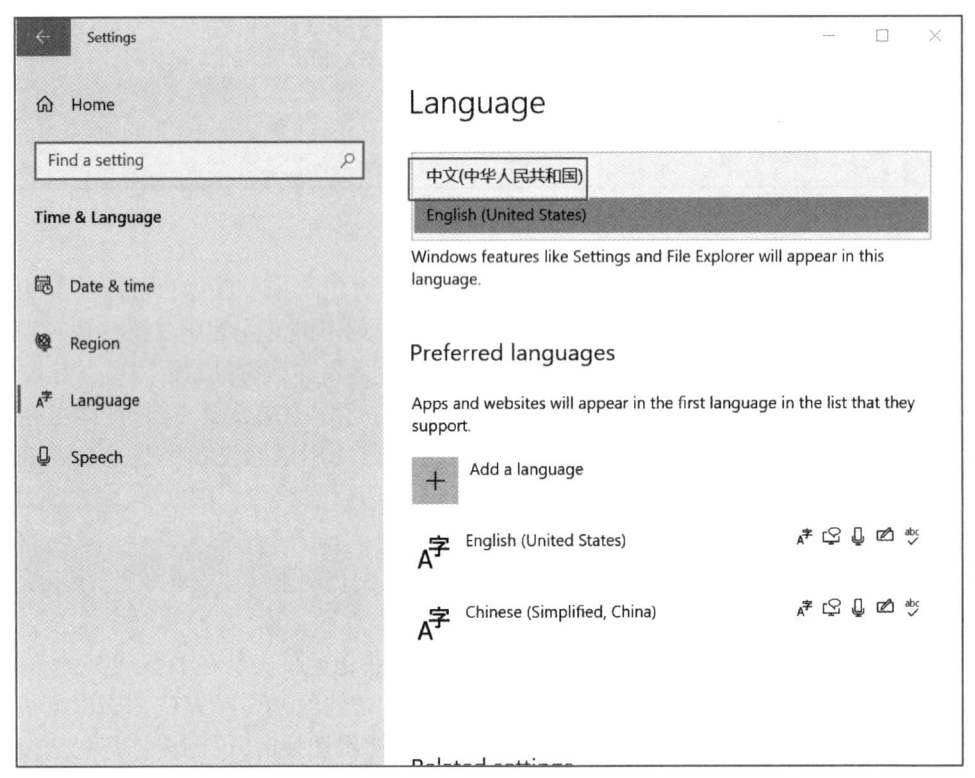

图 1-35　应用简体中文

通过以上两种方式，就可以在 Windows 10 系统中成功安装中文输入法了。

2. 使用中文输入法

配置好中文输入法后，可进行测试，打开一个文本编辑器或聊天窗口，准备输入中文。按下键盘上的切换输入法的快捷键（通常是 Ctrl+Shift 组合键），将输入法切换到了刚才安装的搜狗拼音输入法，即可开始输入中文了。可以通过语音、手写、软键盘等方式进行输入，如图 1-37 所示，然后从候选词中选择正确的汉字，完成中文输入。

图 1-36 搜狗拼音输入法

图 1-37 输入方式

通过以上步骤，成功地安装并配置了中文输入法，现在就可以方便地输入中文了。罗伯特也意识到，随着在中国的生活和学习时间的增长，掌握中文输入法将对他非常重要。因此，他决定继续深入学习和使用中文输入法，以便更好地融入中国的文化和生活。

【任务拓展】

小李是一名大学生，由于他的家乡方言与普通话差异较大，发现自己在使用拼音输入法时总是出错，打字速度也很慢。这让他在写作业、发邮件或者与同学聊天时感到十分不便。为了提高打字效率，小李决定尝试使用五笔输入法，请帮助小李安装配置一种五笔输入法。

任务 1.4　计算机系统基础知识测验

一、单选题

1. 第二代晶体管计算机的主要逻辑元件是（　　）。
   A. 电子管　　　　　　　　　　　　B. 晶体管
   C. 集成电路　　　　　　　　　　　D. 大规模和超大规模集成电路
2. 华为 P40 手机中使用的麒麟 9000 处理器主要应用（　　）技术制造。
   A. 电子管　　　　　　　　　　　　B. 晶体管
   C. 集成电路　　　　　　　　　　　D. 超大规模集成电路
3. （　　）是计算机分代的依据。
   A. 计算机的体积　　　　　　　　　B. 计算机的运算速度
   C. 计算机的存储容量　　　　　　　D. 计算机的主要电子元件
4. 使用计算机解决科学研究与工程计算中的数学问题属于（　　）。
   A. 科学计算　　　　　　　　　　　B. 计算机辅助制造
   C. 过程控制　　　　　　　　　　　D. 娱乐休闲
5. "长征"系列火箭利用计算机进行飞行状态的调整属于（　　）。

A. 科学计算 B. 数据处理
C. 计算机辅助设计 D. 实时控制

6. 快递公司将包裹进行自动分拣，使用的计算机技术属于（　　）。
   A. 科学计算 B. 系统仿真
   C. 辅助设计 D. 模式识别

7. 人工智能是让计算机能模仿人的一部分智能。下列选项中不属于人工智能领域中的应用的是（　　）。
   A. 机器人 B. 银行信用卡
   C. 人机对弈 D. 机械手

8. 各种笔记本电脑、平板电脑的大量使用，是计算机（　　）的一个标志。
   A. 网格化 B. 巨型化
   C. 微型化 D. 智能化

9. （　　）的通用性好、软件丰富、价格低廉，主要在办公室和家庭中使用，是目前发展最快、应用最广泛的一种计算机。
   A. 工作站 B. 微型机
   C. 巨型机 D. 大型机

10. 人们在个人计算机上看到的文字、图像和视频等信息在计算机内部都是以（　　）的形式进行存储和处理的。
    A. 十进制编码 B. 二进制编码
    C. BCD 编码 D. ASCII 码

11. 某 800 万像素的数码相机，拍摄照片的最高分辨率大约是（　　）。
    A. 3 200×2 400 B. 2 048×1 600
    C. 1 600×1 200 D. 1 024×768

12. KB（千字节）是度量存储器容量大小的常用单位之一，这里的 1 KB 等于（　　）。
    A. 1 000 个字节 B. 1 024 个字节
    C. 1 000 个二进位 D. 1 024 个字

13. 在计算机中，1 GB 的准确值等于（　　）。
    A. 1 024×1 024 Byte B. 1 024 KB
    C. 1 024 MB D. 1 000×1 000 KB

14. 下列存储器中容量最大的是（　　）。
    A. 20 GB 硬盘 B. 10 GB 优盘
    C. 1.44 MB 软磁盘 D. 64 MB 内存条

15. 下列属于输出设备的是（　　）。
    A. 键盘 B. 鼠标
    C. 扫描仪 D. 显示器

16. 下列软件中属于计算机系统软件的是（　　）。
    A. QQ B. Windows
    C. 360 安全卫士 D. 微信

17. 下列系统软件与应用软件的安装与运行说法中,正确的描述是( )。
    A. 首先安装哪一个无所谓
    B. 两者须同时安装
    C. 必须先安装应用软件,后安装并运行系统软件
    D. 必须先安装系统软件,后安装应用软件
18. 通常所说的共享软件是指( )。
    A. 盗版软件
    B. 一个人购买的商业软件,其他人都可以借来使用
    C. 在试用基础上提供的一种商业软件
    D. 不受版权保护的公用软件
19. 衡量内存的性能有多个技术指标,但不包括( )。
    A. 存储容量　　　　　　　　　B. 存取周期
    C. 取数时间　　　　　　　　　D. 成本价格
20. 网卡的功能不包括( )。
    A. 网络互联　　　　　　　　　B. 进行视频播放
    C. 实现数据传递　　　　　　　D. 将计算机连接到通信介质上
21. 未经授权通过计算机网络获取某公司的经济情报是一种( )。
    A. 不道德但也不违法的行为　　B. 违法的行为
    C. 正当的竞争行为　　　　　　D. 网络社会中的正常行为
22. 下列违反法律、道德规范的行为是( )。
    A. 给不认识的人发电子邮件
    B. 利用微博转发未经核实的攻击他人的文章
    C. 利用微博发布广告
    D. 利用微博发表对某件事情的看法
23. 目前电子商务应用范围广泛,电子商务的安全问题主要有( )。
    A. 加密　　　　　　　　　　　B. 数据泄露或篡改、冒名发送、非法访问
    C. 防火墙是否有效　　　　　　D. 交易用户多
24. 张老师用鼠标左键将自己所做的课件,从D盘的"课件"文件夹拖曳到D盘的"作品"文件夹中,系统执行的操作是( )。
    A. 复制　　　　　　　　　　　B. 移动
    C. 粘贴　　　　　　　　　　　D. 剪切
25. 对于文件的属性,只读的含义是指该文件只能读而不能( )。
    A. 修改　　　　　　　　　　　B. 删除
    C. 复制　　　　　　　　　　　D. 移动
26. 下列关于Windows 10文件名的说法中,错误的是( )。
    A. 文件名可以用汉字　　　　　B. 文件名可以用空格
    C. 文件名最长可达256个字符　D. 文件名最长可达255个字符
27. 下列有关回收站的说法,正确的是( )。

A. 回收站中的文件和文件夹都是可以还原的

B. 回收站中的文件和文件夹都是不可以还原的

C. 回收站中的文件是可以还原的,但文件夹是不可以还原的

D. 回收站中的文件夹是可以还原的,但文件是不可以还原的

28. 在 Windows 中,当鼠标指针呈十字箭头形状时,一般表示(　　)。

　　A. 选择菜单　　　　　　　　　　B. 用户等待

　　C. 完成操作　　　　　　　　　　D. 选中对象可以上、下、左、右拖曳

29. 在 Windows 中,如果要彻底删除系统中已安装的应用软件,最合理的方法是(　　)。

　　A. 用控制面板或软件自带的卸载程序完成

　　B. 对磁盘进行碎片整理操作

　　C. 直接找到该文件或文件夹进行删除操作

　　D. 删除该文件及快捷图标

30. 删除 Windows 桌面上的快捷图标,意味着(　　)。

　　A. 下次启动后图标会自动恢复

　　B. 该应用程序连同其图标一起被删除

　　C. 只删除了图标,对应的应用程序不受影响

　　D. 只删除了该应用程序,对应的图标被隐藏

31. 现代计算机中采用二进制主要是因为(　　)。

　　A. 代码表示简短,易读　　　　　B. 容易实现且简单可靠

　　C. 容易阅读,不易出错　　　　　D. 只有 0、1 两个符号,容易书写

32. 如按某进制计算 3×3=10,根据这个运算规则,7+6=(　　)。

　　A. 13　　　　　　　　　　　　　B. 14

　　C. 15　　　　　　　　　　　　　D. 16

33. 在计算机内部,能够按照人们事先给定的指令步骤、统一指挥各部件有条不紊协调工作的是(　　)。

　　A. 运算器　　　　　　　　　　　B. 放大器

　　C. 控制器　　　　　　　　　　　D. 存储器

34. 下列关于显示器设置的描述中,错误的是(　　)。

　　A. 桌面背景是可以改变的　　　　B. 屏幕保护程序是可以改变的

　　C. 桌面图标是不可以改变的　　　D. 显示分辨率是可以改变的

35. 将十进制数 32 转换成二进制数的是(　　)。

　　A. 100000　　　　　　　　　　　B. 010000

　　C. 001000　　　　　　　　　　　D. 000100

36. 计算机的系统总线是计算机各部件间传递信息的公共通道,分为(　　)。

　　A. 数据总线和控制总线　　　　　B. 地址总线和数据总线

　　C. 数据总线、控制总线和地址总线　D. 地址总线和控制总线

37. 计算机硬件能直接识别、执行的语言是(　　)。

　　A. 汇编语言　　　　　　　　　　B. 机器语言

C. 高级程序语言　　　　　　　　　D. C++ 语言

38. 计算机技术中,下列度量存储容量的单位中,最大的是(　　)。
   A. GB　　　　　　　　　　　　　B. MB
   C. KB　　　　　　　　　　　　　D. TB

39. 下列关于 ASCII 编码的叙述中,正确的是(　　)。
   A. 一个字符的标准 ASCII 码占一个字节,其最高二进制位总为 1
   B. 所有大写英文字母的 ASCII 码值都小于小写英文字母"a"的 ASCII 码值
   C. 所有大写英文字母的 ASCII 码值都大于小写英文字母"a"的 ASCII 码值
   D. 标准 ASCII 码表有 1 024 个不同的字符编码

40. 运算器的功能是进行(　　)。
   A. 逻辑运算　　　　　　　　　　B. 算术运算和逻辑运算
   C. 算术运算　　　　　　　　　　D. 逻辑运算和微积分运算

41. 一条计算机指令可分为两部分,操作码指出执行哪些操作,(　　)指出需要操作的数据或数据的地址。
   A. 源地址码　　　　　　　　　　B. 操作数
   C. 目标码　　　　　　　　　　　D. 数据码

42. 在 Windows 中,要查找含有"安徽"两个字的所有文件,应该在搜索名称框内输入(　　)。
   A. *安徽*.?　　　　　　　　　　B. *安徽.?
   C. *安徽?.?　　　　　　　　　　D. *安徽*.*

43. 字长是 CPU 的主要性能指标之一,它表示(　　)。
   A. CPU 一次能处理的二进制数据的位数
   B. CPU 一次能处理的十进制数据的位数
   C. CPU 一次能处理的八进制数据的位数
   D. CPU 一次能处理的十六进制数据的位数

44. 下列各进制的整数中,值最小的是(　　)。
   A. 十进制数 10　　　　　　　　　B. 八进制数 10
   C. 十六进制数 10　　　　　　　　D. 二进制数 10

45. 计算机之所以能自动连续运算,是由于采用了(　　)工作原理。
   A. 布尔逻辑　　　　　　　　　　B. 存储程序
   C. 数字电路　　　　　　　　　　D. 集成电路

46. 高级程序设计语言的特点是(　　)。
   A. 高级语言提供了丰富的数据结构和控制结构,降低了程序的复杂性
   B. 高级语言与具体的机器结构密切相关
   C. 高级语言接近算法语言,不易掌握
   D. 计算机可直接执行使用高级语言编写的程序

47. 直接在回收站拖曳选中的文件到某一驱动器或文件夹窗口中可以(　　)文件。
   A. 删除　　　　　　　　　　　　B. 备份
   C. 还原　　　　　　　　　　　　D. 彻底删除

48. 一张 24 位真彩色像素的 1 920×1 080 BMP 数字格式图像,所需存储空间约是(　　)。
    A. 1.98 MB　　　　　　　　　　　B. 2.96 MB
    C. 5.93 MB　　　　　　　　　　　D. 7.91 MB
49. 杀毒软件是一种(　　)。
    A. 操作系统　　　　　　　　　　 B. 系统软件
    C. 应用软件　　　　　　　　　　 D. 语言处理程序
50. 计算机系统软件中,最基本、最核心的软件是(　　)。
    A. 操作系统　　　　　　　　　　 B. 数据库管理系统
    C. 程序语言处理系统　　　　　　 D. 系统维护工具

二、多选题

1. 右击 Windows 的"开始"按钮,弹出的快捷菜单中不包含(　　)菜单命令。
    A. 新建　　　　　　　　　　　　 B. 搜索
    C. 关闭　　　　　　　　　　　　 D. 替换
2. 在 Windows 中,以下文件命名正确的是(　　)。
    A. a.txt　　　　　　　　　　　　B. a.b.txt
    C. a b.txt　　　　　　　　　　　D. a\b.txt
3. 如果要把 C 盘某个文件夹中的一些文件复制到 C 盘的另一个文件夹中,在选定文件后,若采用鼠标进行操作,以下能达到目标的操作是(　　)。
    A. 右击,选择复制,到目的地文件夹,再选择粘贴
    B. 直接拖曳文件到目的地文件夹
    C. 按住 Ctrl 键并拖动文件到目的地文件夹
    D. 单击鼠标左键
4. 下列关于 Windows "计算机"窗口中进行文件查找说法,错误的是(　　)。
    A. 只能对确定的文件名进行查找
    B. 只输入文件建立的时间范围是不能进行查找的
    C. 必须输入所找文件的主文件名和扩展名
    D. 可以输入部分文件名进行查找
5. 在 Windows 10 中,下列关于快捷方式的说法,错误的是(　　)。
    A. 一个对象可以有多个快捷方式
    B. 不允许为快捷方式创建快捷方式
    C. 一个快捷方式可以指向多个目标对象
    D. 只有文件和文件夹对象可以创建快捷方式

实训项目 2　使用 WPS 文字

【项目概述】

WPS 自动化办公应用软件有文字处理软件、电子表格软件、演示文稿软件等,在当今信息化时代,无论从事什么工作,都会用到它们。文字处理软件是自动化办公的重要组成部分,被广泛应用于人们的日常学习、工作和生活的各个方面。本项目包含文字的基本编辑、图片编辑、表格编辑、样式与模板的创建及应用和多人协同编辑文档等内容。

【项目目标】

知识目标

1. 掌握使用文档处理的基本知识,如 WPS 文字处理软件的工作界面、功能与特色等。
2. 掌握 WPS 办公应用软件的基本使用方法,如图文混排、长文档编辑与排版等。

技能目标

1. 能使用 WPS 文字制作、编辑和排版文档。
2. 掌握使用 WPS Office 处理文档的基本操作,如文档操作、文本操作、格式设置。
3. 掌握对象的插入与编辑、页面设置、长文档编辑、文档保护等。

素养目标

1. 具备高效编辑文档的能力。
2. 具备团队协作意识。

任务 2.1　制订学习计划

PPT:
制订学习计划

【任务概述】

俗话说"凡事预则立,不预则废"。小刘作为大学一年级新生,为了更好地规划大学学习和生活,起草并制订了一份学习计划,其效果如图 2-1 所示。

图 2-1　大学生学习计划

【任务实施】

1. 新建空白文档

（1）创建文档

1）方法 1：使用 WPS Office 程序创建文档。

情景 1：在未启动 WPS Office 程序时的操作过程如下。

① 启动 WPS Office 程序，单击"+新建"按钮，选择"新建"→"Office 文档"→"文字"命令，如图 2-2 所示。

② 在打开的"新建文档"界面中，选择"空白文档"命令，如图 2-3 所示。

③ 新建文档的文件名默认为"文字文稿 1"，如图 2-4 所示。

情景 2：已启动 WPS Office 程序时创建文档的过程：单击如图 2-5 所示的下拉按钮，选择"文字"选项。

2）方法 2：使用"新建"→"DOCX 文档"命令。在桌面或磁盘其他空白区域右击，弹出如图 2-6 所示的快捷菜单，选择"新建"→"DOCX 文档"命令，则在目标处生成文档"新建 DOCX 文档 .docx"。

（2）设置页面

纸张：A4；页边距：左 3 厘米，右 2.5 厘米，上、下各 2.5 厘米。

（3）保存文档

按 Ctrl+S 快捷键实现快速保存文档，保存文件名为"大学生学习计划 .docx"。

微课 2-1　制订学习计划

图 2-2 使用 WPS Office 新建文件

图 2-3 "新建文档"操作界面

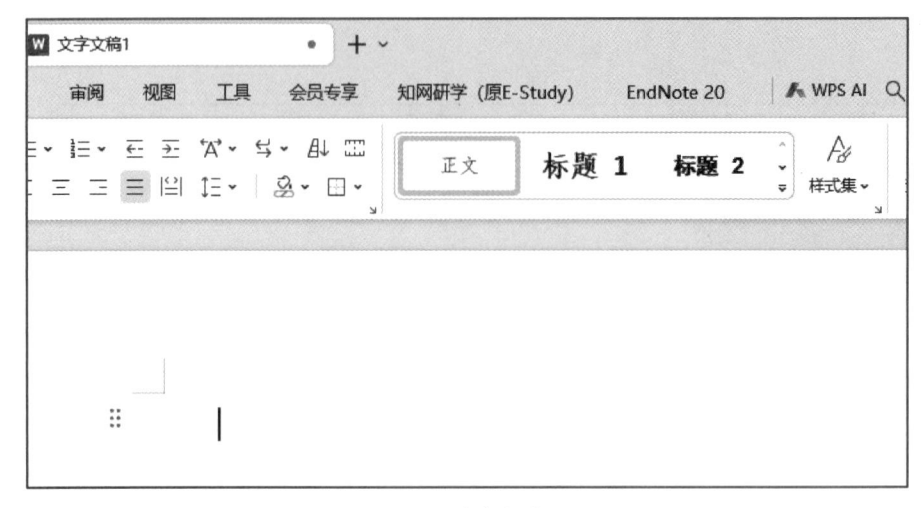

图 2-4　文字文稿 1

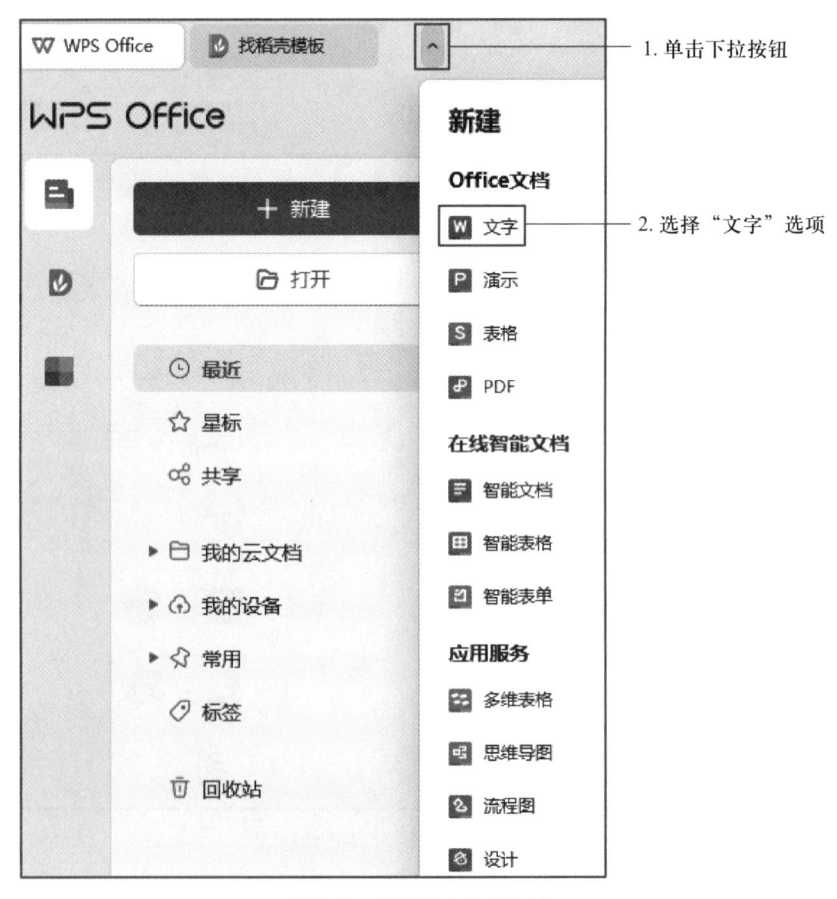

图 2-5　新建文字文档方法

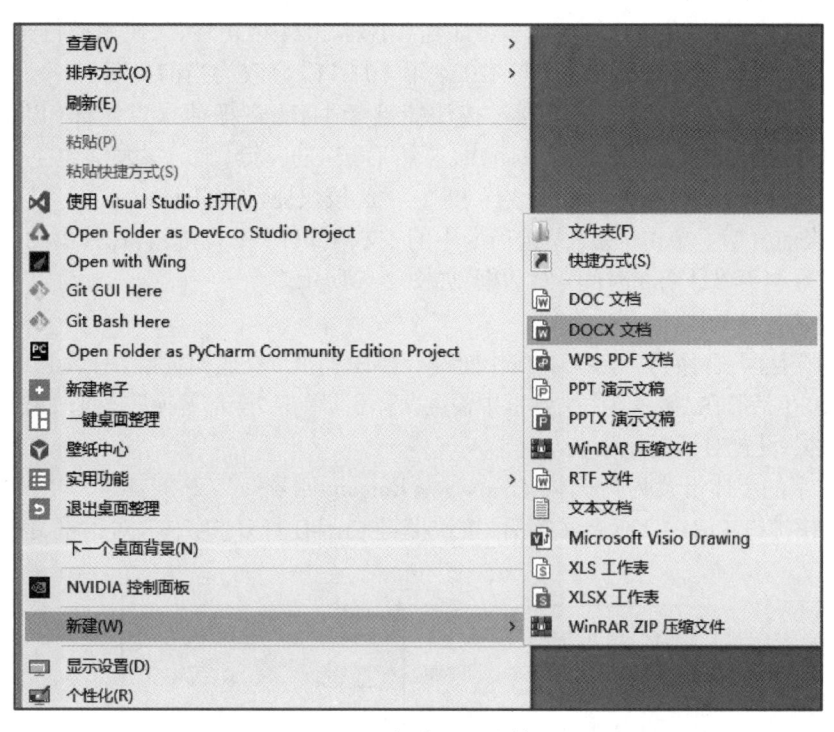

图 2-6　新建 DOCX 文档

2. 编辑文本内容

（1）从外部文件获取文本内容

从给定的实训素材"大学生学习计划素材文字 .txt"中，将文字复制并粘贴至文档中，如图 2-7 所示。

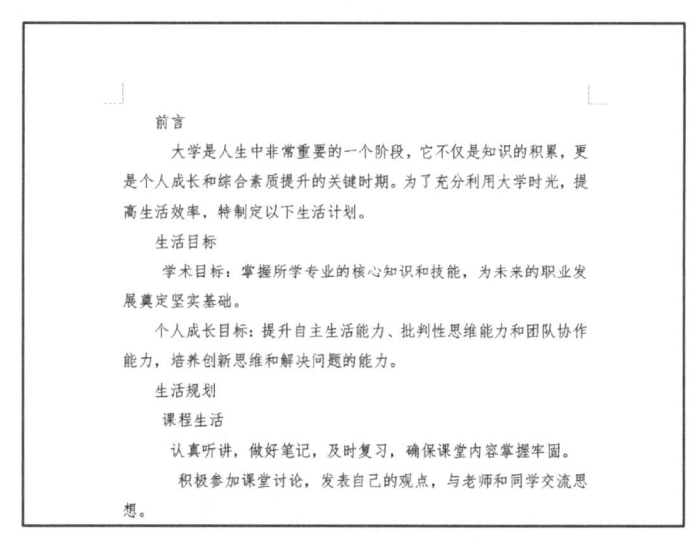

图 2-7　复制并粘贴素材文字后的效果

（2）使用软回车换行和插入当前日期

在"前言"上方输入标题"大学生学习计划（小刘2024年4月）"，使用换行符（软回车）进行断行，不要把它分成两个段落；将日期"2024年4月11"修改为当前日期。

① 输入文本并实现软回车。可通过按快捷键Ctrl+Home把插入点光标（以下简称"插入点"）移动到文件头部（"前言"两字的前面），然后按Enter键，输入"大学生生活计划（小刘2024年4月）"后，把插入点移动到"计划"和"（"处，按快捷键Shift+Enter。

② 插入当前日期。单击"插入"选项卡中的"文档部件"下拉按钮，在弹出的下拉列表中选择"日期"命令，打开"日期和时间"对话框，如图2-8所示。

（3）查找和替换的用法

将文中的"生活"替换为"学习"。按快捷键Ctrl+H，打开"查找和替换"对话框，在"查找内容"文本框中输入"生活"，在"替换为"文本框中输入"学习"，单击"全部替换"按钮，如图2-9所示。

（4）"字体"设置对话框用法

将所有文字的字体设置为"宋体、Times New Roman、四号"。

全选（按快捷键Ctrl+A）所有文字后，按快捷键Ctrl+D打开"字体"对话框，按如图2-10所示进行设置。

(a) "文档部件"按钮　　(b) "日期和时间"对话框

图2-8　"文档部件"按钮与"日期和时间"对话框

图2-9　将"生活"替换为"学习"

图 2-10　设置中文字体和西文字体

（5）段落设置

将所有段落设置为"首行缩进：2 字符"；间距为"固定值：30 磅"，如图 2-11 所示。

3. 设置标题格式

（1）"大学生学习计划"格式设置

要求如下：

1）字体设置为"黑体、二号"。

2）段落设置

① 对齐方式为"居中对齐"。

② 缩进为"特殊格式"，设置为"无"。

③ 间距："段前"间距为 4 行、"段后"间距为 2 行、"行距"设置为"1.5 倍行距"。

（2）"（小刘 2024 年 4 月）"字体格式设置

要求：中文字体字号为"黑体，三号"，西文字体字号为"Times New Roman，三号"。

以上设置完成后，效果如图 2-12 所示。

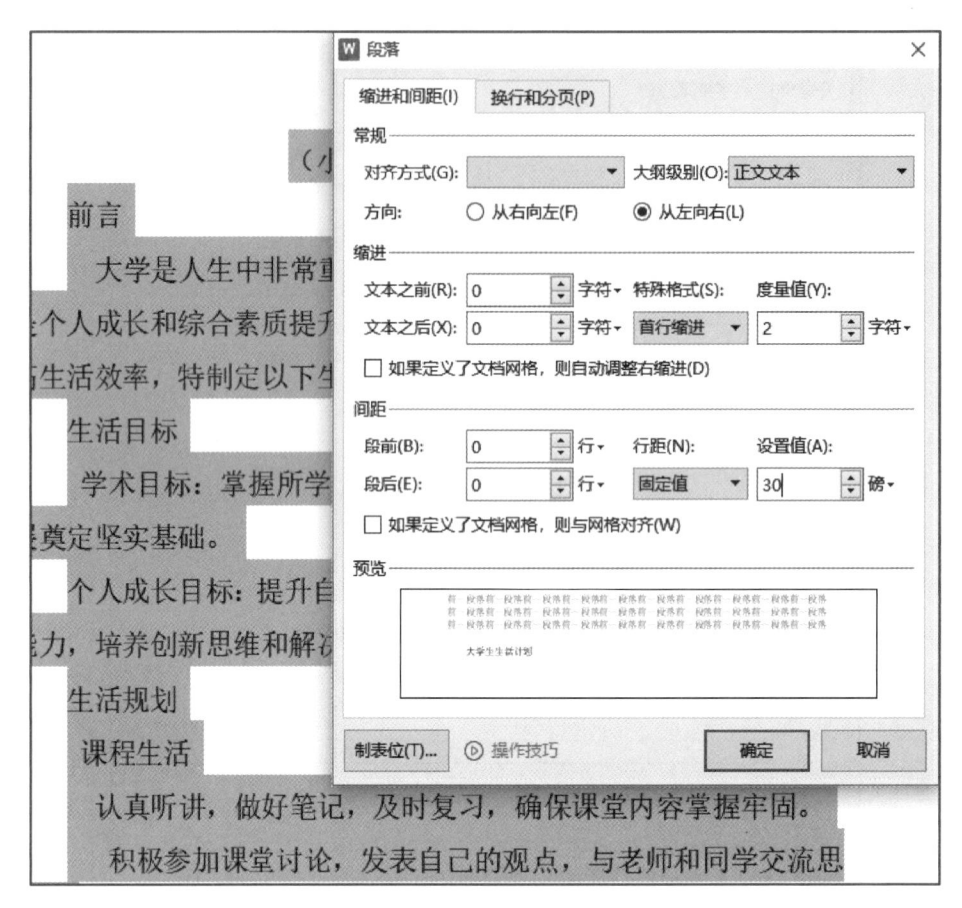

图 2-11　全文段落设置首行缩进 2 字符、间距固定值为 30 磅

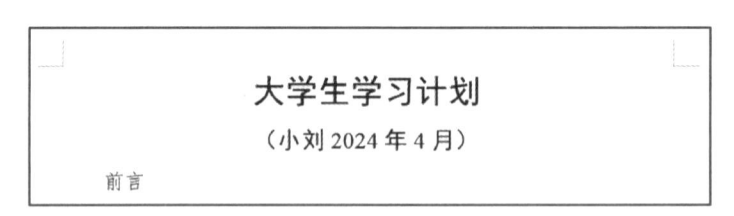

图 2-12　标题设置效果

4. 设置正文内容格式

（1）替换每个段落前的空格

如图 2-13 所示，第 3 行和第 4 行所在的段落首个字符没有左对齐，问题在于第 4 行的首字符为空格。因此，可使用"查找和替换"功能处理全文存在的"段落首字符有空格"的问题。

（2）使用项目编号

1）将"前言、学习目标、学习规划、时间管理、自我调整与评估、结语"6 个部分使用编号"一、……二、……"，字体设置为"楷体、三号"。

① 设置"前言"应用编号。将插入点移动到"前言"所在段落，单击"开始"选项卡中的

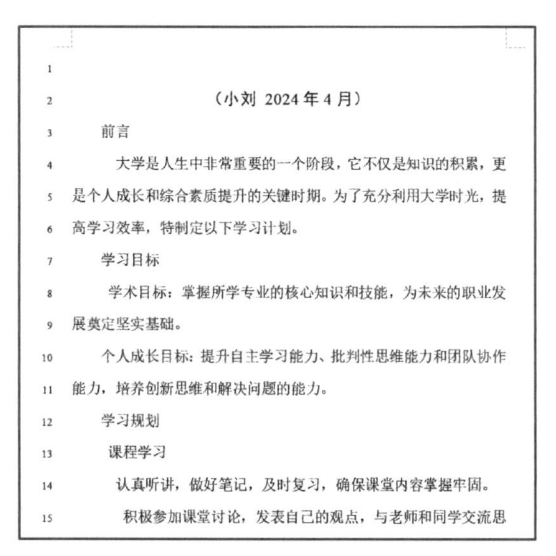

```
1
2                  （小刘 2024年4月）
3        前言
4            大学是人生中非常重要的一个阶段，它不仅是知识的积累，更
5        是个人成长和综合素质提升的关键时期。为了充分利用大学时光，提
6        高学习效率，特制定以下学习计划。
7        学习目标
8            学术目标：掌握所学专业的核心知识和技能，为未来的职业发
9        展奠定坚实基础。
10           个人成长目标：提升自主学习能力、批判性思维能力和团队协作
11       能力，培养创新思维和解决问题的能力。
12       学习规划
13       课程学习
14           认真听讲，做好笔记，及时复习，确保课堂内容掌握牢固。
15           积极参加课堂讨论，发表自己的观点，与老师和同学交流思
```

图 2-13　查找替换空格

"编号"下拉按钮，在弹出的下拉列表中选择"编号"列表中的"第 1 行第 2 列"样式，完成应用编号，如图 2-14 所示；选中"前言"后，在"字体"对话框完成字体设置。

② 使用格式刷完成其余部分的格式设置。选中"一、前言"对象，双击"格式刷"按钮，如图 2-15 所示，移动到"学习目标"所在行，单击鼠标，实现"学习目标"复制使用"一、前言"的格式信息。

图 2-14　使用编号

图 2-15　"格式刷"功能图标

2）将"学术目标、个人成长目标"设置为：使用编号"（一）……、（二）……"。
实现过程同"1.前言……"的格式设置。

5. 输出 PDF 并加密

在"文件"菜单中，有两个命令可以实现保存并加密文件，如图 2-16 所示。

（1）使用"另存为"命令

选择"另存为"命令，打开"另存为"对话框，如图 2-17 所示。在该对话框的"文件类型"下拉列表中选择"PDF 文档格式（*.pdf）"选项，再单击"加密"按钮，在打开的"密码加密"对话框中设置相关密码保护，如图 2-18 所示。

图 2-16 "文件"菜单命令列表

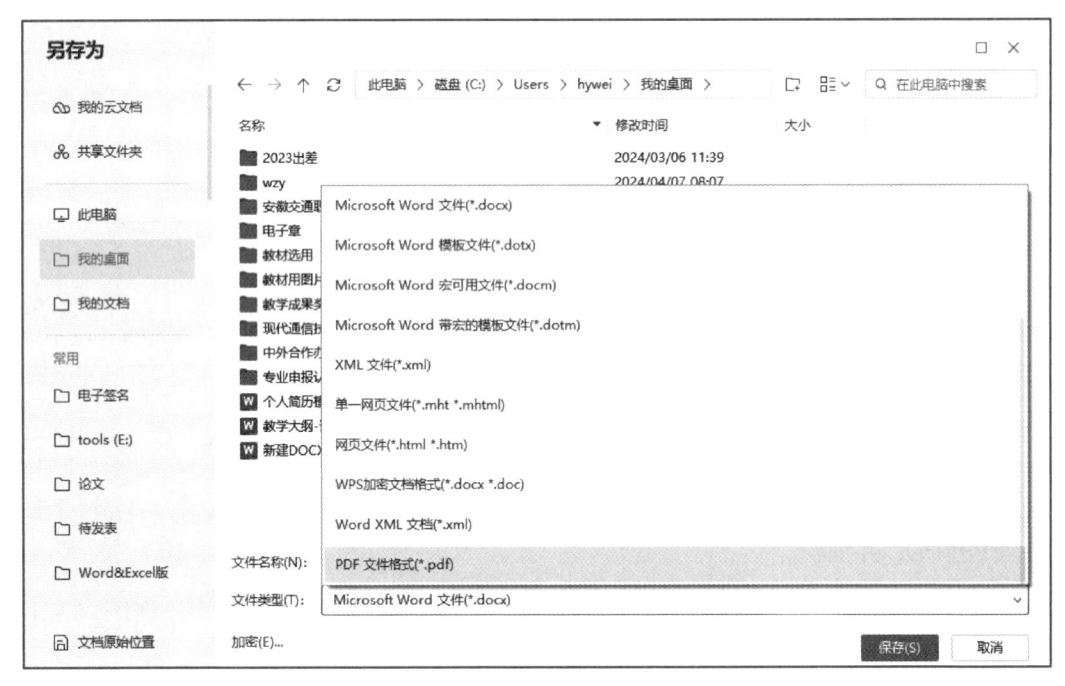

图 2-17 "另存为"对话框

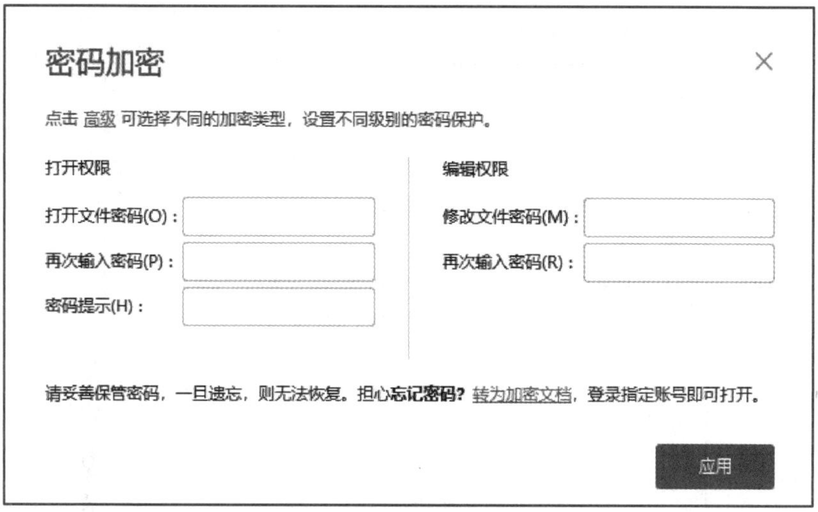

图 2-18 "密码加密"对话框

（2）使用"输出为 PDF"命令

在"输出为 PDF"对话框中，单击"开始输出"按钮，即实现了把文件保存为 PDF 格式文档，如图 2-19 所示。

若要同时加密文档，可在输出前进行"输出设置"，在"输出为 PDF"对话框中单击"输出设置"超链接，打开"输出设置"对话框，如图 2-20 所示。

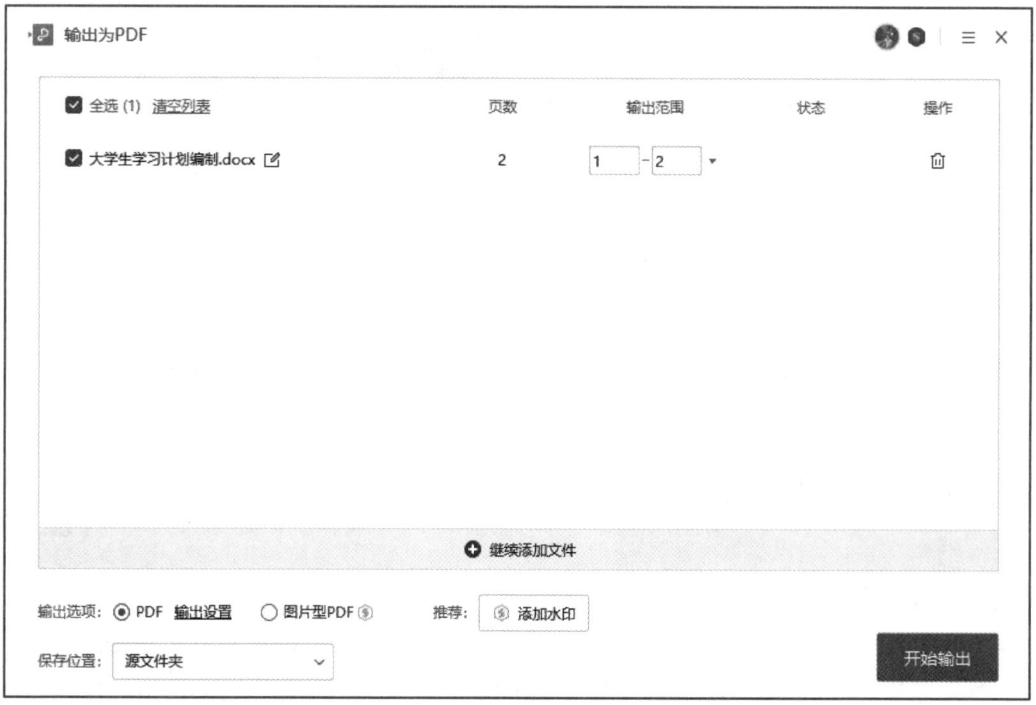

图 2-19 "输出为 PDF"对话框

图 2-20 "输出设置"对话框

【任务拓展】

根据给定素材"美丽中国.docx",完成以下设置。
1. 实现文本分段。以蓝色字体文字开始分为另一个段落,全文正文共 4 个段落。
2. 把文中所有蓝色字体的文字设置为黑色(提示:在"查找和替换"对话框中实现)。
3. 自行美化文章的标题、正文字体、段落格式,然后分享完成后的成果。

任务 2.2　设计招标文书 >>>

PPT:
设计招标
文书

【任务概述】

随着公司业务的不断发展,为了保障各部门工作的正常进行,提高办公效率,公司计划进行一批办公用品的集中采购。小刘现在是该公司的国资处办公人员,被安排来完成该任务,最终设计的招标文书效果如图 2-21 所示。

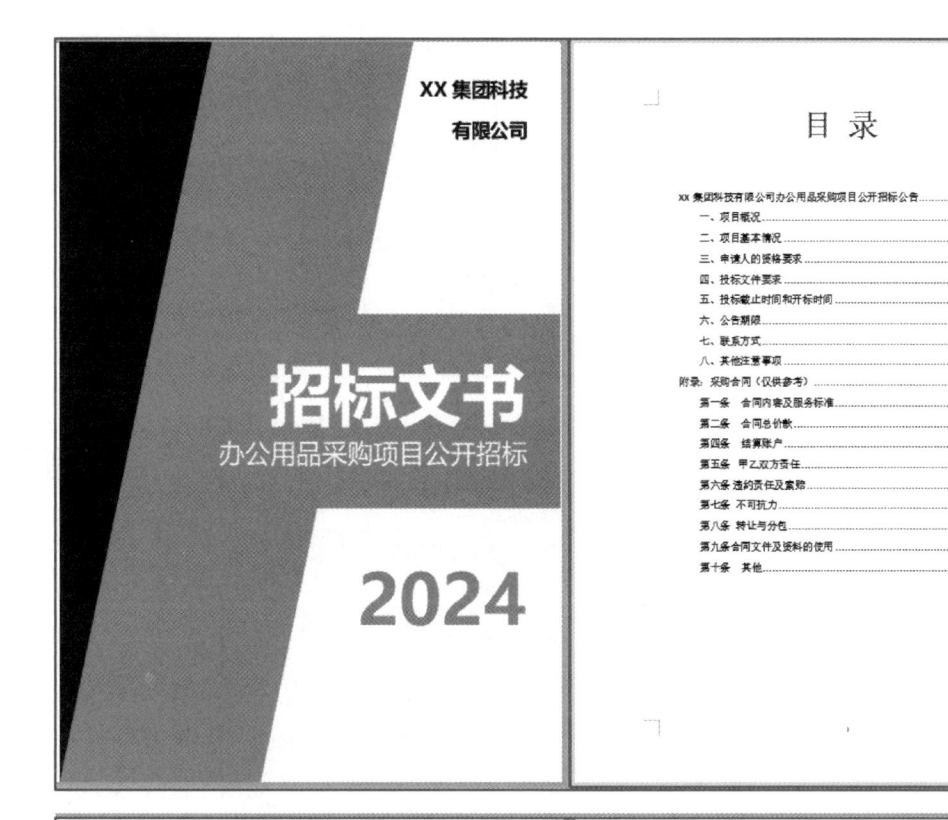

图 2-21　招标文书效果

【任务实施】

1. 新建空白文档

（1）打开 WPS Office 程序，单击"新建"按钮，接着单击"文字"图标，单击"空白文档"按钮即可创建一份空白的文字文档。

（2）设置页面参数

选择 A4 纸张，并设置页边距为上、下、左、右各 2.5 厘米。设置装订线位置为"左侧"，装订线宽为 1 厘米，如图 2-22 所示。

图 2-22　设置装订线

（3）保存文档

打开"任务 2.2"文件夹，将"招标书素材 .txt"文字内容全选后复制到本文档中。接着单击"快速访问工具栏"中的"保存"按钮，将文档命名为"招标文书 .docx"并将其保存到"任务 2.2"文件夹。

2. 文字转表格

将光标的插入点定位到文档开头，按 Ctrl+F 快捷键，打开"查找和替换"对话框，将查找内容设置为"表[0-9]"，再单击"高级搜索"按钮，选中"使用通配符"复选框，如图 2-23 所示。完成后单击"查找下一处"按钮。

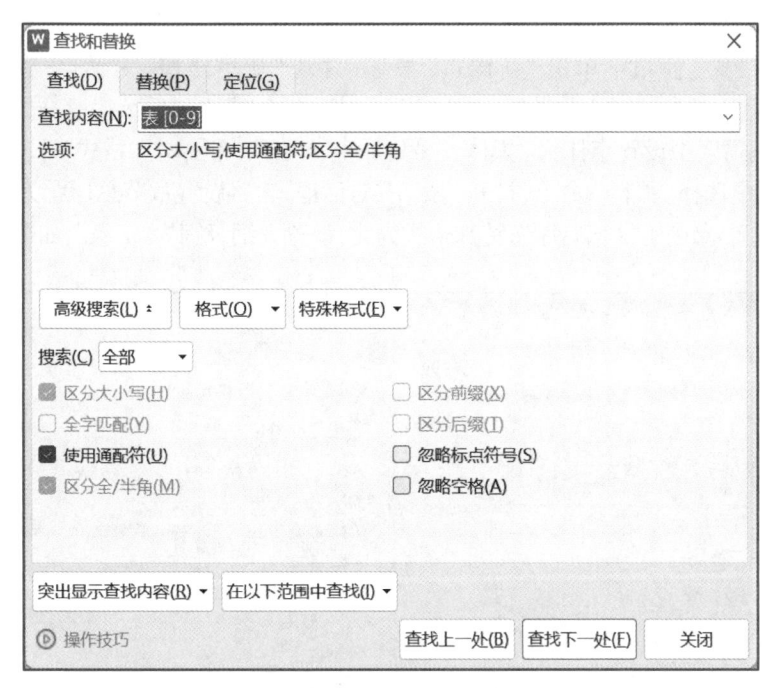

图 2-23 "使用通配符"查找

在文档中首先搜索停止到表 1 位置,将表 1 的内容选中,在"插入"选项卡中单击"表格"下拉按钮,在弹出的下拉列表中选择"文本转换成表格"命令,打开如图 2-24 所示的对话框,WPS 文字自动识别该表格,直接单击"确定"按钮即可。

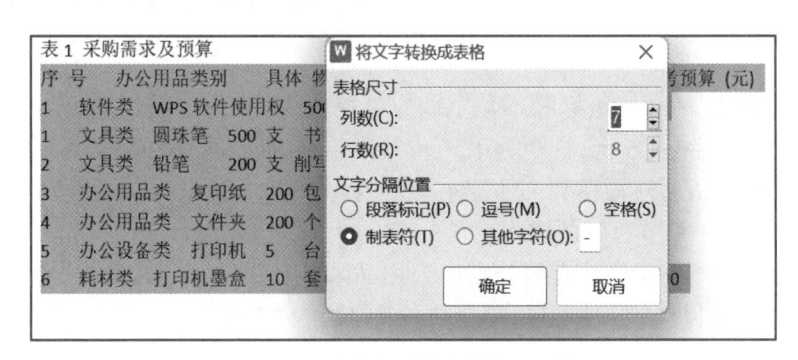

图 2-24 "将文字转换成表格"对话框

接下来按 Ctrl+F 组合键查找文档中其他表格内容,并使用"文本转换成表格"命令进行转换。

3. 设置与修改样式

（1）修改正文样式

在"开始"选项卡"样式"组中找到"正文",单击鼠标右键,在弹出的快捷菜单中选择"修改样式"命令,在打开的对话框中修改正文样式,将中文字体设置为"宋体、小四",英文字体设置为"Times New Roman、小四"段落设置为"两端对齐,首行缩进 2 字符,行距 1.5 倍,段前段后 0 行"。

（2）新建标题样式

在"样式和格式"窗格中单击"新样式"按钮，打开"新建样式"对话框，在"名称"文本框中输入"一级标题"，"样式类型"设置为"段落"，"样式基于"和"后续段落样式"均设置为"正文"，在"格式"选项区中设置字体为"黑体、三号、加粗、红色"。再单击"格式"下拉按钮，在弹出的"格式"下拉菜单中选择"段落"命令，打开"段落"对话框，然后设置章节总标题为居中对齐，段前、段后间距1行，设置行距为"2倍行距"，特殊格式为无，设置大纲级别为"1级"，如图2-25所示。

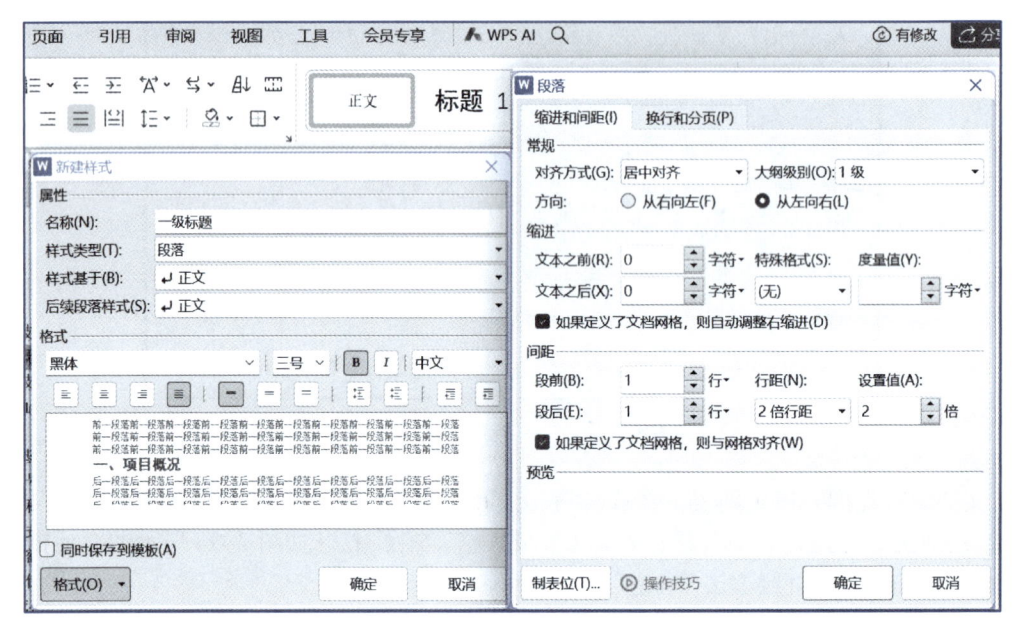

图 2-25　新建"一级标题"

按此步骤再新建一个"二级标题"样式，将字体修改为"宋体、四号、加粗"，段落设置为左对齐，段前为0.5行，段后为0.5行，行距为1.5行，特殊格式为无，大纲级别2级。设置一个"表格文字"，字体为"仿宋、五号"，段落为"两端对齐，特殊格式无，行距1倍，段前段后0行"。

（3）样式应用——章节总标题样式设置

在文档中选中"**集团科技有限公司办公用品采购项目公开招标公告"和其他章节标题，在"开始"选项卡"预设样式"功能区，单击"一级标题"样式即可完成章节总标题样式设置，如图2-26所示。

按此步骤将文档中对应的汉字标题"一、二、……"的内容设置为"二级标题"样式，表格中的文字设置为"表格文字"样式。

4. 设置目录

（1）生成目录

定位到文档的第一页，在"插入"选项卡中单击"空白页"按钮，插入一个空白页面，在第一行输入"目录"文字，将其设置为"宋体、小初、加粗、蓝色"，居中对齐。换行后，在"引用"选项卡中单击"目录"下拉按钮，在弹出的"目录"下拉列表中选择"自定义目录"命令，打开如图2-27所示的对话框，单击"确定"按钮，完成目录生成。

生成的目录效果如图 2-28 所示，现在可以看到，目录对应的页码并不是从第 1 页开始的，接下来进行页眉和页脚的设置。

（2）设置分节

在文档中"目录"和两个一级标题"** 集团科技有限公司办公用品采购项目公开招标公告"和"附录：采购合同（仅供参考）"前选中，在"插入"选项卡中单击"分页"下拉按钮，在弹出的下拉列表中选择"奇数页分节符"命令，将文档分为 3 节。

图 2-26　使用"一级标题"样式

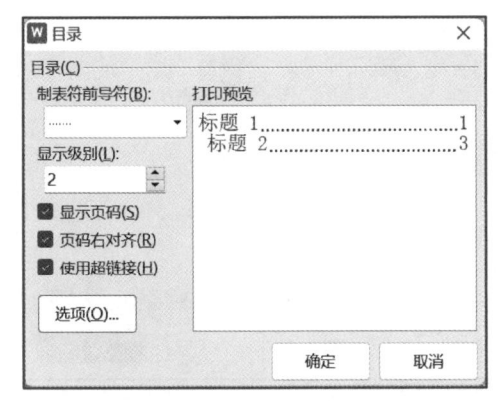

图 2-27　自定义目录

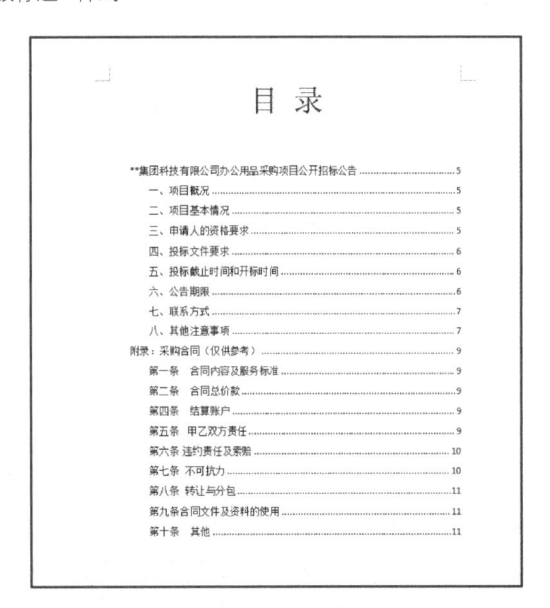

图 2-28　目录效果

5. 设置页眉与页脚

（1）启用"首页不同""奇偶页不同"

将插入点置于"目录"页面中，在"插入"选项卡中单击"页眉页脚"按钮，在"页眉和页脚"上下文选项卡中选中"首页不同""奇偶页不同"复选框。

（2）使用页眉"域"设置奇偶页眉

在章节总标题对应页眉和奇数页页眉编辑区内单击"插入"选项卡中的"文档部件"下拉按钮，在弹出的下拉列表中选择"域"命令，打开"域"对话框。在对话框"域名"列表框中选择"样式引用"选项，在右侧的"样式名"框中选择"一级标题"，如图 2-29 所示，单击"确定"按钮，接着在偶数页页眉处输入"重要文件"文字，完成页眉设置。

图 2-29　页眉"域"设置

（3）设置页码

在页眉页脚编辑界面中，切换到目录部分页脚，单击"页码设置"按钮，将样式设置为"罗马数字"编号，居中，如图 2-30 所示，单击"确定"按钮，继续单击"重新编号"按钮，从 1 开始。完成目录部分页码设置，继续切换到正文部分的页码，按同样的方法将正文设置为阿拉伯数字编码，从 1 开始重新编号。

（4）更新目录

页码设置完成后，移动到目录页面，如果目录页面页码没有被修改，此时在目录上单击鼠标右键，在弹出的快捷菜单中选择"更新域"命令，在打开的对话框中选中"只更新页码"单选按钮，如图 2-31 所示，单击"确定"按钮，完成页码的更新。

图 2-30　设置页码

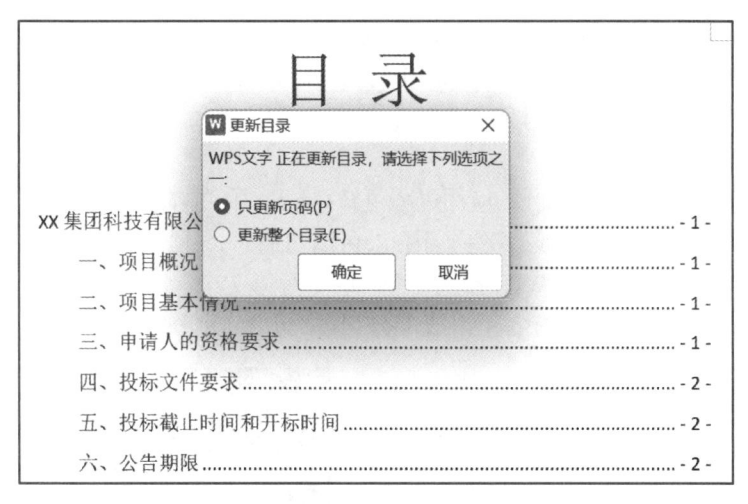

图 2-31 "目录"页码更新

6. 插入封面
（1）使用 WPS 预设封面

移动到页面第一页的空白处，单击"插入"选项卡中的"封面"下拉按钮，如图 2-32 所示。

图 2-32 预设封面页

在打开的窗口中选择"免费"选项卡,在其中选择第 1 行第 2 个样式作为封面,直接单击"立即使用"按钮即可为文档插入一个封面,将预设封面中的文字按照设计要求进行修改,效果如图 2-33 所示。

至此,完成了本招标文书的设计工作。

（2）定制封面

通过分析"使用 WPS 预设封面"的应用过程可知:插入封面的本质是在原文档的前面插入一个新页面,并在页面中实现"图文并茂"效果。因此,可以仿照 WPS 预设封面,来定制一个全新封面。

1）认识封面的基本构成:以 WPS 预设免费"第 1 行第 2 个"封面为例

如图 2-34 所示,选用的封面有 5 个组成部分,其中包含 1 张图片和 4 个图文框。

图 2-33 "招标文书"封面

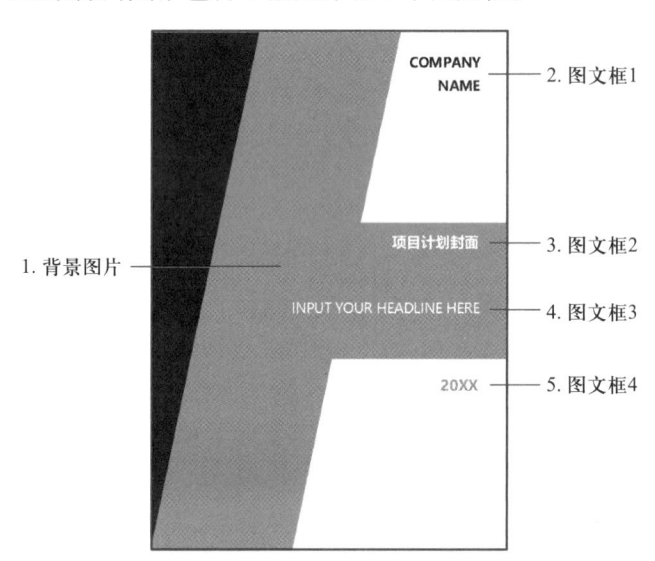

图 2-34 "封面"构成

① 图片的格式设置:图片大小"与页面大小一致"、图片布局方式为"衬于文字下方"。

② 查看图文框的格式设置。选择图文框 1 后并双击,打开其"属性"设置面板,如图 2-35 所示。其中图文框 1 的格式设置为:形状选项的"填充与线条"为"无";文本选项的"填充与轮廓"的

图 2-35 图文框对象格式设置

"文本填充"为"黑色","文本轮廓"为"无"。其余文本框的格式设置与查看图文框1的方法相同。

2）在已有文档前插入新页面

移动插入点光标到文档首部（按快捷键Ctrl+Home），然后单击"页面"选项卡中的"分隔符"下拉按钮，在弹出的下拉列表中选择"下一页分节符"命令，即在文档前新增加一个空白页。

3）在封面中使用图片

① 使用本地图片作为"封面"背景图。在新建空白页面单击，单击"插入"选项卡中的"图片"下拉按钮，在弹出的下拉列表中选择"来自文件"命令，在打开的对话框中从本地磁盘中选择一张图片作为封面背景图。

② 设置图片大小与格式。图片大小设置为与页面设置的纸张大小一致，并设置图片布局方式为"衬于文字下方"。

4）在封面中使用图文框

① 插入系统预设形状：矩形。

② 将形状转变为图文框。选中已插入的矩形形状，单击鼠标右键，在弹出的快捷菜单中选择"编辑文字"命令，如图2-36所示。

③ 设置图文框格式。选中图文框后，可双击图文框或单击鼠标右键，在弹出的快捷菜单中，选择"属性"命令，打开其"属性"设置面板，按需要对其进行设置。

7. 协同编辑

若需要与他人协同编辑文档，可单击右上方的"分享"按钮进行操作。选择合适的分享方式（如邮件、链接等），将文档分享给其他人。其他人收到分享后，可在线编辑文档，实现协同工作，如图2-37所示。

图 2-36　将矩形转变为图文框　　　　图 2-37　"协作"对话框

【任务拓展】

根据给定素材"任务2.2"文件夹中的"任务扩展"文件夹中素材及"年度报告（最终效果）"参考图，如图2-38所示，完成以下设置。

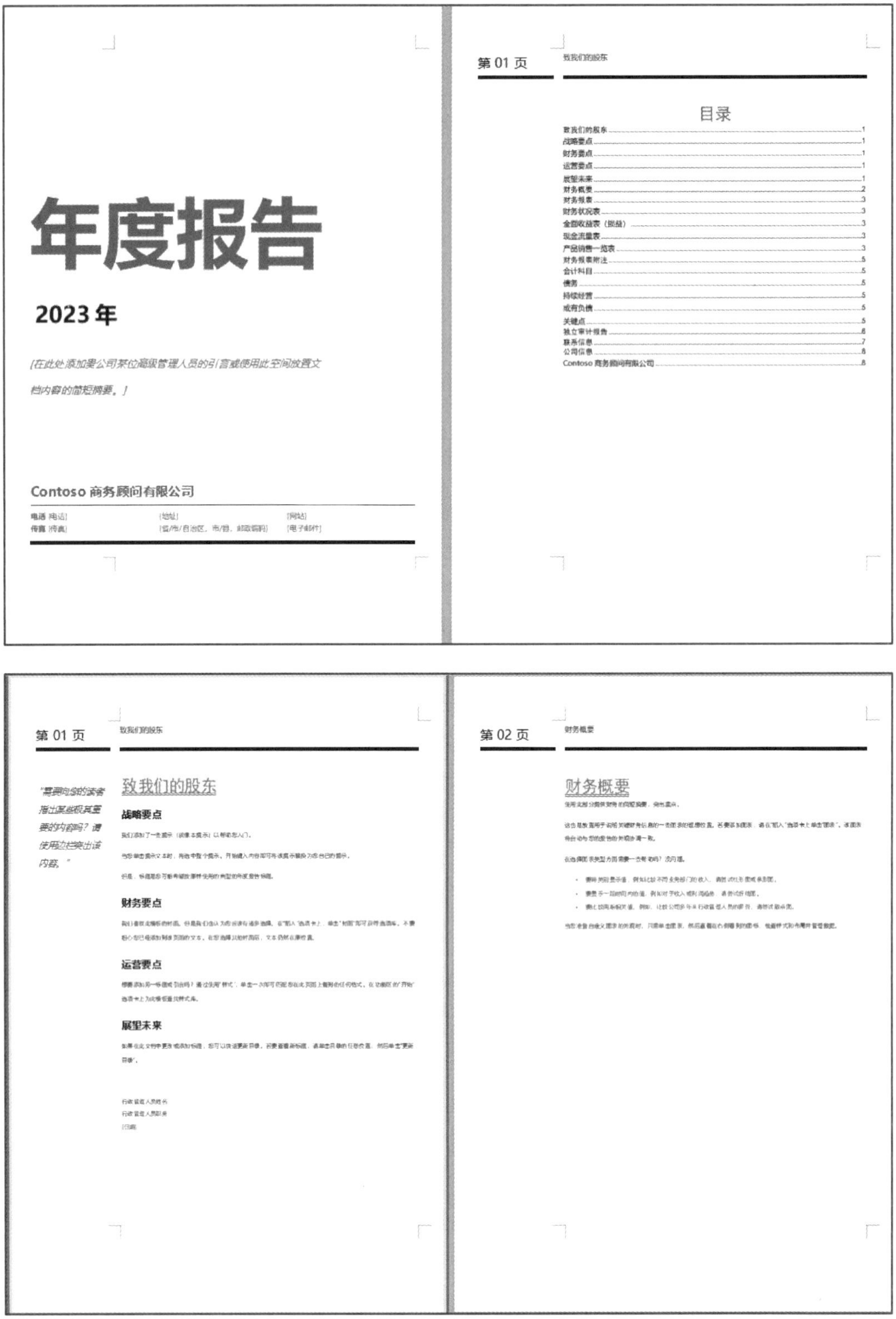

图 2-38 "年度报告"最终效果

1. 打开"WPS_素材.docx"文件，将其另存为"WPS.docx"，之后所有的操作均在"WPS.docx"文件中进行。

2. 查看文档中含有绿色标记的标题，如"致我们的股东""财务概要"等，将其段落格式赋予到本文档样式库中的"样式1"。

3. 修改"样式1"样式，设置其字体为黑色、黑体、二号，并为该样式添加0.5磅的、双线条下画线边框，该下画线边框应用于"样式1"所匹配的段落，将"样式1"重新命名为"报告标题1"。

4. 将文档中所有含有绿色标记的标题文字段落应用"报告标题1"样式。

5. 在文档的第1页与第2页之间，插入新的空白页，并将文档目录插入到该页中。文档目录要求包含页码，并仅包含"报告标题1"样式所示的标题文字。将自动生成的目录标题"目录"段落应用"目录标题"样式。

6. 修改文档页眉，要求文档第1页不包含页眉，文档目录页不包含页码，从文档第3页开始在页眉的左侧区域包含页码，在页眉的右侧区域自动填写该页中"报告标题1"样式所示的标题文字。

7. 根据文档内容的变化，更新文档目录的内容与页码。

8. 将文档输出为PDF文档格式。

任务2.3　综合实训——制作求职简历

【任务概述】

刘星是一名大学专科三年级的学生，经多方面了解分析，他希望在寒假去一家公司实习。为获得这个难得的实习机会，他打算利用WPS文字精心制作一份简洁而醒目的个人简历，该简历设计包含两页页面，第1页为简历展示页面，第2页为个人情况表。设计效果如图2-39所示。

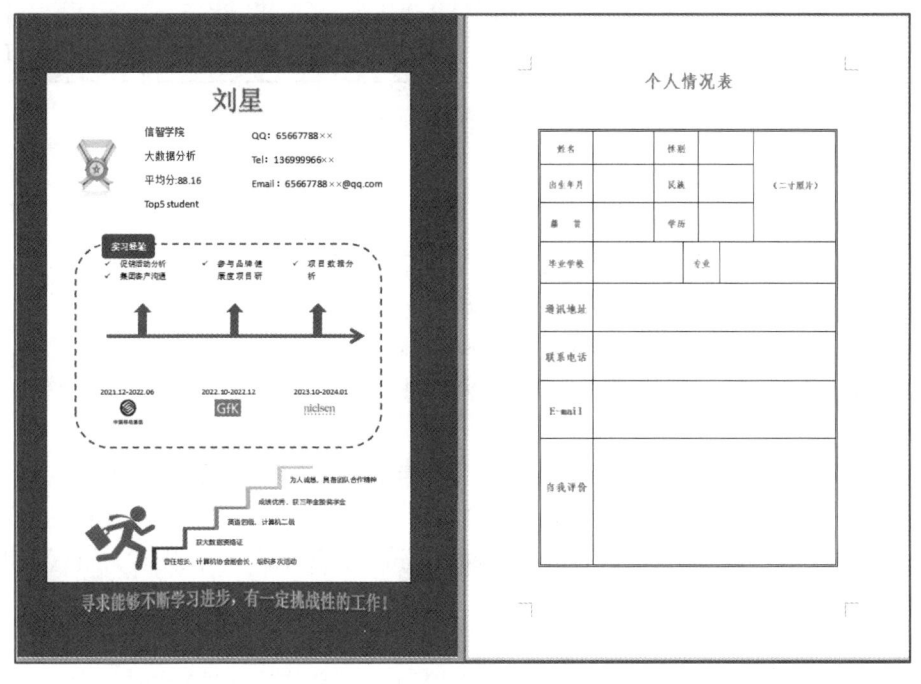

图2-39　"求职简历"效果

【任务实施】

1. 新建空白文档

（1）打开 WPS Office 程序，单击"新建"按钮，接着在打开的窗口中单击"文字"图标，单击"空白文档"图标即可创建一份空白的文字文档。

（2）设置页面

纸张：A4；页边距：左右各 3 厘米；上下各 3 厘米。

（3）保存文档

按 Ctrl+S 快捷键保存文档，打开"另存为"对话框，将文档命名为"求职简历 .docx"，如图 2-40 所示，将其保存到"任务 2.3"文件夹中。

微课 2-3 制作求职简历

图 2-40 保存文档

2. 设计求职展示页面

（1）添加页面元素

① 打开"求职素材 .txt"，参考最终效果图，在页面中插入 8 个文本框，将对应的求职素材中的"个人信息""实习经历"段的文字添加到文档中。

② 在"插入"选项卡中单击"智能图形"按钮，在打开的"智能图形"窗口搜索框中，输入"上升步骤"并按 Enter 键进行搜索，在下拉列表中选择"免费资源"，选择第 1 行第 3 列的智能图形，如图 2-41 所示。

单击"立即使用"按钮，将该智能图形添加到文档中。将"在校经历"添加到该图形中。

③ 插入艺术字。在文档顶部插入艺术字"填充，钢蓝，着色 1，阴影"，在文档的底部插入艺术字"填充，金色，着色，轮廓 – 着色 2"，并添加对应的"座右铭"文字素材。完成后的效果如图 2-42 所示。

（2）插入图片

将"素材"文件夹中的"头像 .jpg"插入到文档，并将"环绕"设置为"浮于文字上方"。"头

像 .jpg"文件中有很多组头像,单击"图片工具"选项卡中的"剪裁"按钮,剪裁出一个完整的图像,如图 2-43 所示,并将剪裁后的头像放置到文档对应位置。

按同样的操作步骤将"公司 1.jpg""公司 2.jpg""公司 3.jpg"3 张图片插入到文档中相应的位置。

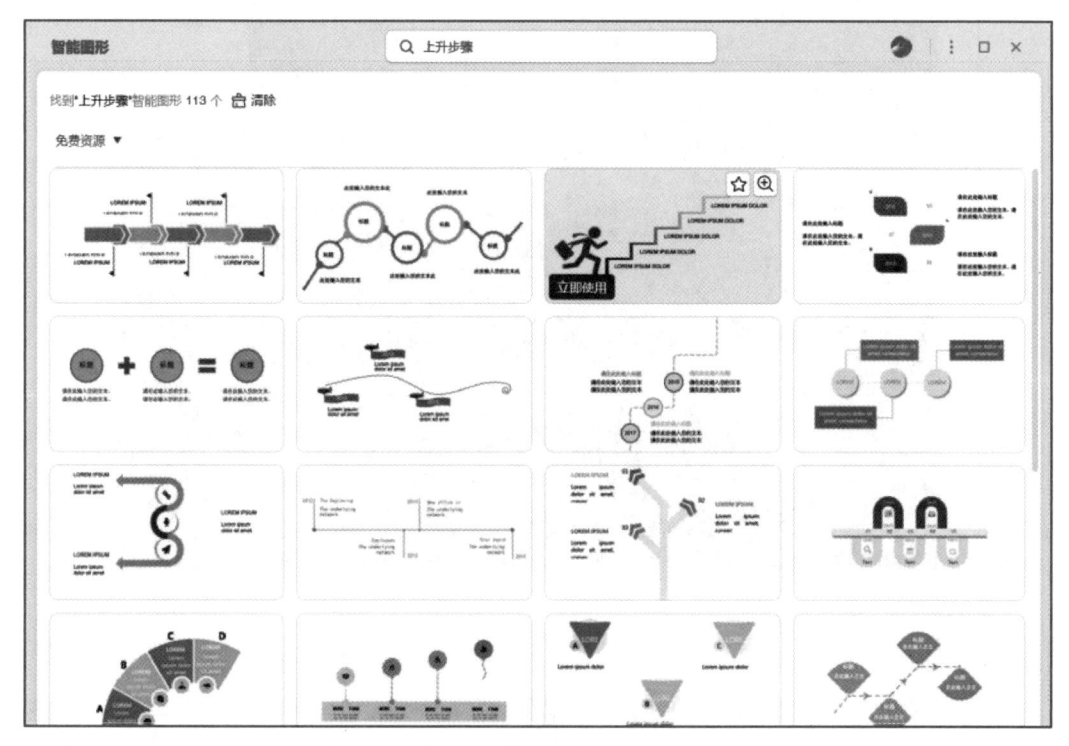

图 2-41　插入"智能图形"

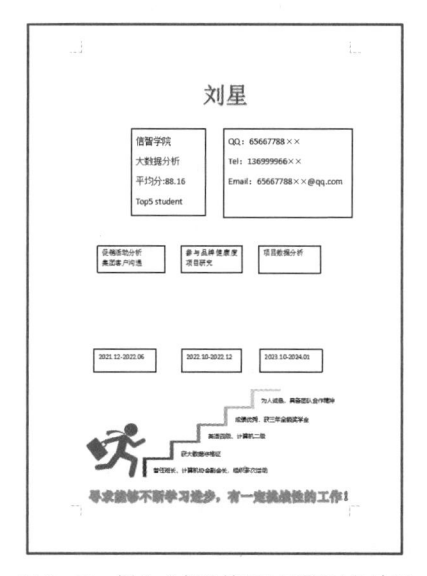

图 2-42　插入"求职简历"页面对象效果

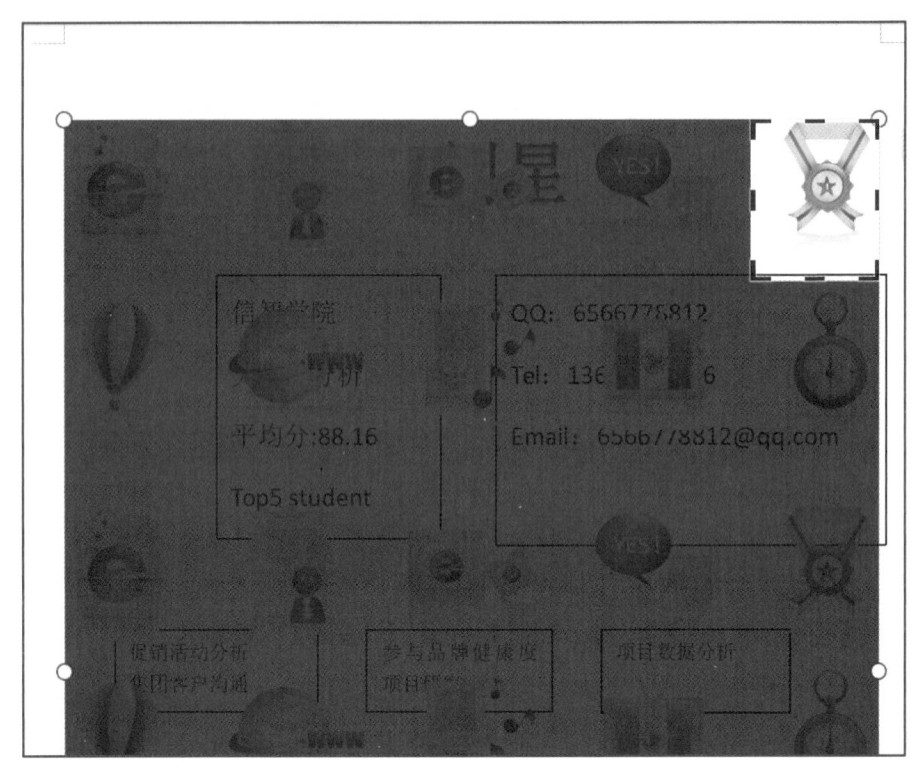

图 2-43 "头像"图片剪裁

（3）插入形状

① 使用"圆角矩形"形状。参考设计效果图，插入圆角矩形，将"实习经验"部分包含，将"环绕"设置为"浮于文字上方"，将"填充"设置为"无填充颜色"，将轮廓的"虚线线性"设置为"短画线"。接着再插入一个圆角矩形，放置于大的圆角矩形上部，并单击鼠标右键，在弹出的快捷菜单中选择"编辑文字"命令，添加文字"实习经验"，将该圆角矩形的轮廓设置为"无边框颜色"。

② 使用"箭头"形状。在"插入"选项卡中单击"形状"下拉按钮，在弹出的下拉列表中选择"箭头"形状，按住 Shift 键，同时横向拖动，绘制一条笔直的直线。将本形状的轮廓"线型"设置为 4.5 磅，如图 2-44 所示。

接着继续将另外 3 个向上的箭头也插入到文档页面中。至此，所有页面元素添加完成。完成后效果如图 2-45 所示。

3. 美化求职展示页面

① 将"刘星"艺术字设置为"宋体、小初、加粗"。

② 将页面中个人信息部分的文本框中字体设置为"宋体、四号"。

③ 将"实习经历"中文字设置为"宋体、小四、白色"字体，为"实习经历"中的文字增加"选中标记项目符号"。

④ 将"座右铭"艺术字效果设置为"转换"中的"倒 V 形"，具体操作如图 2-46 所示。

⑤ 将所有文本框的轮廓设置为"无边框颜色"。

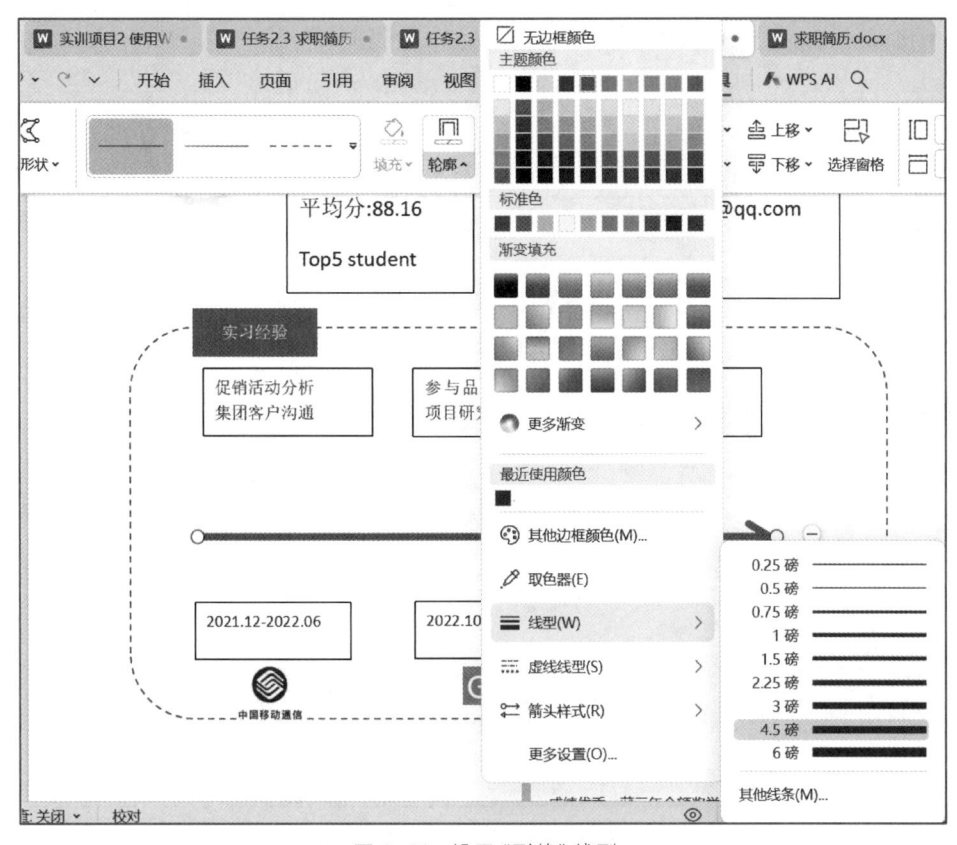

图 2-44　设置"形状"线型

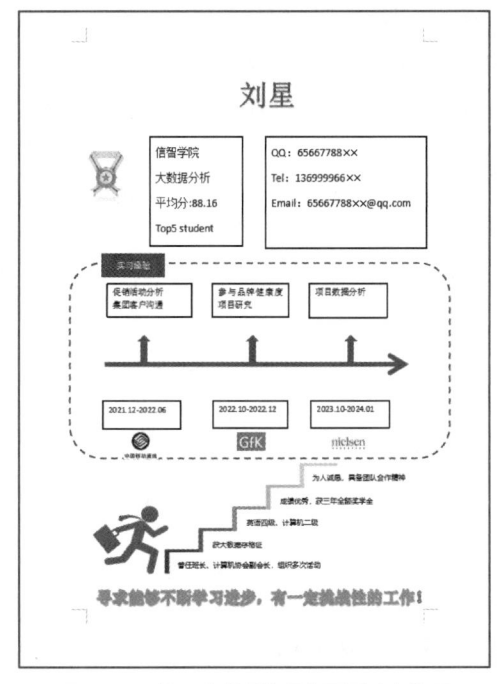

图 2-45　设置"求职简历"页面对象效果

图 2-46 设置"艺术字"转换效果

⑥ 将页面中的文本框、形状进行组合。

⑦ 背景框架设计。根据参考示意图片,首先在文档的页面中插入一个"矩形框",将环绕设置为"浮于文字上方",填充设置为"蓝色",轮廓设置为"无边框颜色",将大小拖曳到和文档页面大小一致;接着再插入一个矩形框,将环绕设置为"浮于文字上方",填充设置为"白色",轮廓设置为"无边框颜色",将大小拖曳到和文档编辑页面大小一致。按住 Ctrl 键的同时,分别选中两个形状,使用"绘图工具"选项卡中"组合"按钮将它们组合到一起。单击"下移"下拉按钮,在弹出的下拉列表中选择"下移"列表中的"置于底层",完成后的效果如图 2-47 所示。

4. 设置"个人信息表"

(1)新建"个人信息表"

在文档的空白区域单击,单击"插入"选项卡中的"分页"按钮,增加一个新的空白页面,在本页面中输入文字"个人信息表",按 Enter 键后插入一个 8 行 5 列的表格,并在对应的单元格中输入文字。效果如图 2-48 所示。

(2)调整"个人信息表"布局

① 合并单元格。选中表格后,单击"表格工具"选项卡中的"合并单元格"按钮,将对应的单元格合并。

② 调整单元格的行高。将表格的单元格行高调整为固定值"2 厘米",如图 2-49 所示。接着再选中最后一行,将行高调整为"6 厘米"。

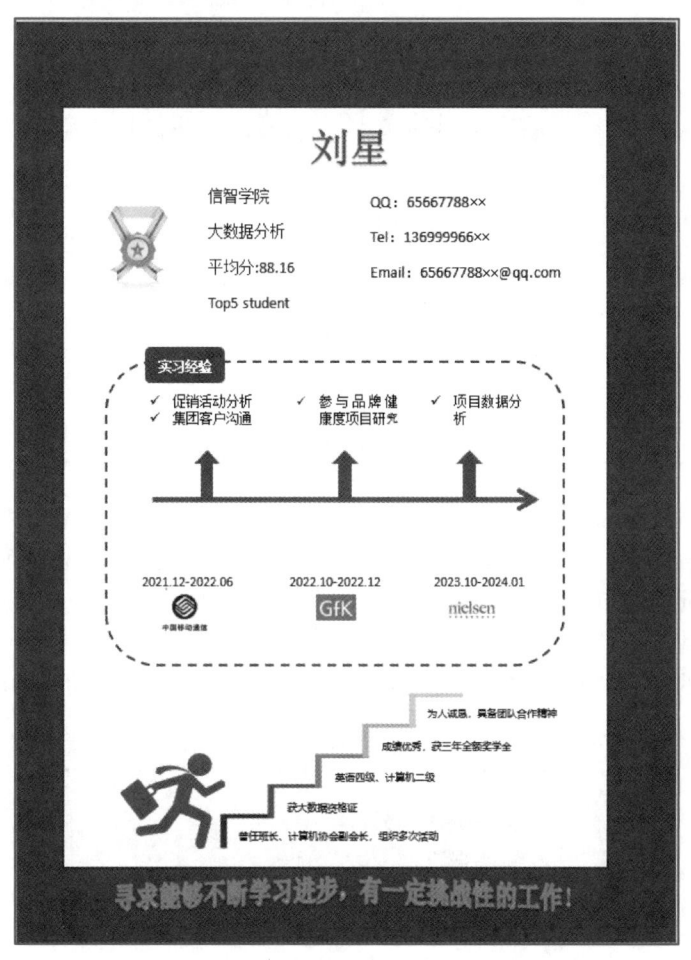

图 2-47 "求职简历"信息展示页面

个人信息表			
姓名		性别	
出生年月		民族	
籍贯		学历	
毕业学校		专业	
通讯地址			
联系电话			
E-mail			
自我评价			

图 2-48 "个人信息表"原始页面

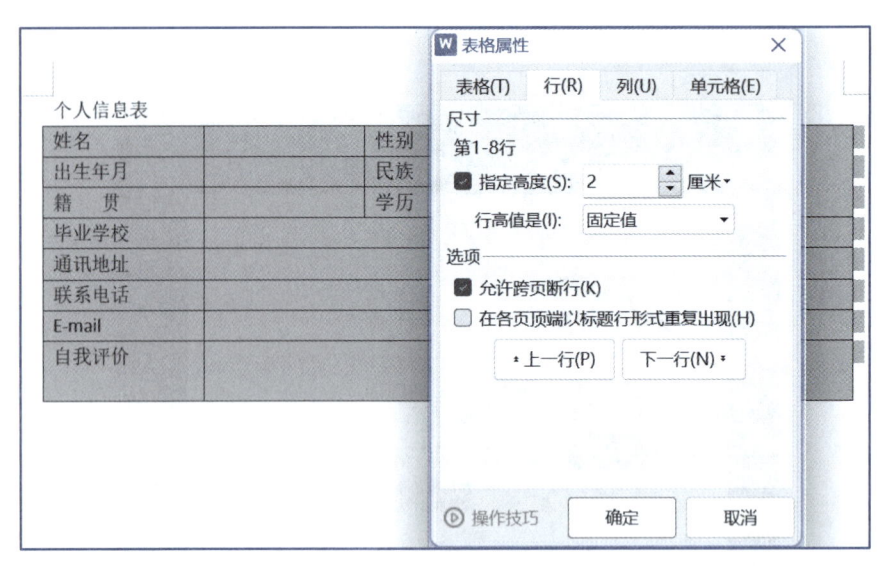

图 2-49　调整"个人信息表"行高

③ 调整单元格列宽。将"毕业学校"和"专业"对应要填写的单元格宽度进行调整,选中空白单元格后,在单元格边框上按住鼠标左键,拖曳到指定位置后松开鼠标左键,即可完成单元格宽度的调整。

④ 设置表格的边框。将表格的外边框设置为"双线、0.75 磅、自动",如图 2-50 所示,内边框设置为"单线、0.5 磅、自动"。

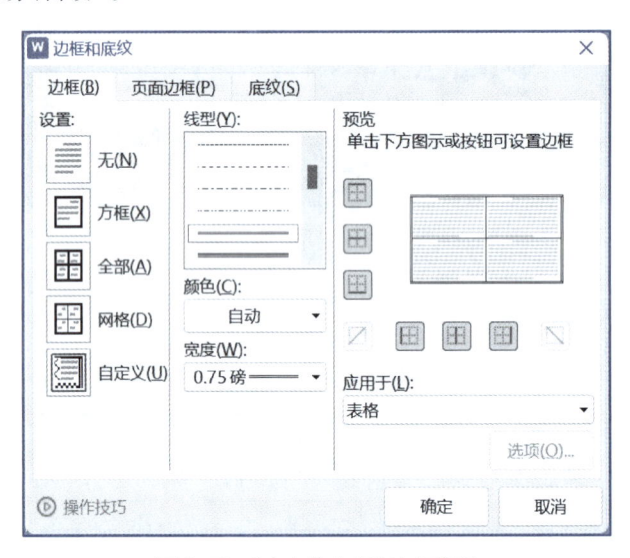

图 2-50　"个人信息表"边框设置

⑤ 格式化"个人信息表"。将标题文字"个人信息表"设置为"仿宋、小一、加粗",将标题段落设置为"居中、段前 1 行,段后 2 行,单倍行距"。将表中的文字设置为"仿宋、红色、小四、加粗"。接着将表格选中,单击鼠标右键,在弹出的快捷菜单中选择"单元格对齐方式"中的"居中对齐"选项,如图 2-51 所示。

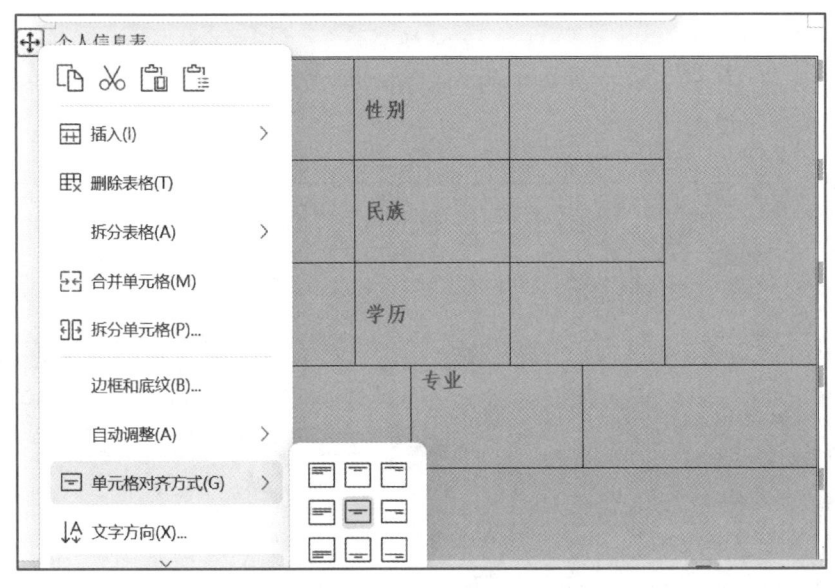

图 2-51　设置"个人信息表"单元格对齐方式

5. 打印文档

"求职简历"制作完成后,可以单击"快速访问工具栏"中的"打印预览"按钮,在打开的窗口下方单击"多页"按钮,查看简历完成情况,如图 2-52 所示。

在预览页面,如发现还有需要调整的地方,可以返回到编辑页面继续进行编辑。若效果设置完成,如需打印,可单击右侧"打印"按钮,完成打印。

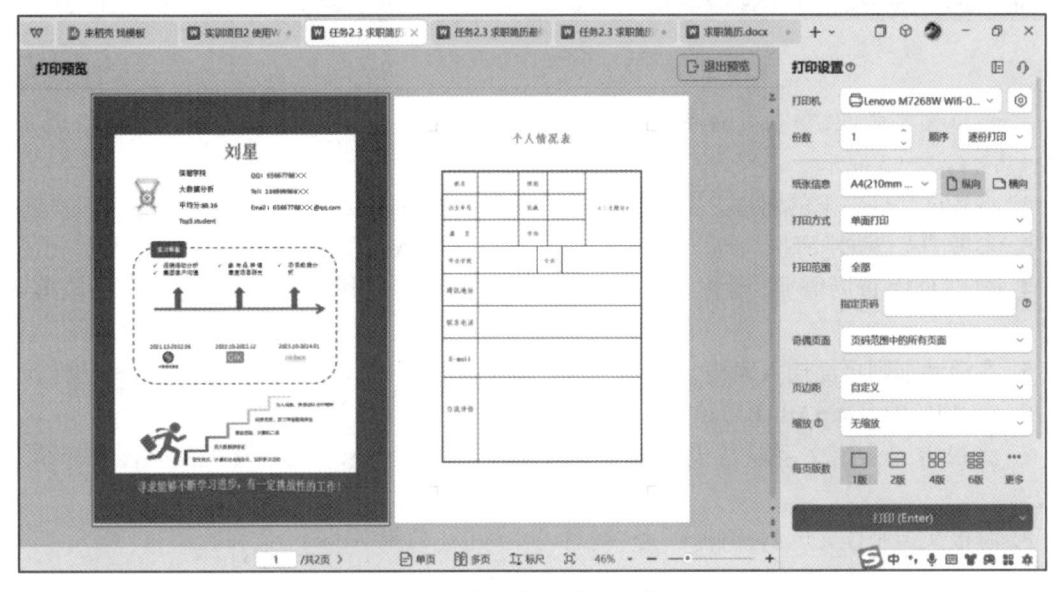

图 2-52　"求职简历"打印预览页面

【任务拓展】

根据给定素材"任务 2.3"文件夹中的"任务扩展"文件夹中的素材及"最终效果"参考图（图 2-53），完成以下设置。

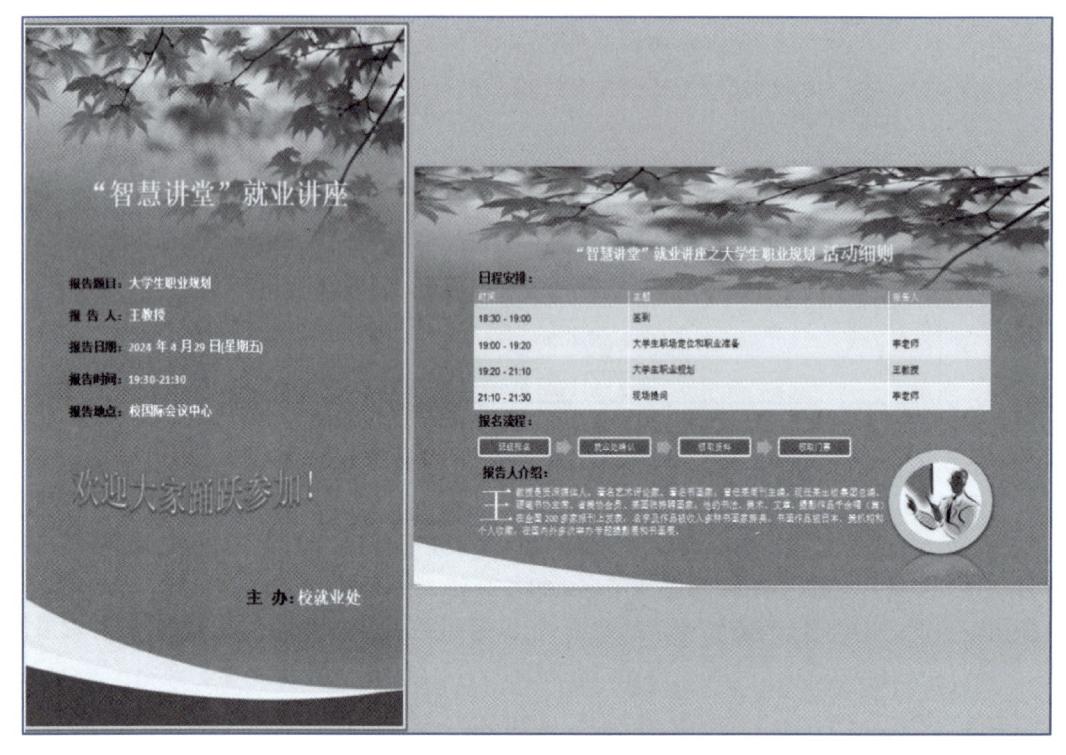

图 2-53 "智慧讲堂"海报最终效果

1. 调整文档版面，要求页面高度为 18 厘米、宽度为 30 厘米，页边距（上、下）为 2 厘米，页边距（左、右）为 3 厘米。
2. 将考试文件夹下的图片"背景图片 .jpg"设置为海报背景。
3. 参考"智慧讲堂海报最终效果 .jpg"文件，调整邀请函中内容文字的字体、字号和颜色。
4. 根据页面布局需要，调整海报中文字的段落样式。调整邀请函中内容文字段落对齐方式。
5. 在活动细则页面插入表格，内容可参考"活动日程安排 .xls"文件，并设置表格的样式。
6. 在 WPS 的 SmartArt 图形插入基本流程图，并按照效果图添加报名流程文字。
7. 将报告人介绍文字段落设置首字下沉 3 行，并将"专家图片"放置在报告人介绍文字右边。
8. 海报文档制作完成后，请保存为"智慧讲堂海报（效果）.docx"文件。

任务 2.4　WPS 文字基础知识测验

一、单选题

1. 在 WPS 文字中,若要设置字体的底纹,可选择（　　）选项卡。
   A. 开始　　　　　　　　　　　　B. 页面
   C. 插入　　　　　　　　　　　　D. 视图

2. 在 WPS 文字中,为了使文字绕着插入的图片排列,可以进行的操作是（　　）。
   A. 插入图片,设置"文字环绕"　　B. 插入图片,调整图片大小
   C. 插入图片,设置文本框位置　　D. 插入图片,设置叠放次序

3. 在 WPS 文字中,若要写入公式"A=X+e",应使用 WPS 文字附带的（　　）。
   A. 画图工具　　　　　　　　　　B. 公式编辑器
   C. 图像生成器　　　　　　　　　D. 剪贴板

4. 在 WPS 文字中,如果想打印文档的 1、3、5 三页内容,则需要在"打印"对话框"页码范围"栏输入（　　）。
   A. 1—5　　　　　　　　　　　　B. 1、3、5
   C. 135　　　　　　　　　　　　 D. 1,3,5

5. 下列操作中不能在 WPS 文字中创建新文档的是（　　）。
   A. 在"快速访问工具栏"中单击"新建"按钮
   B. 选择"文件"菜单中"新建"→"新建"命令
   C. 在"快速访问工具栏"中单击"打开"按钮
   D. 使用 Ctrl+N 快捷键

6. 在 WPS 文字中,如果选定的文本要置于页面的正中间,则需单击"开始"选项卡中的（　　）按钮。
   A. 两端对齐　　　　　　　　　　B. 左对齐
   C. 右对齐　　　　　　　　　　　D. 居中对齐

7. 在 WPS 文字的工作界面中,（　　）用于标签切换和窗口控制。
   A. 导航窗格　　　　　　　　　　B. 标签栏
   C. 功能区　　　　　　　　　　　D. 状态栏

8. 在 WPS 文字中,段落除了第一行之外,其余所有行缩进一定值的缩进方式是（　　）。
   A. 悬挂缩进　　　　　　　　　　B. 首行缩进
   C. 文本之前缩进　　　　　　　　D. 文本之后缩进

9. 以下（　　）软件是文字处理软件。
   A. WPS 文字　　　　　　　　　　B. WPS 表格
   C. Windows　　　　　　　　　　 D. Flash

10. WPS 文字具有分栏功能,下列关于分栏的说法正确的是（　　）。
    A. 最多可以设置 4 栏　　　　　　B. 各栏的宽度必须相同
    C. 各栏的宽度可以不同　　　　　D. 各栏之间的间距是固定的

11. 在 WPS 文字的"打印"对话框"页码范围"栏中输入"2-5,10,12",则执行的操作为（　　）。

A. 打印第 2 页至第 5 页、第 10 页、第 12 页

B. 打印第 2 页、第 5 页、第 10 页、第 12 页

C. 打印第 2 页至第 12 页

D. 打印第 2 页、第 5 页,第 10 页至第 12 页

12. 如果想删除文档中的文字水印,首先应选择(　　)选项卡。

　　A. 开始　　　　　　　　　　　　B. 页面

　　C. 插入　　　　　　　　　　　　D. 视图

13. 在 WPS 文字中,使用(　　)选项卡可以完成页边距的调整工作。

　　A. 开始　　　　　　　　　　　　B. 页面

　　C. 插入　　　　　　　　　　　　D. 视图

14. 在 WPS 文字插入的表格中,按 Delete 键会(　　)。

　　A. 删除所选行　　　　　　　　　B. 删除表格中插入点所在位置后的文本

　　C. 删除所选列　　　　　　　　　D. 删除所选的单元格

15. 在 WPS 文字的编辑区内,有一个闪动的竖线,它表示(　　)。

　　A. 文章结尾符　　　　　　　　　B. 鼠标指针

　　C. 字符插入点　　　　　　　　　D. 字符选取符

16. 在 WPS 文字的"段落"对话框中,不可以设置(　　)。

　　A. 对齐方式　　　　　　　　　　B. 段落间距

　　C. 行间距　　　　　　　　　　　D. 字符间距

17. 下列不能关闭当前文字文档的方式是(　　)。

　　A. 标签栏上的"关闭"按钮

　　B. 右击标签栏,在弹出的快捷菜单中选择"关闭"命令

　　C. Ctrl + F4 快捷键

　　D. Alt + Esc 快捷键

18. 在 WPS 文字中,要进行文本复制操作,首先应(　　)。

　　A. 单击"开始"选项卡中的"复制"按钮

　　B. 单击"开始"选项卡中的"粘贴"按钮

　　C. 单击"开始"选项卡中的"剪切"按钮

　　D. 选定想要复制的文本

19. 在 WPS 文字中设置文字的字号,(　　)设置出来的字最大。

　　A. 五号　　　　　　　　　　　　B. 四号

　　C. 三号　　　　　　　　　　　　D. 一号

20. 按键盘上(　　)键,可以删除插入点光标前的字符。

　　A. Backspace　　　　　　　　　　B. Delete

　　C. Enter　　　　　　　　　　　　D. Shift

21. 在 WPS 文字中,图片、艺术字、形状、文本框都位于(　　)选项卡中。

　　A. 开始　　　　　　　　　　　　B. 插入

　　C. 页面　　　　　　　　　　　　D. 格式

22. 在编辑状态下进行字体设置操作后,按新设置的字体显示的文字是( )。
   A. 插入点所在段落后的文字　　　B. 文字文档中被选定的文字
   C. 插入点所在行中的文字　　　　D. 文字文档的全部文字
23. 在 WPS 文字中,可在( )选项卡设置打印纸张的大小。
   A. 开始　　　　　　　　　　　　B. 插入
   C. 页面　　　　　　　　　　　　D. 视图
24. 在 WPS 文字中,插入的图片与文字之间的环绕方式不包括( )。
   A. 上下型环绕　　　　　　　　　B. 左右型环绕
   C. 四周型环绕　　　　　　　　　D. 紧密型环绕
25. 关于插入到文档中的艺术字,下列叙述正确的是( )。
   A. 不能改变大小　　　　　　　　B. 不能改变环绕方式
   C. 不能移动位置　　　　　　　　D. 可以旋转
26. 在 WPS 文字中,可设定文档"行距"的功能按钮位于( )中。
   A. "开始"选项卡　　　　　　　　B. "插入"选项卡
   C. "页面"选项卡　　　　　　　　D. "视图"选项卡
27. 在 WPS 文字中,将某个词复制到插入点,应先将该词选中,再( )。
   A. 直接拖曳到插入点
   B. 单击"剪切"按钮,移动光标至目的地后,单击"粘贴"按钮
   C. 单击"复制"按钮,移动光标至目的地后,单击"粘贴"按钮
   D. 单击"撤销"按钮,移动光标至目的地后,单击"粘贴"按钮
28. 学生小兰正在 WPS 文字中编排自己的毕业论文,希望将所有应用了"标题 3"样式的段落修改为 1.25 倍行距、段前间距 12 磅,最优的操作方法是( )。
   A. 选中所有"标题 3"段落,然后统一修改其行距和段前间距
   B. 修改其中一个段落的行距和段前间距,然后通过格式刷复制到其他段落
   C. 直接修改"标题 3"样式的行距和段前间距
   D. 逐个修改每个段落的行距和段前间距
29. 在 WPS 文字中更改某一样式,则( )。
   A. 使用该样式的段落会全部发生变化
   B. 只改变当前光标所在位置的段落效果
   C. 会改变当前光标所在位置之后的所有段落效果
   D. 只要不刷新文档,就不会改变应用该样式的段落效果
30. 关于 WPS 文字中的"样式",下列描述错误的是( )。
   A. 新建样式可以通过"引用"选项卡进行设置
   B. 已定义好的"样式"可以根据用户需要调整
   C. 使用"样式"可以提高编辑效率
   D. 同一个"样式"可以在文档的不同位置被多次引用
31. 将文字长文档中内容格式不同的文字快速整理成统一的格式,在 WPS 文字中使用( )是一个很快捷的办法。

A. 文字工具 B. 新样式
C. 标签 D. 交叉引用

32. 在 WPS 文字中,给选中的段落添加项目符号和编号应使用( )选项卡。
    A. 开始 B. 引用
    C. 节 D. 视图

33. 在 WPS 文字中,下列有关"项目符号"的说法错误的是( )。
    A. 项目符号可以是英文字母 B. 项目符号可以改变格式
    C. #、& 不可以定义为项目符号 D. 项目符号可以自动顺序生成

34. 在 WPS 文字中,下列关于项目符号的说法正确的是( )。
    A. 项目符号样式一旦设置,便不能改变
    B. 项目符号一旦设置,便不能取消
    C. 项目符号只能是特殊字符,不能是图片
    D. 项目符号可以设置,也可以取消或改变

35. 在 WPS 文字中,为了将图形置于文字的上一层,应将图形的环绕方式设置为( )。
    A. 四周型环绕 B. 衬于文字下方
    C. 浮于文字上方 D. 无法实现

36. 在 WPS 文字中,要自动生成目录,需先对各章节的标题应用( )。
    A. 模板 B. 样式
    C. 索引 D. 项目编号

37. 下列关于 WPS 中表格的描述,错误的是( )。
    A. 表格中的任意单元格都可以同时选中并进行合并
    B. 表格创建后还可以增加或删除行和列
    C. 表格一般用来编辑格式化的数据
    D. 表格可以用来协助进行复杂的排版

38. WPS 文字中的"表格工具"提供了( )种单元格的对齐方式。
    A. 3 B. 6
    C. 9 D. 12

二、多选题

1. 在 WPS 窗口中,下列操作可以创建新文档的是( )。
   A. 在"文件"菜单中选择"新建"→"新建"命令
   B. 在"快速访问工具栏"中单击"新建"按钮
   C. 使用 Ctrl+N 快捷键
   D. 在"快速访问工具栏"中单击"打开"按钮

2. 在 WPS 文字中,插入一个空表格的操作方法是( )。
   A. 使用虚拟表格插入
   B. 在"边框和底纹"对话框中完成
   C. 使用"插入表格"对话框
   D. 使用"绘制表格"命令

3. 在 WPS 文字中,"页面设置"功能区主要包括(　　　)按钮。
   A. 页边距　　　　　　　　　　B. 首字下沉
   C. 纸张大小　　　　　　　　　D. 分栏
4. 在 WPS 文字中,可以执行(　　　)操作来编辑和格式化文档。
   A. 设置文档的纸张大小和页边距
   B. 插入并格式化表格
   C. 使用样式快速统一文档中的标题和正文格式
   D. 将文档导出为 EXE 格式
5. 在 WPS 文字中,对于选定的文本可以进行的设置是(　　　)。
   A. 加下画线　　　　　　　　　B. 加着重号
   C. 艺术字效果　　　　　　　　D. 加底纹
6. 在 WPS 文字中,关于"保存"与"另存为"的正确说法是(　　　)。
   A. 在文件第一次保存时,两者功能相同
   B. 两者在任何情况下都相同
   C. "另存为"可以将文件另外以不同的路径和文件名保存一份
   D. 使用"另存为"保存的文件不能与原文件同名
7. 在 WPS 文字"开始"选项卡"字体"组中,可以对文本进行(　　　)设置。
   A. 艺术字　　　　　　　　　　B. 样式
   C. 字体　　　　　　　　　　　D. 字号
8. 在 WPS 文字中,通过"表格属性"对话框可以进行(　　　)操作。
   A. 调整行高　　　　　　　　　B. 调整列宽
   C. 调整表格的对齐方式　　　　D. 调整表格的文字环绕方式
9. WPS 文字的工作界面主要包括(　　　)、编辑区、导航窗格、任务窗格、状态栏等部分。
   A. 标签栏　　　　　　　　　　B. 功能区
   C. 文本框　　　　　　　　　　D. 图片
10. 在 WPS 文字中,若想保存文字文档,则可以(　　　)。
    A. 在"快速访问工具栏"中,单击"保存"按钮
    B. 按 F2 键
    C. 选择"文件"菜单中"保存"命令
    D. 选择"文件"菜单中"另存为"命令
11. 在 WPS 文字中,页面设置主要包括(　　　)。
    A. 设置页边距　　　　　　　　B. 设置首行缩进
    C. 设置纸张大小　　　　　　　D. 设置字体大小
12. 在 WPS 文字中,下列有关选择操作正确的是(　　　)。
    A. 按住 Ctrl 键,可以选择不连续的文本
    B. 在段落中双击,可以选中该段落
    C. 按住 Shift 键,可以选中矩形区域

D. 在选中栏双击将选取光标所指段落
13. 在 WPS 文字中,"底纹"可以应用于(　　　)。
    A. 节　　　　　　　　　　　　B. 段落
    C. 文字　　　　　　　　　　　D. 整篇文档
14. 页面设置对话框中的标签有(　　　)。
    A. 纸张　　　　　　　　　　　B. 页边距
    C. 页眉/页脚　　　　　　　　D. 版式
15. WPS 文字提供了多种视图供用户选择,其中不包括(　　　)。
    A. 阅读版式　　　　　　　　　B. 页面视图
    C. 页面布局视图　　　　　　　D. 章节视图
16. 在 WPS 文字中,下列关于页眉、页脚的叙述错误的是(　　　)。
    A. 不能为文档的每个节设置不同的页眉和页脚
    B. 页脚插入的页码只能从 1 开始
    C. 奇偶页可以分别设置不同的页眉、页脚
    D. 添加页码可在"视图"选项卡中进行设置

实训项目 3 使用 WPS 表格

【项目概述】

WPS 表格软件是自动化办公的重要组成部分，被广泛应用于人们的日常学习、工作和生活的各个方面。本项目包含表格的基本编辑、函数的使用、图表的创建与编辑等内容。

【项目目标】

知识目标

1. 了解 WPS 表格软件的界面布局和主要功能区域。
2. 掌握表格内容的输入、修改和排版美化等知识。
3. 掌握公式与函数的输入方法，学会使用常用函数。
4. 掌握表格数据的排序、筛选、分类汇总等知识。
5. 掌握图表的创建与编辑。
6. 学会创建数据透视表，了解数据分析基础知识。

技能目标

1. 具备使用 WPS 表格处理数据的能力。
2. 能够快速准确地完成表格的创建、编辑和格式调整工作。
3. 具备使用函数和公式进行数据计算的能力。
4. 具备进行简单数据分析的能力。

素养目标

1. 提高运用信息技术解决实际问题的能力。
2. 培养学生自主开展数字化学习的习惯。
3. 培养学生探究学习、协作学习的能力。

任务 3.1 制作与美化课程表

PPT：
制作与美化
课程表

【任务概述】

俗话说"好记性不如烂笔头"。小刘作为大学一年级新生，为了更好地学习并安排自己的课程时间，根据学校公布的相关课程信息制作了一份课程表并打印出来，课程表的效果如图 3-1 所示。

实训项目 3　使用 WPS 表格

图 3-1　课程表的效果

微课 3-1
制作与美化课程表

【任务实施】

1. 新建"课程表"工作簿

（1）创建表格

方法 1：使用 WPS Office 程序

双击桌面"WPS Office"图标启动软件，或在"开始"菜单中选择"WPS Office 教育版"→"WPS Office 教育版"命令启动软件，选择"新建"→"表格"→"空白表格"命令，即可创建新的工作簿和工作表。

方法 2：使用桌面快捷菜单

在桌面空白区域，单击鼠标右键，在弹出的快捷菜单中选择"新建"→"XLSX 工作表"命令，也可创建新的工作簿和工作表。

（2）保存文件

单击"快速访问工具栏"中的"保存"按钮，打开"另存为"对话框，设置文件名为"课程表"，保存至指定的目录，即完成文件的保存。

2. 录入数据

打开"课程表"，选中 A1 单元格，参照素材文件"课程表.txt"，依次将素材的内容复制并粘贴到编辑区域。

注意：在输入不同的单元格数据时，要先选中该单元格，并设置该单元格格式，如"制表时间"单元格需要设置单元格格式为"日期"，如图 3-2 所示。

B 列（"节次"列）中的数据可采用批量填充的输入方式，方法为：

① 在 B4 单元格中输入"第 1 节"。
② 将光标移动至该单元格右下角,光标显示为黑十字填充柄。
③ 长按鼠标左键拖曳至 B11 单元格,序号即被自动填充。
录入数据后表格的效果如图 3-3 所示。

图 3-2 为单元格设置日期格式

图 3-3 录入数据后表格的效果

3. 排版工作表

录入数据后,可能会出现数据显示不全、可读性差等问题,因此需要对表格进行排版美化,包括设置数据对齐方式、设置边框底纹、设置行高列宽、合并单元格等。

（1）设置课程表标题

① 选择 A1:G1 区域。
② 单击"开始"选项卡中的"合并居中"按钮,合并该区域单元格并将单元格中的内容居中

显示。

③ 在"字号"下拉列表中选择字号为 26,并单击"加粗"按钮将所选内容字体加粗。

④ 在"字体"下拉列表中选择"宋体"。

⑤ 单击"开始"选项卡中的"字体颜色"下拉按钮,在弹出的下拉列表中选择"标准色"中的"蓝色"作为字体颜色。

(2)设置课程表的文字样式

① 选择 A3 单元格。

② 在"字号"下拉列表中选择字号为 12。

③ 分别选择 C3:G3 和 A4:B11 两个区域,设置字号为 14 磅。分别选择 A2:B2 和 A12:B13 两个区域,设置字号为 11 磅。选择 C4:G11 区域,设置字号为 16 磅。

④ 选择 A2:G13 区域,设置字体为"宋体",并单击"加粗"按钮将所选字体内容加粗,选择"标准色"中的"蓝色"作为字体颜色。

(3)设置课程表的行标题

分别选择 A4:A7、A8:A11、B12:C12、B13:C13 区域,单击"开始"选项卡中的"合并"下拉按钮,在弹出的下拉列表中选择"合并居中"命令,合并该区域单元格并将单元格里的内容居中显示。

(4)设置列标题

① 选择 A3:B3 区域,单击"开始"选项卡中的"合并"下拉按钮,在弹出的下拉列表中选择"合并居中"命令,合并该区域单元格并将单元格里的内容居中显示。

② 选择 A3:G3 区域,单击"开始"选项卡中的"填充颜色"下拉按钮,在弹出的下拉列表中选择"巧克力黄,着色 2,浅色 60%"作为填充颜色,如图 3-4 所示。

(5)设置行高和列宽

选择第 1 行,单击"开始"选项卡中的"行和列"下拉按钮,在弹出的下拉列表中选择"行高"命令,在打开的对话框中设置行高为固定值 35 磅,再选择第 3 行～第 11 行以相同的方式设置行高为固定值 40 磅。

选择第 2 行、第 12 行、第 13 行,在"行和列"下拉列表中选择"最适合的行高"命令,使每行的行高自动适配其内容。

选择第 A 列,单击"开始"选项卡中的"行和列"下拉按钮,在弹出的下拉列表中选择"列宽"命令,在打开的对话框中设置列宽为固定值 9 字符,再选择第 B 列、第 C 列～第 G 列以相同的方式分别设置列宽为固定值 6 字符、固定值 20 字符。

(6)设置边框和对齐方式

分别选择 B4:B11、C3:G3 两个区域,单击"开始"选项卡中的"水平居中"按钮,将文字居中对齐。

选择 A3:G11 区域,右击,在弹出的快捷菜单中选择"设置单元格格式"命令,打开"单元格格式"对话框,在"边框"选项卡中,给表格添加框线,设置框线颜色为蓝色,所有外边框线的线条样式为双线型,内边框线的线条样式为单线型,A3 单元格对角线的线条样式为虚线型。

排版美化后的效果如图 3-5 所示。

4. 打印工作表

单击"页面"选项卡中的"纸张方向"下拉按钮,在弹出的下拉列表中选择纸张方向为"横

图 3-4 字体及颜色设置效果

图 3-5 排版美化后的效果

向"。单击"页面"选项卡中的"打印预览"按钮,查看文档打印的效果,对打印进行相关设置。设置完成后,单击"打印设置"界面中的"打印"按钮,即可打印文档,如图 3-6 所示。打印完成后单击"退出预览"按钮即可退出打印预览。

5. 保护工作簿

单击"审阅"选项卡中的"保护工作簿"按钮,打开"保护工作簿"对话框,如图 3-7 所示。

在对话框中输入密码"123",单击"确定"按钮,会弹出"确认密码"对话框,如图 3-8 所示,输入相同的密码,开启工作簿的保护功能。

图 3-6　打印预览效果图

图 3-7　"保护工作簿"对话框

图 3-8　确认密码

6. 保存并退出工作簿

单击"快速访问工具栏"中的"保存"按钮或使用 Ctrl+S 快捷键，保存修改的内容。单击标题栏的"关闭"按钮，关闭工作簿，退出 WPS 表格。

【任务拓展】

根据给定素材"公司员工信息表 .xlsx"，如图 3-9 所示，完成以下设置。

图 3-9　"公司员工信息表"素材

1. 设置文字样式。设置第 1 行文字的字体为仿宋,字号为 16 磅,并加粗处理。设置其余行文字的字体为仿宋,字号为 14 磅。

2. 设置表格边框和背景。设置表格线框为无线框。设置第 1 行单元格背景颜色为"钢蓝,着色 1",设置第 2、4、6、8、10 行单元格背景颜色为"白色,背景 1",设置第 3、5、7、9、11 行单元格背景颜色为"钢蓝,着色 1,浅色 80%"。

3. 设置单元格格式。设置第 F 列单元格格式为"日期"。

4. 设置合适的行高和列宽。

任务 3.2 统计分析学生成绩

PPT:
统计分析学生成绩

【任务概述】

近日,某学校为了更好地了解某专业学生的学习情况,需要对学生的期末考试成绩进行统计分析,要求统计该专业部分学生及所在班级的总分、平均分、班级人数以及成绩评级等情况,并绘制相应的图表。教务处的刘老师在接到此项任务后,计划采用 WPS 表格软件完成。任务实现效果如图 3-10 所示。

			学生成绩分析表						
班级	姓名	学号	化工安全技术	高等数学	大学英语	计算机应用基础	总分	平均分	评级
消防3班	陈雨星	001	60	72	78	79	210	72.25	及格
消防3班	赵高峰	002	63	69	99	79	231	77.5	良好
消防1班	孙夏云	003	98	52	77	57	227	71	及格
消防2班	赵建安	004	76	86	91	51	253	76	良好
消防3班	陈娟	005	76	97	88	83	261	86	良好
消防2班	孙馨欣	006	56	62	97	93	215	77	良好
消防1班	赵明达	007	60	55	58	60	173	58.25	不及格
消防2班	李美华	008	91	88	84	77	263	85	良好
消防2班	陈力强	009	98	62	54	77	214	72.75	及格
消防1班	孙英华	010	95	86	80	73	261	83.5	良好
消防3班	赵梦安	011	97	94	80	94	271	91.25	优秀
消防3班	陈玉成	012	94	75	74	57	243	75	良好
消防3班	赵笛韵	013	88	64	75	85	227	78	良好
消防1班	赵思	014	65	62	60	81	187	67	及格
消防1班	陈骏祥	015	97	88	58	74	243	79.25	良好

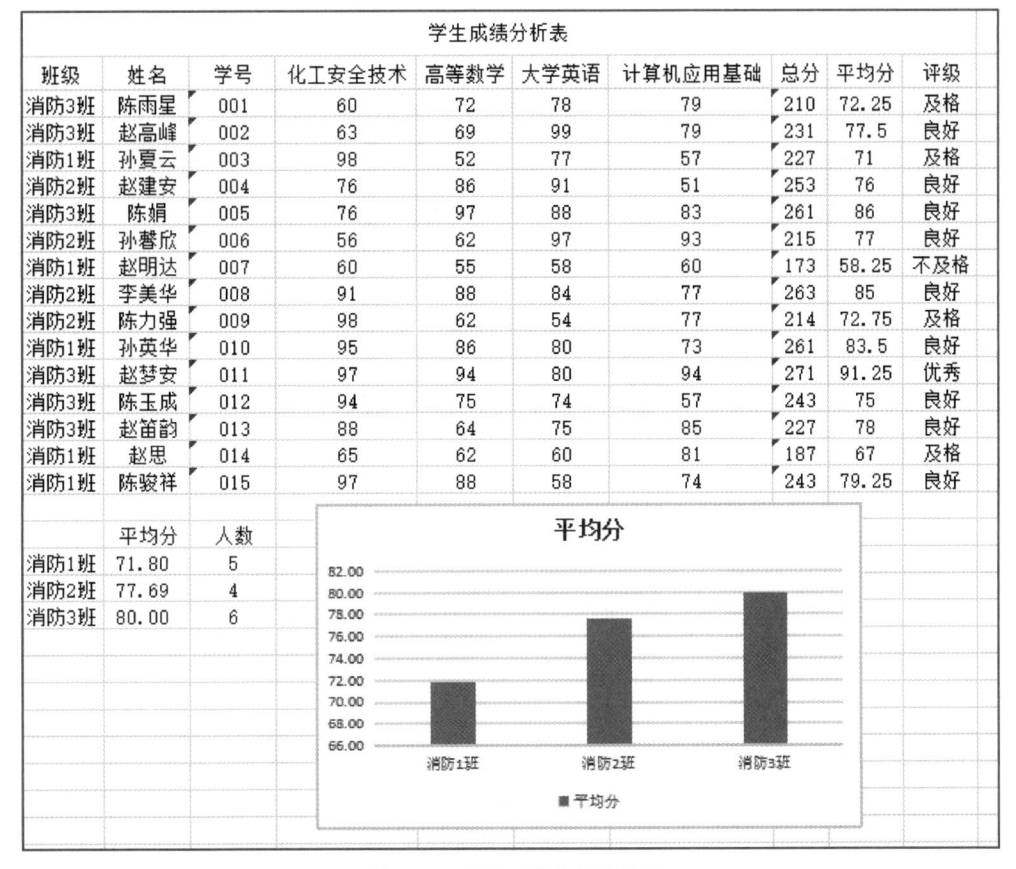

	平均分	人数
消防1班	71.80	5
消防2班	77.69	4
消防3班	80.00	6

图 3-10 学生成绩分析表效果

【任务实施】

1. 打开并编辑"学生成绩分析表"工作表

双击"学生成绩分析表.xlsx"工作簿图标,打开"学生成绩分析表"工作表,在表格最后一列后继续添加数据,在 H2、I2、J2 单元格中分别输入标题"总分""平均分"和"评级"。设置第 I 列单元格数字格式为"数值",小数位数 2 位,如图 3-11 所示。

图 3-11　打开工作表并新增数据

2. 计算"总分"

选择 H3 单元格,单击"公式"选项卡中的"求和"按钮,调整数值区域为"D3:G3",单击编辑栏前的"输入"按钮,或按 Enter 键完成当前单元格的数值计算,如图 3-12 所示。

图 3-12　求和公式输入过程

拖动填充柄(或按快捷键 Ctrl+D)计算其他学生的总分,如图 3-13 所示。

3. 计算"平均分"

选择 I3 单元格,单击"公式"选项卡中的"求和"下拉按钮,在弹出的下拉列表中选择"平均值"命令,调整数值区域为"D3:G3",单击编辑栏前的"输入"按钮,或按 Enter 键完成当前单元格的数值计算,如图 3-14 所示。

	A	B	C	D	E	F	G	H	I	J
1	成绩分析表									
2	班级	姓名	学号	化工安全技术	高等数学	大学英语	计算机应用基础	总分	平均分	评级
3	消防3班	陈雨星	001	60	72	78	79	289		
4	消防3班	赵高峰	002	63	69	99	79	310		
5	消防1班	孙夏云	003	98	52	77	57	284		
6	消防2班	赵建安	004	76	86	91	51	304		
7	消防3班	陈娟	005	76	97	88	83	344		
8	消防2班	孙馨欣	006	56	62	97	93	308		
9	消防1班	赵明达	007	60	55	58	60	233		
10	消防2班	李美华	008	91	88	84	77	340		
11	消防2班	陈力强	009	98	62	54	77	291		
12	消防1班	孙英华	010	95	86	80	73	334		
13	消防3班	赵梦安	011	97	94	80	94	365		
14	消防3班	陈玉成	012	94	75	74	57	300		
15	消防3班	赵笛韵	013	88	64	75	85	312		
16	消防1班	赵思	014	65	62	60	81	268		
17	消防1班	陈骏祥	015	97	88	58	74	317		

图 3-13　使用填充柄将求和公式应用到其他单元格

	A	B	C	D	E	F	G	H	I	J
1	成绩分析表									
2	班级	姓名	学号	化工安全技术	高等数学	大学英语	计算机应用基础	总分	平均分	评级
3	消防3班	陈雨星	001	60	72	78	79	289	=AVERAGE(D3:G3)	
4	消防3班	赵高峰	002	63	69	99	79	310		
5	消防1班	孙夏云	003	98	52	77	57	284		
6	消防2班	赵建安	004	76	86	91	51	304		
7	消防3班	陈娟	005	76	97	88	83	344		
8	消防2班	孙馨欣	006	56	62	97	93	308		
9	消防1班	赵明达	007	60	55	58	60	233		
10	消防2班	李美华	008	91	88	84	77	340		
11	消防2班	陈力强	009	98	62	54	77	291		
12	消防1班	孙英华	010	95	86	80	73	334		
13	消防3班	赵梦安	011	97	94	80	94	365		
14	消防3班	陈玉成	012	94	75	74	57	300		
15	消防3班	赵笛韵	013	88	64	75	85	312		
16	消防1班	赵思	014	65	62	60	81	268		
17	消防1班	陈骏祥	015	97	88	58	74	317		

图 3-14　平均值公式输入过程

拖动填充柄计算其他学生的平均分，如图 3-15 所示。

	A	B	C	D	E	F	G	H	I	J
1	成绩分析表									
2	班级	姓名	学号	化工安全技术	高等数学	大学英语	计算机应用基础	总分	平均分	评级
3	消防3班	陈雨星	001	60	72	78	79	289	72.25	
4	消防3班	赵高峰	002	63	69	99	79	310	77.5	
5	消防1班	孙夏云	003	98	52	77	57	284	71	
6	消防2班	赵建安	004	76	86	91	51	304	76	
7	消防3班	陈娟	005	76	97	88	83	344	86	
8	消防2班	孙馨欣	006	56	62	97	93	308	77	
9	消防1班	赵明达	007	60	55	58	60	233	58.25	
10	消防2班	李美华	008	91	88	84	77	340	85	
11	消防2班	陈力强	009	98	62	54	77	291	72.75	
12	消防1班	孙英华	010	95	86	80	73	334	83.5	
13	消防3班	赵梦安	011	97	94	80	94	365	91.25	
14	消防3班	陈玉成	012	94	75	74	57	300	75	
15	消防3班	赵笛韵	013	88	64	75	85	312	78	
16	消防1班	赵思	014	65	62	60	81	268	67	
17	消防1班	陈骏祥	015	97	88	58	74	317	79.25	

图 3-15　使用填充柄将平均值公式应用到其他单元格

4. 计算"评级"

计算本列数值需要使用条件函数 IF,该函数的功能是判断一个条件是否满足:如果满足,则返回一个值;如果不满足,则返回另外一个值。选中 I3 单元格,单击"公式"选项卡中的"插入"按钮,在打开的对话框"或选择类别"下拉列表框中选择"逻辑"选项,选择"IF"函数,单击"确定"按钮,打开"函数参数"对话框,在"测试条件"框中输入"I3>=90",在"真值"框中输入""优秀"",在"假值"框中输入"IF(I3>=75,"良好",(IF(I3>=60,"及格","不及格")))",如图 3-16 所示,按 Enter 键完成学生评级计算,再拖动填充柄计算其他学生的评级。

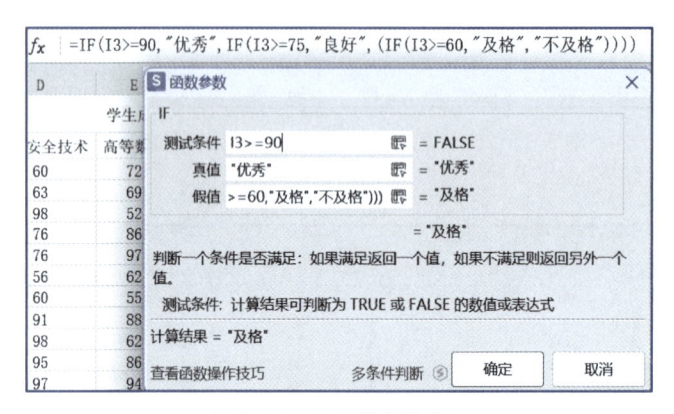

图 3-16 IF 函数参数输入

5. 计算班级总平均分

计算本列数值需要使用函数 AVERAGEIF,该函数的功能是返回某个区域内满足给定条件的所有单元格的算术平均值。选中 B20 单元格,单击"公式"选项卡中的"插入"按钮,在打开的对话框"或选择类别"下拉列表框中选择"统计"选项,选择"AVERAGEIF"函数,单击"确定"按钮,打开"函数参数"对话框,在"区域"框中输入"$A$3:$A$17",在"条件"框中输入"A20",在"求平均值区域"框中输入"$I$3:$I$17",其中"$A$3:$A$17""$I$3:$I$17"分别代表对区域"A3:A17"和区域"I3:I17"的绝对引用,如图 3-17 所示,按 Enter 键完成班级总平均分的计算,再拖动填充柄计算其他班级的总平均分。

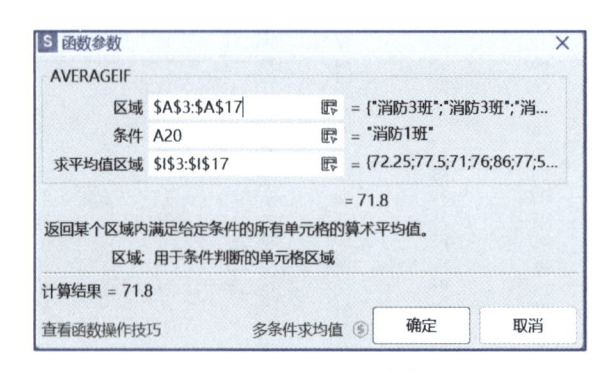

图 3-17 AVERAGEIF 函数的参数输入

6. 计算班级总人数

计算本列数值需要使用函数 COUNTIF，该函数的功能是计算区域中满足给定条件的单元格的个数。选中 C20 单元格，单击"公式"选项卡中的"插入"按钮，在打开的对话框"或选择类别"下拉列表框中选择"统计"选项，选择"COUNTIF"函数，单击"确定"按钮，打开"函数参数"对话框，在"区域"框中输入"$A$3:$A$17"，在"条件"框中输入"A20"，其中"$A$3:$A$17"代表对区域"A3:A17"的绝对引用，如图 3-18 所示，按 Enter 键完成班级总人数算，再拖动填充柄计算其他班级的总人数。

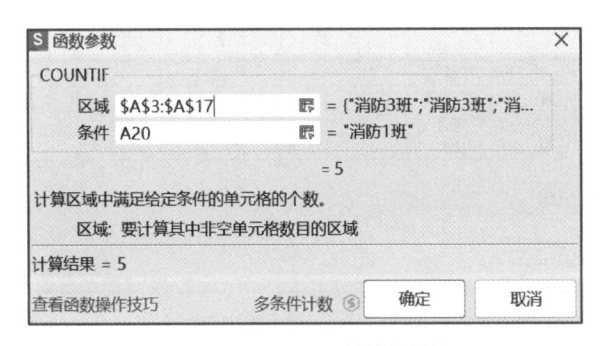

图 3-18　COUNTIF 函数的参数输入

7. 插入分班级显示平均分柱状图

选中 A19:B22 区域，选择"插入"选项卡中的"全部图表"按钮，打开"图表"窗口，选择"柱形图"选项卡，在右侧样式表中选择第 1 种样式创建好一张柱状图，最终效果如图 3-19 所示。

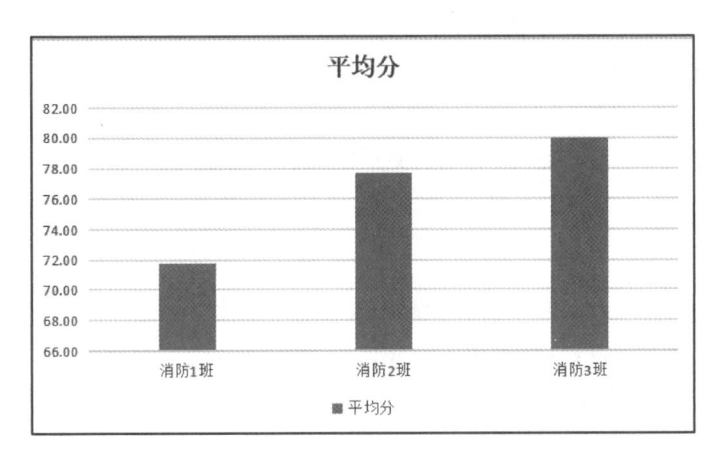

图 3-19　平均分柱状图效果

8. 保存工作表

单击"快速访问工具栏"中的"保存"按钮或使用快捷键 Ctrl+S，将修改过的表格保存至计算机中。单击标题栏的"关闭"按钮，关闭工作簿，退出 WPS 表格。

【任务拓展】

根据给定素材"业务员销售情况.xlsx",如图 3-20 所示,完成以下设置。

业务员编号	姓名	部门	销售区域	第一季度	第二季度	第三季度	第四季度	销售总额	平均每季度销售额	评级
1	徐萍	营销一部	青岛	20	15	18	16			
2	于丽	营销三部	北京	30	26	35	33			
3	张丽	营销二部	上海	32	33	38	29			
4	叶东	营销三部	深圳	13	16	18	14			
5	孙宇	营销一部	四川	25	26	24	28			
6	陈晓	营销一部	天津	20	16	20	21			
7	王梦妮	营销二部	吉林省	18	15	12	17			
8	紫琪	营销三部	辽宁省	20	21	25	26			
9	郝园	营销三部	黑龙江省	19	15	17	14			
10	赵华	营销二部	内蒙古	12	10	11	12			

	平均销售额	人数
营销一部		
营销二部		
营销三部		

图 3-20 业务员销售情况素材

1. 在 I 列计算第 1 季度 ~ 第 4 季度销售总额。
2. 在 J 列计算 4 个季度平均销售额。
3. 在 K 列计算评级。平均销售额大于或等于 30 万元的为"优秀",大于或等于 15 万元且小于 30 万元的为"良好",小于 15 万元的为"一般"。
4. 在 B15:B17 区域计算 3 个营销部的平均销售额。
5. 在 C15:C17 区域计算 3 个营销部的人数。
6. 插入徐萍各季度销售额折线图。

任务 3.3 综合实训——企业收入数据的统计与分析

【任务概述】

小刘作为某建筑企业的会计,负责公司的财务工作。年底公司进行部门总结,部门经理交给小刘两项任务:一是要求小刘对公司职工全年收入数据进行统计分析,二是要求小刘对企业相关指标进行分析并做出图形化说明。

接到任务后,小刘认真地对数据报表进行图形化制作,并完成了图表的美化,最终效果如图 3-21 和图 3-22 所示。

【任务实施】

1. 制作员工工资统计表

双击"建筑企业收入数据表.xlsx"工作簿图标,打开"员工工资统计表"工作表。

(1)提取员工姓氏

部门	员工姓名	姓	年收入	月收入	入职年份	工龄（年）
销售部	林亚蓉	林	174596	14550	2005-11-27	18
销售部	李彦志	李	154686	12891	1992-5-24	31
销售部	郭育雄	郭	144811	12068	1995-2-16	29
销售部	赖雅婷	赖	157489	13124	1978-7-30	45
销售部 汇总			631582	52632		
财务部	谢宜恩	谢	165255	13771	1972-7-24	51
财务部	储世昌	储	73468	6122	1984-7-8	39
财务部	蔡冠宇	蔡	130589	10882	1984-1-8	40
财务部	张玉萍	张	74218	6185	2012-10-18	11
财务部 汇总			443530	36961		
人事部	王薇宣	王	77132	6428	1972-6-6	51
人事部	莱依婷	莱	199619	16635	1975-6-15	48
人事部	黄美惠	黄	51398	4283	1993-2-20	31
人事部	吴天琪	吴	76620	6385	2011-5-5	12
人事部 汇总			404769	33731		
法务部	林盈薇	林	119520	9960	1976/2/15	48
法务部	伍湖琴	伍	63144	5262	1983-9-7	40
法务部	丁志明	丁	139814	11651	1992-7-28	31
法务部	林怡君	林	176650	14721	1981-11-21	42
法务部 汇总			499128	41594		
总计			1979009	164917		

微课3-3
企业收入数据的统计与分析

图 3-21　员工工资统计表效果

图 3-22　企业相关指标分析表效果

计算本列数值需要使用函数 LEFT，该函数的功能是从一个文本字符串的第 1 个字符开始返回指定个数的字符。选中 C2 单元格，单击"公式"选项卡中的"插入"按钮，在打开的对话框"或选择类别"下拉列表中选择"文本"选项，选择"LEFT"函数，单击"确定"按钮，打开"函数参数"对话框，在"字符串"框中输入"B2"，在"字符个数"框中输入"1"，如图 3-23 所示。

按 Enter 键完成员工姓氏统计，再拖动填充柄统计其他员工的姓氏（本任务不涉及复姓氏），如图 3-24 所示。

（2）计算员工月收入

选择 E2 单元格，设置单元格格式为数值，小数位数为 0，如图 3-25 所示。

在 E2 单元格中输入"=D2/12"，按 Enter 键完成计算，再拖动填充柄计算其他员工的月收入，如图 3-26 所示。

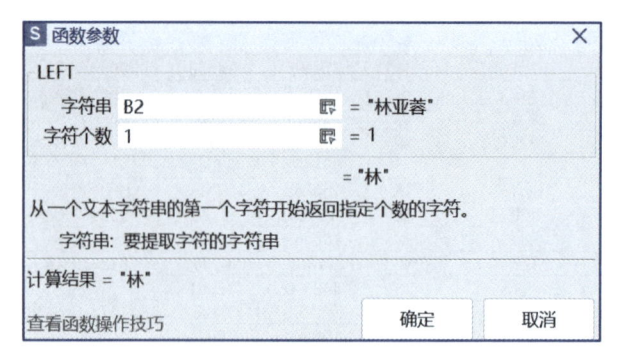

图 3-23　LEFT 函数参数输入

图 3-24　使用填充柄将 LEFT 公式应用到其他单元格

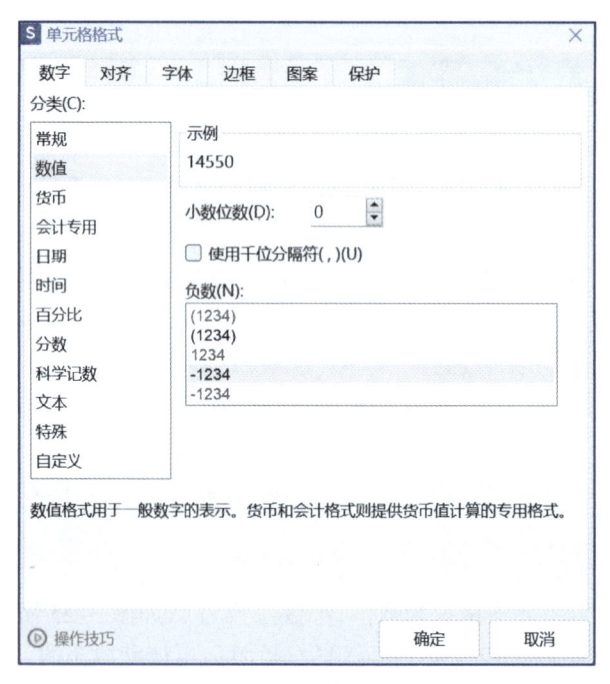

图 3-25　设置单元格格式

部门	员工姓名	姓	年收入	月收入	入职年份	截止日期	工龄（年）
销售部	林亚蓉	林	174596	14550	2005-11-27	2024/5/1	
销售部	李彦志	李	154686	12891	1992-5-24	2024/5/1	
销售部	郭育雄	郭	144811	12068	1995-2-16	2024/5/1	
销售部	赖雅婷	赖	157489	13124	1978-7-30	2024/5/1	
财务部	谢宜恩	谢	165255	13771	1972-7-24	2024/5/1	
财务部	储世昌	储	73468	6122	1984-7-8	2024/5/1	
财务部	蔡冠宇	蔡	130589	10882	1984-1-8	2024/5/1	
财务部	张玉萍	张	74218	6185	2012-10-18	2024/5/1	
人事部	王薇宜	王	77132	6428	1972-6-6	2024/5/1	
人事部	莱依婷	莱	199619	16635	1975-6-15	2024/5/1	
人事部	黄美惠	黄	51398	4283	1993-2-20	2024/5/1	
人事部	吴天琪	吴	76620	6385	2011-5-5	2024/5/1	
法务部	林盈薇	林	119520	9960	1976/2/15	2024/5/1	
法务部	伍湖琴	伍	63144	5262	1983-9-7	2024/5/1	
法务部	丁志明	丁	139814	11651	1992-7-28	2024/5/1	
法务部	林怡君	林	176650	14721	1981-11-21	2024/5/1	

图 3-26　使用填充柄将月收入公式应用到其他单元格

（3）计算员工工龄并隐藏截止日期列

计算本列数值需要使用函数 DATEDIF，该函数的功能是计算两个日期间的天数、月数或年数。选中 H2 单元格，单击"公式"选项卡中的"插入"按钮，在打开的对话框"或选择类别"下拉列表框中选择"日期与时间"选项，选择"DATEDIF"函数，单击"确定"按钮，打开"函数参数"对话框，在"开始日期"框中输入"F2"，在"终止日期"框中输入"G2"，在"比较单位"框中输入""Y""，如图 3-27 所示。按 Enter 键完成员工工龄计算，再拖动填充柄计算其他员工的工龄。

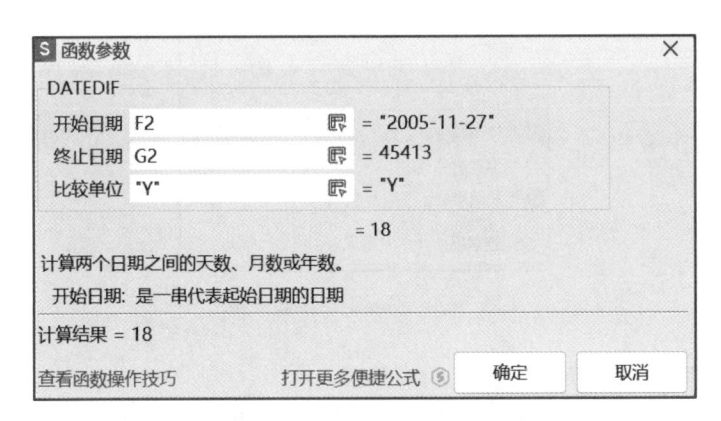

图 3-27　DATEDIF 函数参数输入

选中 G 列，单击"开始"选项卡中的"行和列"下拉按钮，在弹出的下拉列表中选择"隐藏与取消隐藏"→"隐藏列"命令，即可隐藏"截止日期"列，如图 3-28 所示。

（4）设置各部门工资的分类汇总

选择 A1：H17 区域，单击"数据"选项卡中的"分类汇总"按钮，打开"分类汇总"对话框。

在"分类汇总"对话框中将"分类字段"设置为"部门"，"汇总方式"为"求和"，"选定汇总项"为"年收入""月收入"，如图 3-29 所示。

单击"确定"按钮，完成分类汇总设置，如图 3-30 所示。

	A	B	C	D	E	F	H
1	部门	员工姓名	姓	年收入	月收入	入职年份	工龄（年）
2	销售部	林亚蓉	林	174596	14550	2005-11-27	18
3	销售部	李彦志	李	154686	12891	1992-5-24	31
4	销售部	郭育雄	郭	144811	12068	1995-2-16	29
5	销售部	赖雅婷	赖	157489	13124	1978-7-30	45
6	财务部	谢宜恩	谢	165255	13771	1972-7-24	51
7	财务部	储世昌	储	73468	6122	1984-7-8	39
8	财务部	蔡冠宇	蔡	130589	10882	1984-1-8	40
9	财务部	张玉萍	张	74218	6185	2012-10-18	11
10	人事部	王薇宜	王	77132	6428	1972-6-6	51
11	人事部	莱依婷	莱	199619	16635	1975-6-15	48
12	人事部	黄美惠	黄	51398	4283	1993-2-20	31
13	人事部	吴天琪	吴	76620	6385	2011-5-5	12
14	法务部	林盈薇	林	119520	9960	1976/2/15	48
15	法务部	伍湖琴	伍	63144	5262	1983-9-7	40
16	法务部	丁志明	丁	139814	11651	1992-7-28	31
17	法务部	林怡君	林	176650	14721	1981-11-21	42

图 3-28　隐藏"截止日期"列

图 3-29　分类汇总参数选择

2．制作建筑企业相关指标分析表

双击"建筑企业收入数据表.xlsx"工作簿图标，打开"建筑企业相关指标分析表"工作表。

（1）制作建筑企业相关指标数据透视表

选中 E7 单元格，单击"插入"选项卡中的"数据透视表"按钮，打开"创建数据透视表"对话框，选择单元格区域"A1：C37"，选择放置透视表位置为"现有工作表"，如图 3-31 所示。

单击数据透视表区域，在"将字段拖动至数据透视表区域"列表框中选中"指标""年份""数量"字段，并将"指标"拖曳到"数据透视表区域"的"行"中，将"年份"拖曳到"数据透视表区域"的"筛选器"中，将"数量"拖曳到"数据透视表区域"的"值"中，如图 3-32 所示。

在"求和项：数量"下拉菜单中选择"值字段设置"命令，打开"值字段设置"对话框，在"选择用于汇总所选字段数据的计算类型"列表框中选择"平均值"选项，如图 3-33 所示。

最后选择年份筛选器为"2020 年"，完成设置，如图 3-34 所示。

	A	B	C	D	E	F	G	H
1	部门	员工姓名	姓	年收入	月收入	入职年份	截止日期	工龄（年）
2	销售部	林亚蓉	林	174596	14550	2005-11-27	2024/5/1	18
3	销售部	李彦志	李	154686	12891	1992-5-24	2024/5/1	31
4	销售部	郭育雄	郭	144811	12068	1995-2-16	2024/5/1	29
5	销售部	赖雅婷	赖	157489	13124	1978-7-30	2024/5/1	45
6	销售部 汇总			631582	52632			
7	财务部	谢宜恩	谢	165255	13771	1972-7-24	2024/5/1	51
8	财务部	储世昌	储	73468	6122	1984-7-8	2024/5/1	39
9	财务部	蔡冠宇	蔡	130589	10882	1984-1-8	2024/5/1	40
10	财务部	张玉萍	张	74218	6185	2012-10-18	2024/5/1	11
11	财务部 汇总			443530	36961			
12	人事部	王薇宜	王	77132	6428	1972-6-6	2024/5/1	51
13	人事部	莱依婷	莱	199619	16635	1975-6-15	2024/5/1	48
14	人事部	黄美惠	黄	51398	4283	1993-2-20	2024/5/1	31
15	人事部	吴天琪	吴	76620	6385	2011-5-5	2024/5/1	12
16	人事部 汇总			404769	33731			
17	法务部	林盈薇	林	119520	9960	1976/2/15	2024/5/1	48
18	法务部	伍湖琴	伍	63144	5262	1983-9-7	2024/5/1	40
19	法务部	丁志明	丁	139814	11651	1992-7-28	2024/5/1	31
20	法务部	林怡君	林	176650	14721	1981-11-21	2024/5/1	42
21	法务部 汇总			499128	41594			
22	总计			1979009	164917			

图 3-30 分类汇总的效果

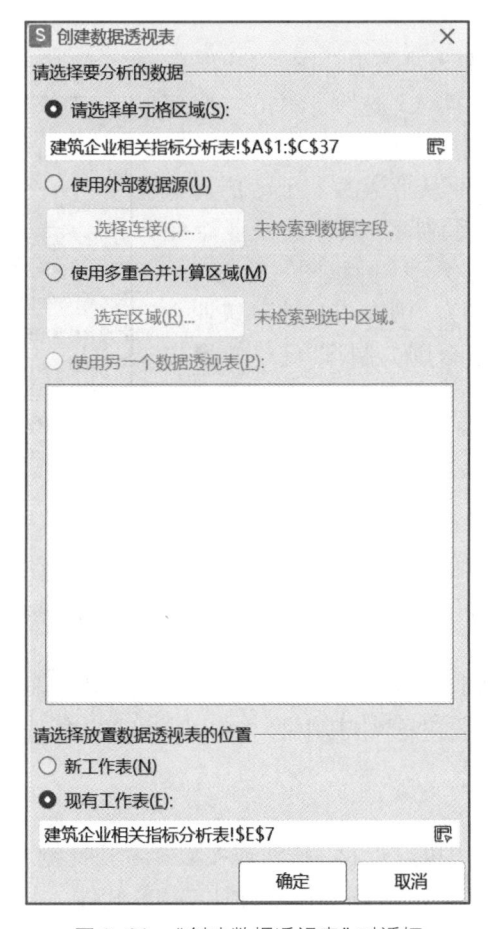

图 3-31 "创建数据透视表"对话框

图 3-32 设置数据透视表数据

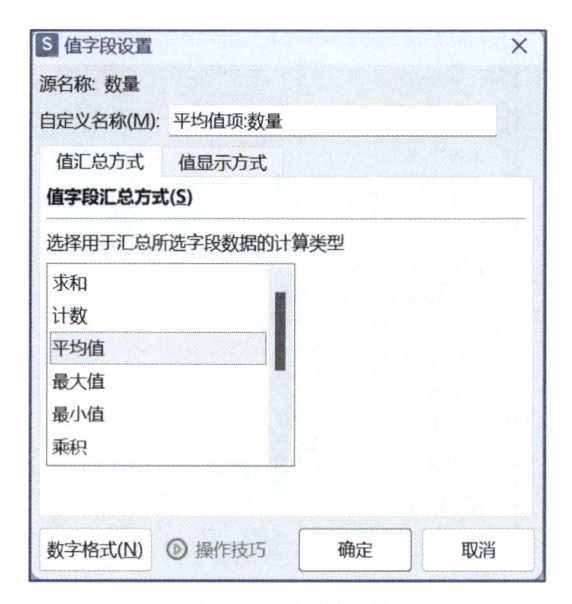

图 3-33 设置值字段

（2）制作建筑业企业从业人员数组合图

选择 E1:I3 区域，单击"插入"选项卡中的"全部图表"按钮，在打开的窗口中选择"组合图"选项卡，并为系列名"国有建筑业企业从业人数（万人）"选择图表类型"簇状柱形图"，为系列名"其他建筑业企业从业人数（万人）"选择图表类型"折线图"，单击"插入图表"按钮，并更改图表名为"国有与其他建筑业企业从业人数对比图"，完成组合图的制作，最终效果如图 3-35 所示。

（3）批量替换数据

选择 B2:B37 区域，单击"开始"选项卡中的"查找"下拉按钮，在下拉列表中选择"替换"命令，打开"替换"对话框，在"查找内容"框中输入"年"，在"替换为"框中输入""（空格符），如图 3-36 所示，将字段中"年"字通过替换批量删除。

图 3-34 设置筛选器

（4）设置筛选

选择 B1:B37 区域，在"数据"选项卡中的"筛选"下拉列表中选择"筛选"命令，对区域进行筛选操作，单击"年份"列下拉按钮，选中其中的"2019""2020"复选框，单击"确定"按钮完成筛选，如图 3-37 所示。

3. 保存工作表

单击"快速访问工具栏"中的"保存"按钮或按 Ctrl+S 快捷键，将修改过的表格保存至计算机中。单击标题栏的"关闭"按钮，关闭工作簿，退出 WPS 软件。

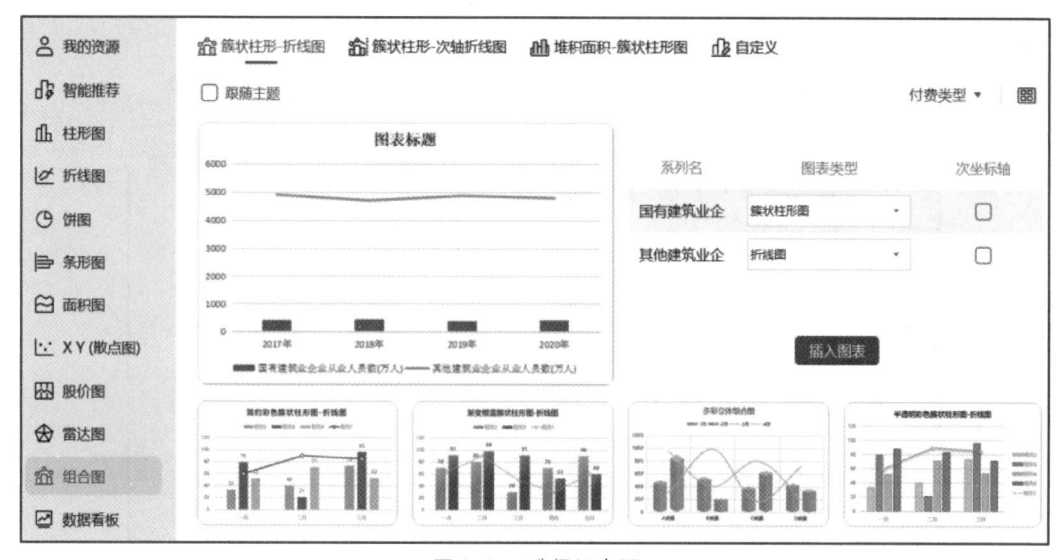

任务 3.3 综合实训——企业收入数据的统计与分析

图 3-35 选择组合图

图 3-36 替换参数输入

图 3-37 筛选效果图

【任务拓展】

根据给定素材“旅游相关行业各指标情况 .xlsx”，完成以下设置。

1. 根据给定素材“住宿及餐饮收入”工作表，如图 3-38 所示，完成以下设置。

	A	B	C	D	E	F	G	H
1	指标(亿元)	年份	收入					
2	住宿业营业额(亿元)	2020年	6557.38					
3	住宿业营业额(亿元)	2019年	2130.6					
4	住宿业营业额(亿元)	2018年	4343.61					
5	住宿业客房收入(亿元)	2020年	2345.63					
6	住宿业客房收入(亿元)	2019年	6037.26					
7	住宿业客房收入(亿元)	2018年	1403.32					
8	住宿业餐费收入(亿元)	2020年	1907.23					
9	住宿业餐费收入(亿元)	2019年	1777.8					
10	住宿业餐费收入(亿元)	2018年	3811.12					
11	餐饮业营业额(亿元)	2020年	4562.14					
12	餐饮业营业额(亿元)	2019年	5127.07					
13	餐饮业营业额(亿元)	2018年	4059.7					
14	餐饮业餐费收入(亿元)	2020年	5622.9					
15	餐饮业餐费收入(亿元)	2019年	1099.99					
16	餐饮业餐费收入(亿元)	2018年	1405.82					
17								
18	指标	2018年	2017年	2016年	2015年	2014年	2013年	2012年
19	住宿业营业额(亿元)	4059.7	3963.93	3811.12	3648.22	3535.2	3527.99	3534.44
20	餐饮业营业额(亿元)	5622.9	5312.78	5127.07	4864.01	4615.3	4533.33	4419.85

图 3-38 “住宿及餐饮收入”工作表

① 使用“替换”功能，删除 A2: A16 中的“(亿元)”

② 对 A1: C16 区域进行分类汇总。分类字段为“指标(亿元)”，汇总方式为“求和”，选定汇总项为“收入”。

③ 根据 A18: H20 区域插入组合图，其中设置“住宿业营业额(亿元)”为“簇状柱形图”，“餐饮业营业额(亿元)”为“折线图”。

2. 根据给定素材“旅游时间”工作表，如图 3-39 所示，完成以下设置。

	A	B	C	D	E
1	省份	地点	出发时间	结束时间	游玩时间（天数）
2		广东佛山	2022-5-7	2022-6-1	
3		福建南平	2022-6-3	2022-7-19	
4		广东珠海	2022-5-16	2022-6-14	
5		安徽合肥	2022-6-16	2022-7-21	
6		安徽安庆	2022-5-8	2022-6-11	
7		福建莆田	2022-6-5	2022-6-15	
8		广西桂林	2022-6-10	2022-6-29	
9		安徽黄山	2022-6-21	2022-6-29	
10		广东中山	2022-5-18	2022-7-24	
11		安徽巢湖	2022-5-4	2022-7-25	
12		广西北海	2022-6-16	2022-7-30	

图 3-39 “旅游时间”工作表

① 根据 B 列给出的地点信息，使用函数在 A 列填充相应的省份信息，例如，“安徽合肥”的省份是“安徽”。

② 根据 C 列出发时间和 D 列结束时间，使用函数在 E 列计算游玩天数。

任务 3.4　WPS 表格基础知识测验

一、单选题

1. WPS 表格中图表的类型有多种，其中饼图最适合反映(　　)。
   A. 总数值的大小　　　　　　　　B. 各数值的大小
   C. 各数值的变化趋势　　　　　　D. 各数值相对于总数值的比例
2. 在 WPS 表格中根据数据制作图表时，可以对(　　)进行设置。
   A. 图表标题　　　　　　　　　　B. 坐标轴
   C. 网格线　　　　　　　　　　　D. 以上都可以
3. 关于 WPS 表格中的工作表，下列说法错误的是(　　)。
   A. 各个工作表可以相互独立
   B. 一个工作表就是一个 XLSX 文件
   C. 可以根据需要为工作表重命名
   D. 一个工作簿中建立的工作表的数量是有限的
4. 在 WPS 表格中保护一个工作表，可以使不知道密码的人(　　)。
   A. 看不到工作表内容
   B. 不能复制工作表的内容
   C. 不能修改工作表的内容
   D. 不能删除工作表所在的工作簿文件
5. 在 WPS 表格中创建好图表并单击该图表后，会出现(　　)选项卡。
   A. 图片工具　　　　　　　　　　B. 表格工具
   C. 绘图工具　　　　　　　　　　D. 其他工具
6. 下列操作中，不能在 WPS 表格工作表的选定单元格中输入函数公式的是(　　)。
   A. 单击"编辑"栏中的"插入函数"按钮
   B. 单击"插入"选项卡中的"对象"按钮
   C. 单击"公式"选项卡中的"插入函数"按钮
   D. 在"编辑"栏中输入等于(=)号，从栏左端的函数列表中选择所需函数
7. 在 WPS 表格工作表中用鼠标拖动进行填充时，光标的形状为(　　)。
   A. 空心粗十字形　　　　　　　　B. 实心细十字形
   C. 向左上方箭头形　　　　　　　D. 向右上方箭头形
8. 在 WPS 表格中，下列说法错误的是(　　)。
   A. 在 WPS 表格中，B5 单元格表示在工作表中第 2 列第 5 行
   B. 在 WPS 表格中默认的工作表有 4 个
   C. 筛选就是从大量记录中选择符合要求的若干条记录，并显示出来
   D. 在 WPS 表格中，分类汇总命令包括分类和汇总两个功能
9. 在 WPS 表格中，下面选项中不属于"设置单元格格式"对话框"数字"选项卡中的内容的是(　　)。
   A. 字体　　　　　　　　　　　　B. 货币

C. 日期　　　　　　　　　　　　D. 自定义
10. 在WPS表格中设置工作表"打印标题"的作用是（　　）。
    A. 在首页突出显示标题　　　　B. 在每一页都打印出标题
    C. 在首页打印出标题　　　　　D. 作为文件存盘的名字
11. 在WPS表格中，求C4至C8的和的表达式为（　　）。
    A. =SUM(C4:C8)　　　　　　　B. SUM(C4:C8)
    C. =SUM(C4-C8)　　　　　　　D. SUM(C4,C8)
12. 在WPS表格的条形图表中，若删除某数据系列的条形，则数据区域中（　　）。
    A. 所有数据都不变
    B. 和条形图表相对应数据不变，其他数据被删除
    C. 所有数据都被删除
    D. 和条形图表相对应数据被删除，其他数据都不变
13. 在WPS表格工作表中，若C7、D7单元格已分别输入数值2和5，选中这两个单元格后，向右拖动填充柄，填充E7单元格，则填充的数据是（　　）。
    A. 2　　　　　　　　　　　　　B. 5
    C. 8　　　　　　　　　　　　　D. 9
14. 在WPS表格中，关于打印预览中的缩放比例说法错误的是（　　）。
    A. 最小缩放为正常尺寸的10%
    B. 最小缩放为正常尺寸的40%
    C. 最大缩放为正常尺寸的400%
    D. 100%为正常尺寸
15. 在WPS表格中，有关打印的下列说法，错误的是（　　）。
    A. 可以设置打印份数　　　　　B. 可以设置居中打印
    C. 无法调整打印方向　　　　　D. 可进行页面设置
16. 在WPS表格中，下列说法正确的是（　　）。
    A. 不能合并单元格　　　　　　B. 只能水平合并单元格
    C. 能将一个区域合并单元格　　D. 只能垂直合并单元格
17. 在WPS表格中，添加边框、颜色操作要进入（　　）选项。
    A. 文件　　　　　　　　　　　B. 视图
    C. 开始　　　　　　　　　　　D. 审阅
18. 在WPS表格中，使用（　　）命令，可以设置允许打开工作簿但不能修改被保护的部分。
    A. 共享工作簿　　　　　　　　B. "另存为"选项
    C. 保护工作表　　　　　　　　D. 保护工作簿
19. 在WPS表格中，按（　　）快捷键可以新建工作簿。
    A. Ctrl+O　　　　　　　　　　B. Ctrl+N
    C. Ctrl+W　　　　　　　　　　D. Shift+F11
20. 在电子表格的图表中，能反映出数据变化趋势的图表类型是（　　）。

  A. 柱形图   B. 饼图
  C. 条形图   D. 折线图

21. 如果在单元格中输入数据"20240416",默认情况下,电子表格将把它识别为(　　)数据。

  A. 文本型   B. 数值型
  C. 日期时间型   D. 公式

22. 在电子表格中,要在同一工作簿中把工作表Sheet3移动到Sheet1前面,应(　　)。

  A. 单击工作表Sheet3标签,并沿着标签行拖动到Sheet1前
  B. 单击工作表Sheet3标签,并按住Ctrl键沿着标签行拖动到Sheet1前
  C. 单击工作表Sheet3标签,并单击"开始"选项卡中的"复制"按钮,然后单击工作表Sheet1标签,再单击"开始"选项卡中的"粘贴"按钮
  D. 单击工作表Sheet3标签,并单击"开始"选项卡中的"剪切"按钮,然后单击工作表Sheet1标签,再单击"开始"选项卡中的"粘贴"按钮

23. 在电子表格中,打印预览中显示的页面大小(　　)。

  A. 就是打印出的实际大小   B. 不一定是打印出的实际大小
  C. 总是比实际的小   D. 总是比实际的大

二、多选题

1. 在WPS表格中创建图表后,下列说法正确的有(　　)。

  A. 可以修改图表标题
  B. 可以更改图表类型
  C. 可以更改图表颜色
  D. 可以更改图表样式

2. 下列关于WPS表格的安全说法正确的有(　　)。

  A. 保护工作表只对当前表进行保护,而保护工作簿即对所有的工作表进行保护
  B. 保护工作簿可阻止其他用户添加、移动、删除、隐藏和重命名工作表
  C. 保护工作簿和保护工作表的操作均在"审阅"选项卡中进行设置
  D. 保护工作簿不能阻止其他用户修改工作表

3. 在WPS表格的"页面设置",可以设置(　　)。

  A. 纸张大小   B. 每页字数
  C. 页眉页脚   D. 打印区域

4. 下面关于WPS表格工作表的重命名叙述中,正确的有(　　)。

  A. 复制的工作表将自动在后面加上数字
  B. 一个工作簿中不允许具有名字相同的多个工作表
  C. 工作表在命名后还可以修改
  D. 工作表的名字只允许以字母开头

5. 在WPS表格中,有关打印的下列说法,正确的是(　　)。

  A. 可以设置打印份数   B. 可以设置居中打印
  C. 无法调整打印方向   D. 可进行页面设置

6. 在 WPS 表格中,可以通过( )修改已创建的图表类型。
   A. 单击"图表工具"选项卡中的"更改类型"按钮
   B. 单击"绘图工具"选项卡中的"更改类型"按钮
   C. 右键单击图表,在弹出的快捷菜单中选择"更改图表类型"命令
   D. 单击"文本工具"选项卡中的"更改类型"按钮

实训项目 4　使用 WPS 演示

【项目概述】

随着信息技术的迅猛发展,办公软件的运用已成为现代办公不可或缺的一部分。WPS 演示作为一款功能强大、操作简便的办公软件,广泛应用于企业、教育机构、政府部门等各个领域。本项目包含演示文稿的界面布局、基本功能按钮及其应用、动画效果、幻灯片切换、主题设计。

【项目目标】

知识目标

1. 理解 WPS 演示的基本界面布局和功能按钮。
2. 掌握 WPS 演示的文字处理、图形插入、布局设置等基本操作方法。
3. 理解 WPS 演示的高级功能,包括动画效果、幻灯片切换、主题设计等。
4. 了解演示文稿设计的基本原则和技巧,如排版美化、配色搭配等。

技能目标

1. 能够熟练运用 WPS 演示进行演示文稿的制作。
2. 能够运用 WPS 演示的高级功能,提升演示文稿的效果和吸引力。
3. 具备演示文稿设计的技能,能够制作具有专业水准的演示文稿。

素养目标

1. 具备良好的沟通表达能力,能够通过演示文稿清晰有效地传达信息。
2. 具备团队合作意识,能够与他人协作共同完成演示文稿制作任务。
3. 具备持续学习的意识,能够不断学习和掌握新的演示文稿制作技能,保持竞争力。

任务 4.1　制作与美化述职报告

📄 PPT：制作与美化述职报告

【任务概述】

李明作为工程师已经在某公司工作一周年,领导让李明对自己的工作做一个述职报告,用 WPS 演示完成述职报告的撰写,设计效果如图 4-1 所示。

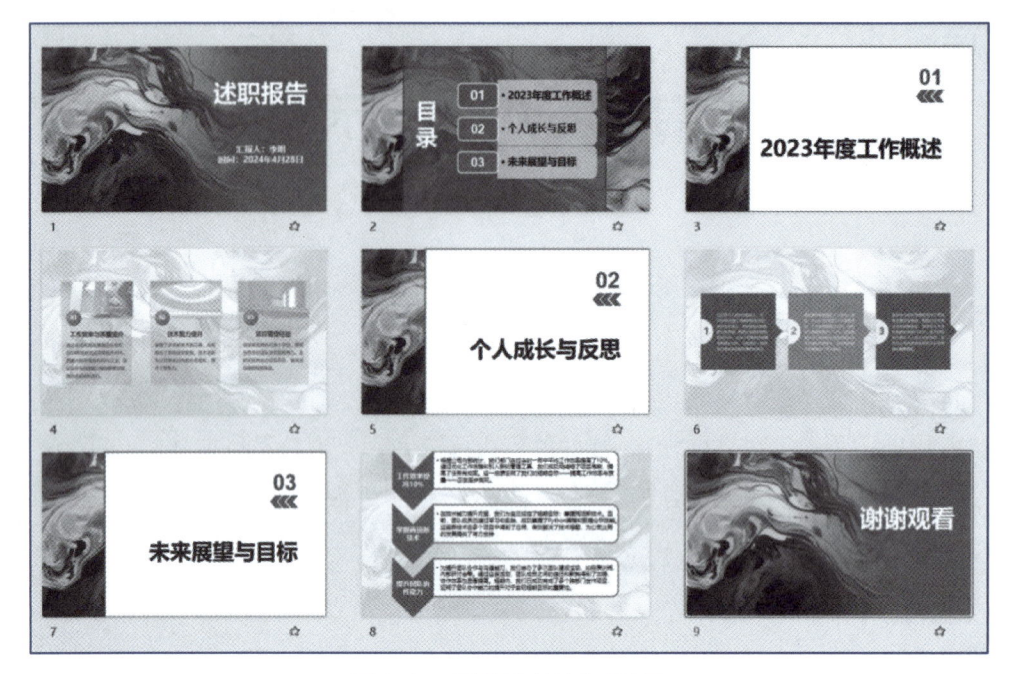

图 4-1　述职报告整体实现效果

微课 4-1
新建"述职报告"演示文稿及设计封面页

【任务实施】

1. 新建"述职报告"演示文稿

（1）创建 WPS 演示文稿的方法

1）使用 WPS Office 程序新建文稿。

① 未启动 WPS Office 程序时，具体操作步骤如下。

首先启动 WPS Office 程序，单击"＋新建"按钮，选择"新建"→"Office 文档"→"演示"选项，如图 4-2 所示。

图 4-2　WPS Office 新建文件

然后在打开的"新建演示文稿"界面中,选择"空白演示文稿",如图4-3所示。

图4-3 "新建演示文稿"操作界面

新建演示文稿的文件名默认为"演示文稿1",如图4-4所示。

图4-4 "演示文稿1"

② "已启动 WPS Office 程序时"的操作方法如图 4-5 所示。

2)使用"新建"→"PPTX 演示文稿"命令新建文稿。

在桌面或磁盘其他空白区域,单击鼠标右键,在弹出的图 4-6 所示的快捷菜单中选择"新建"→"PPTX 演示文稿"命令后,则在目标位置处生成文档"新建 PPTX 演示文稿 .pptx"。

图 4-5　新建演示文稿方法

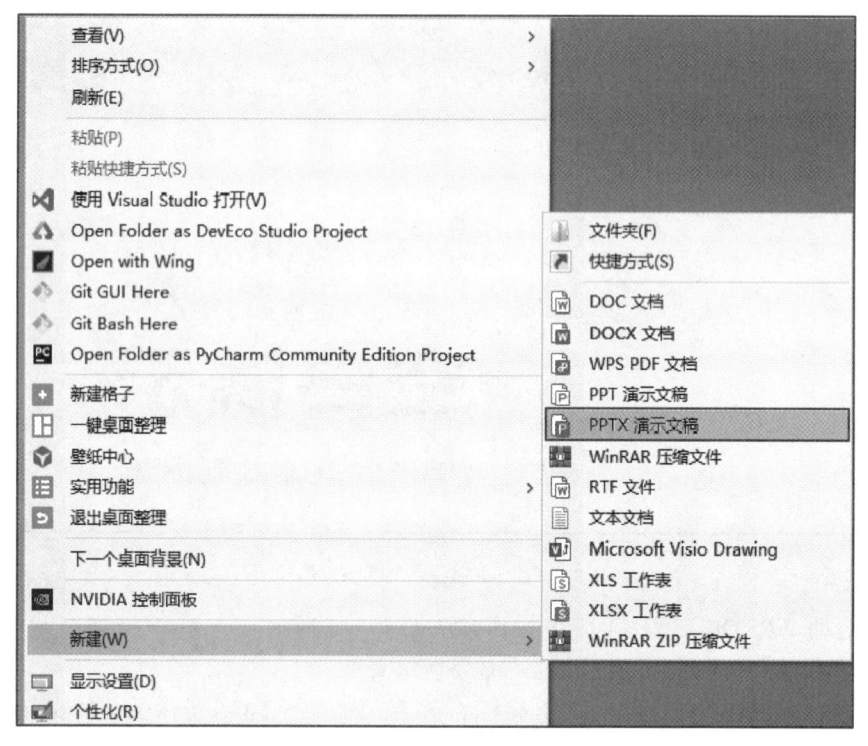

图 4-6　新建 PPTX 演示文稿

（2）设置幻灯片大小

在"设计"选项卡中单击"幻灯片大小"下拉按钮，在弹出的下拉列表中选择"宽屏（16∶9）"选项，如图4-7所示，以保证幻灯片在大屏幕上具有良好的视觉效果。

图 4-7　幻灯片大小设置

（3）使用"快速访问工具栏"保存演示文稿

快速访问工具栏如图4-8所示，单击其中的"保存"按钮，实现保存演示文稿为"述职报告.pptx"。

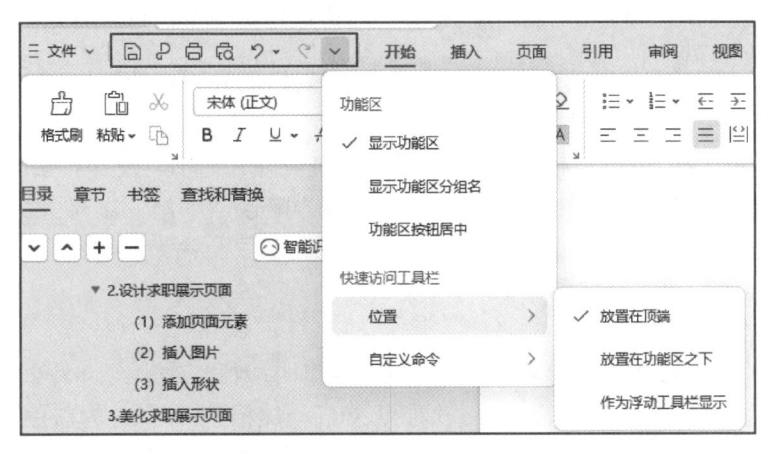

图 4-8　快速访问工具栏

2. 设计"述职报告"演示文稿封面页

（1）插入背景图

双击打开新建的"述职报告.pptx"，在"幻灯片编辑区"单击鼠标右键，在弹出的快捷菜单中选择"版式"→"空白"选项。在"插入"选项卡中单击"图片"下拉按钮,在弹出的下拉列表中选择"本地图片"命令,在打开的对话框中找到需插入图片的素材"任务 4.1 图片",单击"打开"按钮,即可插入图片。插入完成后,调整图片大小,覆盖整个幻灯片,作为幻灯片的背景图,如图 4-9 所示。

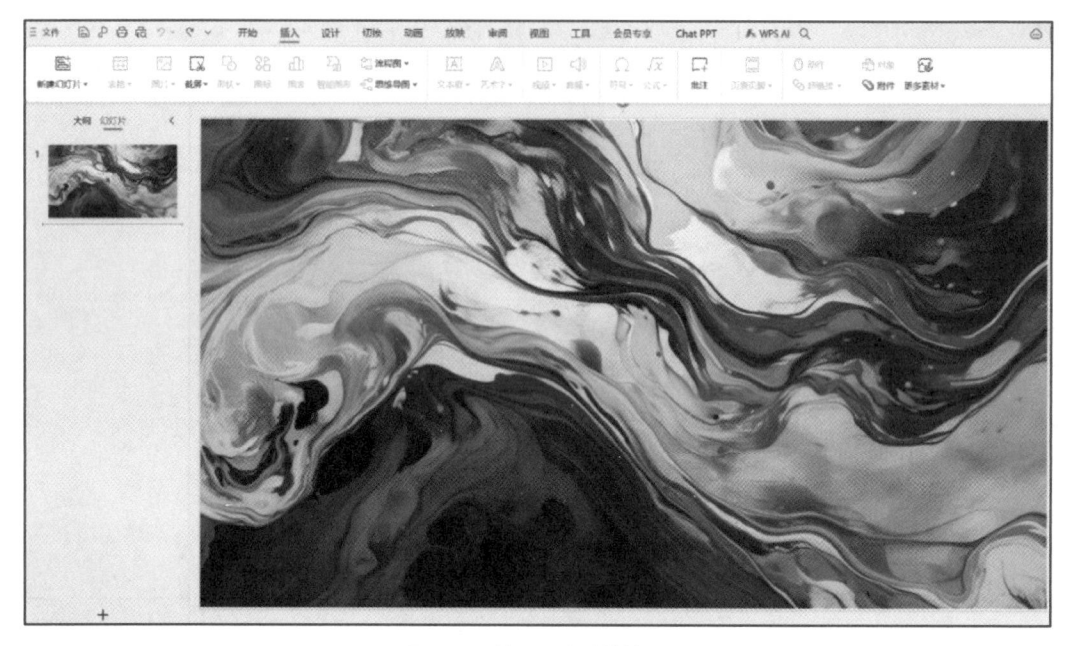

图 4-9　插入图片后的效果

（2）设置形状格式

给背景添加一个形状格式,在"插入"选项卡中单击"形状"下拉按钮,在弹出的下拉列表中选择"矩形"样式,插入一个矩形,调整矩形的尺寸,可以覆盖整个幻灯片右侧的 $\frac{2}{3}$ 左右。设置矩形的格式,在"绘图工具"选项卡中单击"轮廓"下拉按钮,在弹出的下拉列表中选择"无边框颜色"命令,设置矩形"无边框颜色",同样使用"填充"下拉按钮设置矩形颜色为"钢蓝,着色 1,深色 25%",再选中形状,单击鼠标右键,在弹出的快捷菜单中选择"设置对象格式"命令,在右侧打开"对象属性"任务窗格,在"形状选项"中设置"填充"为"渐变填充",在"渐变样式"中选择第一种"线性渐变",将"角度"设置为 180°,"位置"设置为"40%","透明度"设置为"10%","亮度"设置为"0%",如图 4-10 所示。

（3）插入文本框

插入两个文本框,分别输入"述职报告""汇报人:李明;时间:2024 年 4 月 28 日"。其中"述职报告"4 个字的字体设置为"微软雅黑、80 磅、加粗,字体颜色为白色"。同理,设置其他文字,将字体大小调整到合适大小。插入文字后的效果如图 4-11 所示。

3. 设计"述职报告"目录演示页

（1）设计母版

在幻灯片浏览窗格空白处右击,在弹出的快捷菜单中,选择"新建幻灯片"命令,并将新建的幻灯片版式更改为空白。为了后面再新建幻灯片时,可插入和第 1 张幻

微课4-2
设计"述职报告"目录演示页

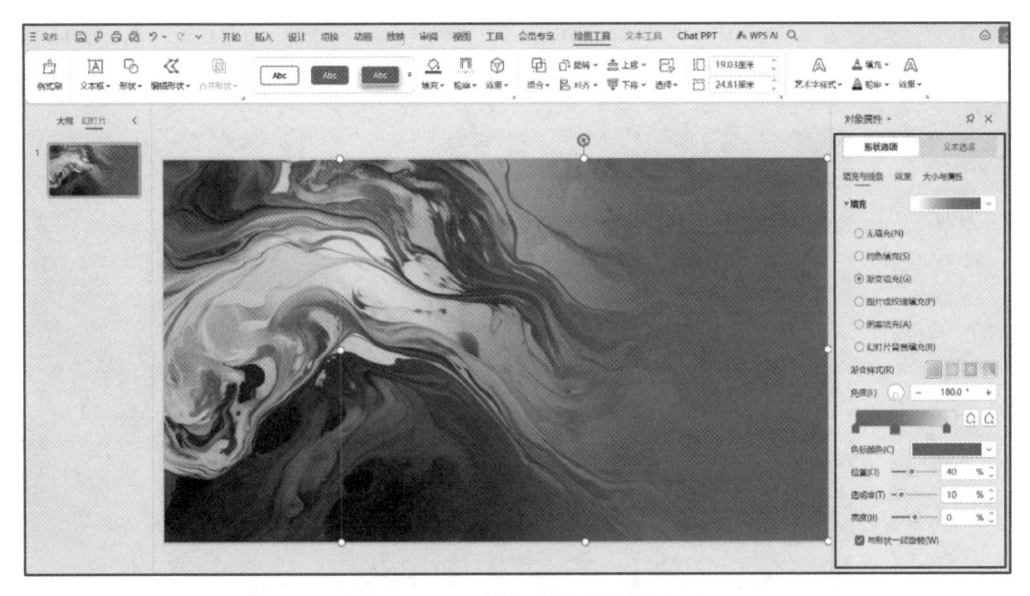

图 4-10 插入形状后的效果

图 4-11 插入文字后的效果

灯片同样的背景图,可在幻灯片母版中插入该图片,具体操作步骤:选择"视图"选项卡,单击"幻灯片母版"按钮,打开幻灯片母版视图,在幻灯片浏览窗格中选择第 1 张幻灯片,选择"插入"选项卡,单击"图片"下拉按钮,在弹出的下拉列表中选择"本地图片"命令,在打开的对话框中找到"任务 4.1 图片"插入幻灯片母版,效果如图 4-12 所示。最后,关闭幻灯片母版。

(2)设计目录

1)使用矩形形状

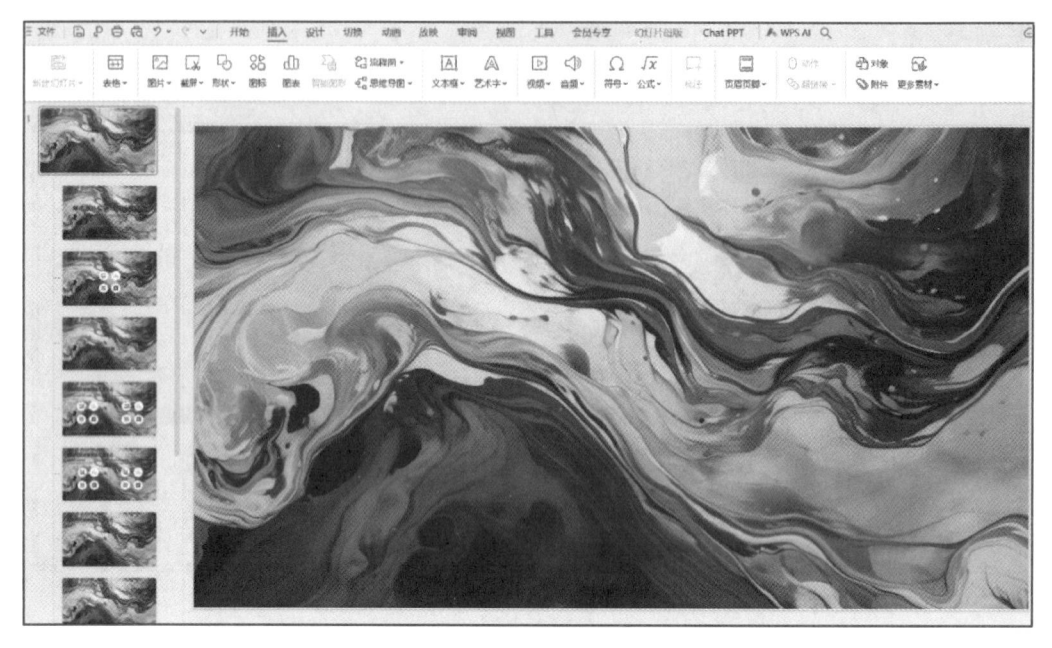

图 4-12　幻灯片母版中插入图片效果

在新建的第 2 张幻灯片中,插入矩形块,并设置透明度为 30%,具体操作步骤:选择"插入"选项卡,单击"形状"下拉按钮,在弹出的下拉列表中选择矩形,将矩形插入至第 2 张幻灯片中间 $\frac{2}{3}$ 的位置,选定插入的形状,右击,在弹出的快捷菜单中选中"设置对象格式"命令,打开"对象属性"的任务窗格,在"填充"中,依次设置为"纯色填充";颜色为"钢蓝,着色 1";透明度为"30%"。插入形状后的效果如图 4-13 所示。

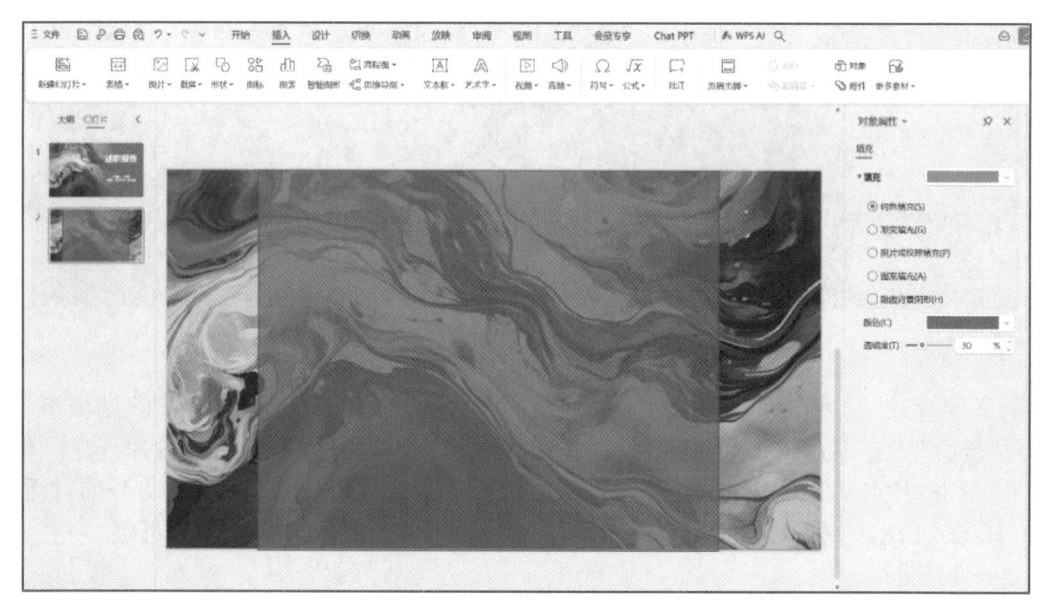

图 4-13　插入形状后的效果

2）插入 SmartArt 形状

为第 2 张幻灯片插入一个 SmartArt 图形，选择"插入"选项卡，单击"智能图形"按钮，打开"智能图形"窗口，如图 4-14 所示，然后选择"SmartArt"→"列表"→"垂直块列表"形状，插入并调整"垂直块列表"中形状的大小，效果如图 4-15 所示。

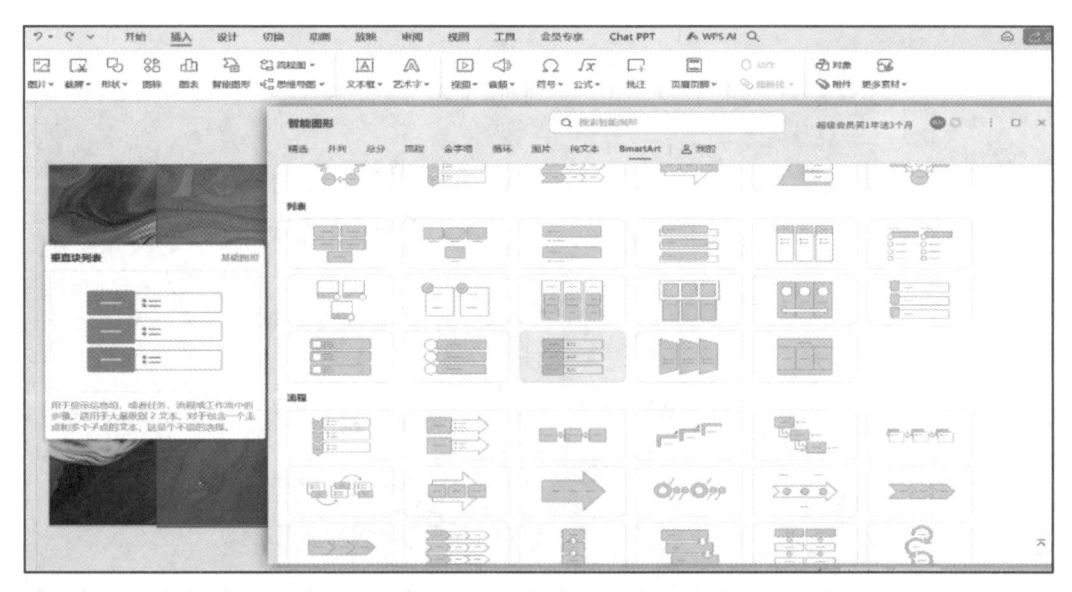

图 4-14 "智能图形"窗口

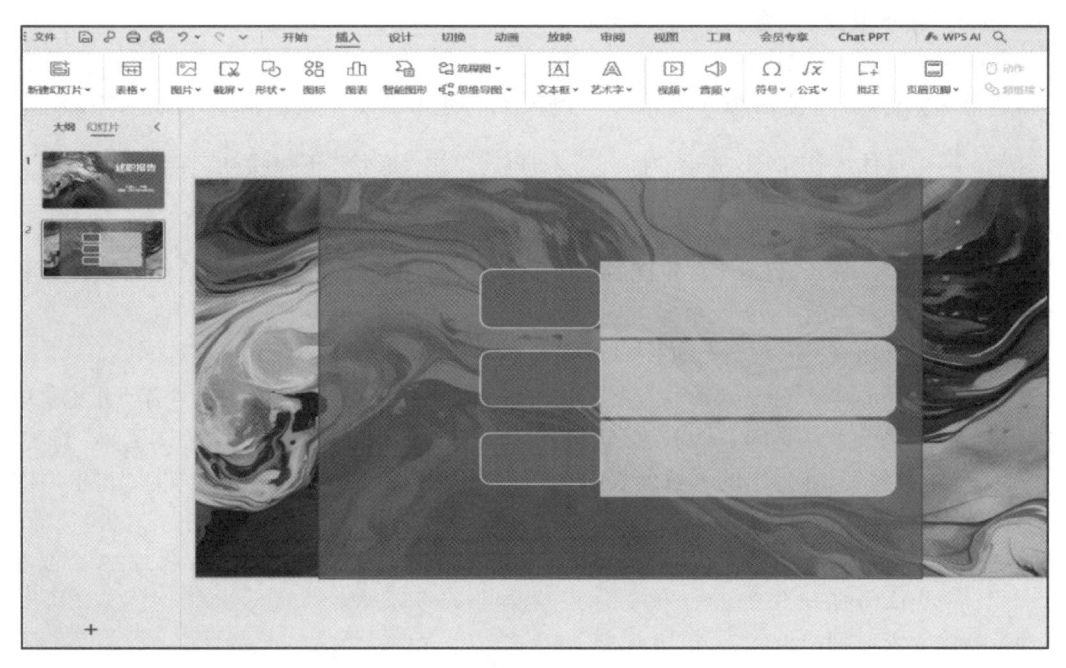

图 4-15 调整 SmartArt 形状的效果

3）插入文字

插入一个文本框，在文本框中输入"目录"两个字，同时在 SmartArt 图形中插入文字，调整文字大小格式，效果如图 4-16 所示。

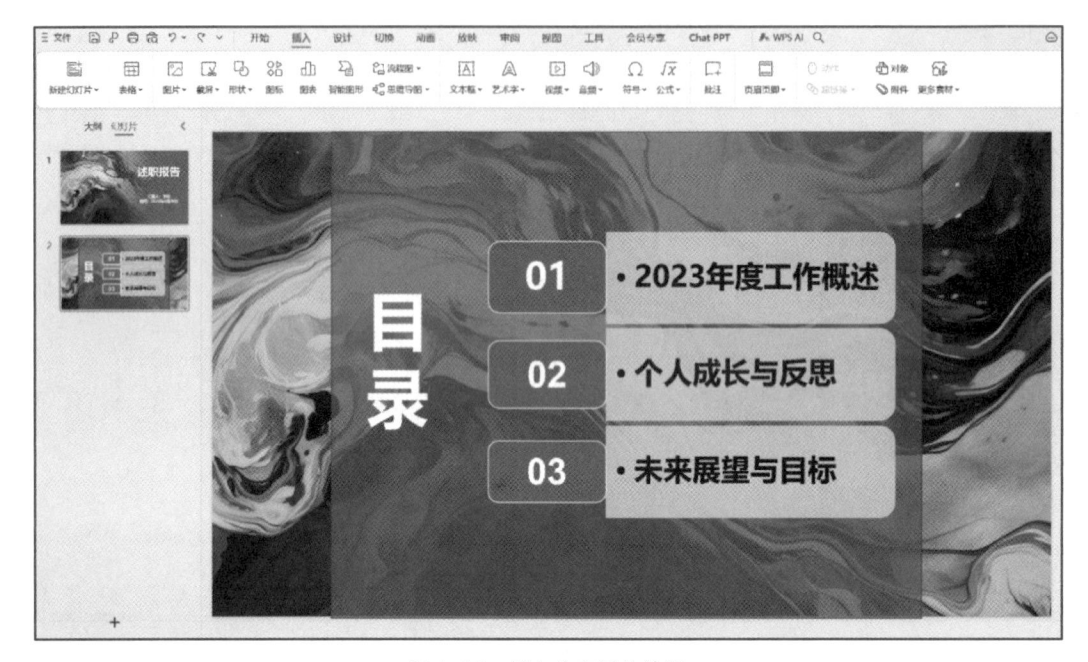

图 4-16　插入文字后的效果

4. 设计"述职报告"内容页的图文导航

（1）设置"形状"对象格式

新建第 3 张幻灯片（空白版式），插入一个矩形，将矩形的填充颜色调整为白色，矩形占整张幻灯片的 $\frac{4}{5}$。具体操作步骤：选择"插入"选项卡，单击"形状"下拉按钮，在弹出的下拉列表中选择矩形列表中的第 1 个形状，插入幻灯片；选定插入的矩形，右击，在弹出的快捷菜单中选择"设置对象格式"命令，打开"对象属性"任务窗格，将填充设置为"纯色填充"，颜色设置为"白色，背景 1"，效果如图 4-17 所示。

（2）使用形状组合——设计导航图

选择"插入"选项卡，单击"形状"下拉按钮，在弹出的下拉列表中选择"箭头汇总"中的"燕尾形"箭头（箭头默认是向右的）；绘制箭头形状，选中插入的箭头，选择"绘图工具"选项卡，单击"旋转"下拉按钮，在弹出的下拉列表中选择"水平翻转"命令，调整箭头方向，如图 4-18 所示；选中箭头，将其再复制两个，将这 3 个箭头调整为水平方向，并同时选中 3 个箭头，选择"绘图工具"选项卡，单击"组合"下拉按钮，在弹出的下拉列表中选择"组合"命令，将 3 个箭头组合在一起，如图 4-19 所示。

（3）使用文本框编辑内容

选择"插入"选项卡，单击"文本框"按钮，插入文本框，调整文本框位置，在文本框中编辑的内容如下，调整文字到合适的位置，如图 4-20 所示。

任务 4.1 制作与美化述职报告

微课 4-3
设计"述职报告"内容页的图文导航

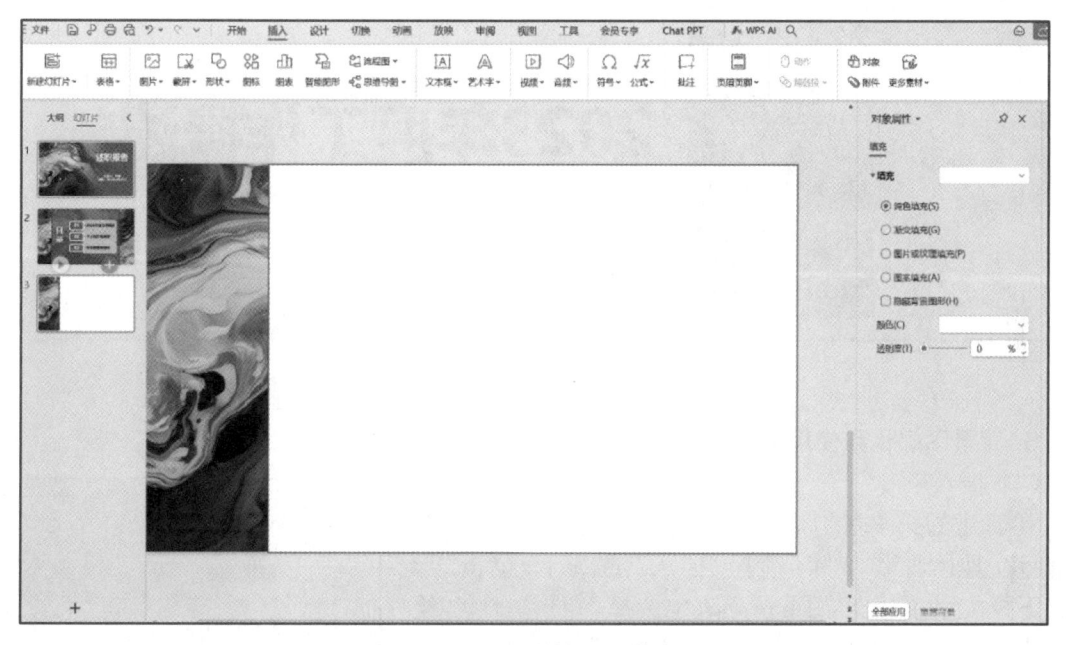

图 4-17 设置形状格式后的效果

图 4-18 调整箭头方向

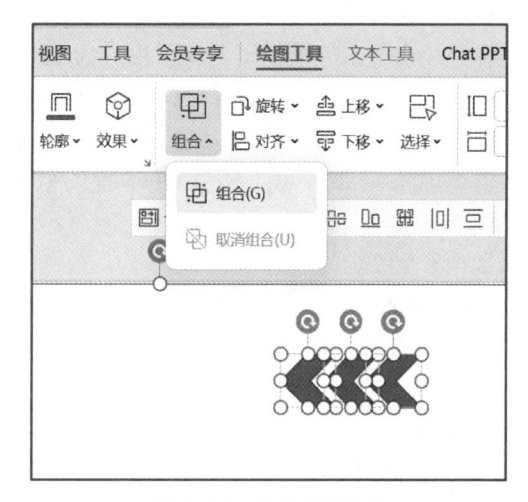

图 4-19 组合形状操作

图 4-20　第 3 张幻灯片整体效果

5. 背景图虚化和使用智能图形

（1）插入矩形

在新建的第 4 张幻灯片中插入一个矩形，覆盖整个幻灯片，具体操作步骤：选择"插入"选项卡，单击"形状"下拉按钮，在弹出的下拉列表中选择"矩形"形状，绘制矩形形状，将矩形覆盖整个幻灯片后，选中矩形，右击，在弹出的快捷菜单中选择"设置对象格式"命令，此时弹出"对象属性"窗格，在其中设置"填充"为"纯色填充"，"颜色"为"白色，背景 1"，"透明度"为 15%，如图 4-21 所示；选择"绘图工具"选项卡，单击"轮廓"下拉按钮，在弹出的下拉列表中选择"无边框颜色"命令，去掉矩形的边框，如图 4-22 所示。插入矩形后的效果如图 4-23 所示。

（2）设置智能图形

选择"插入"选项卡，单击"智能图形"按钮，打开"智能图形"窗口，在打开的窗口中依次选择"并列"→"3 项"→"免费"选项，选中第 2 行的第 3 个版式进行设置，如图 4-24 所示。

（3）插入文本

在插入的智能图形中，输入相应的文字，调整文字的大小，插入文本后的效果如图 4-25 所示。

图 4-21　设置对象属性

任务 4.1　制作与美化述职报告　105

图 4-22　设置轮廓边框

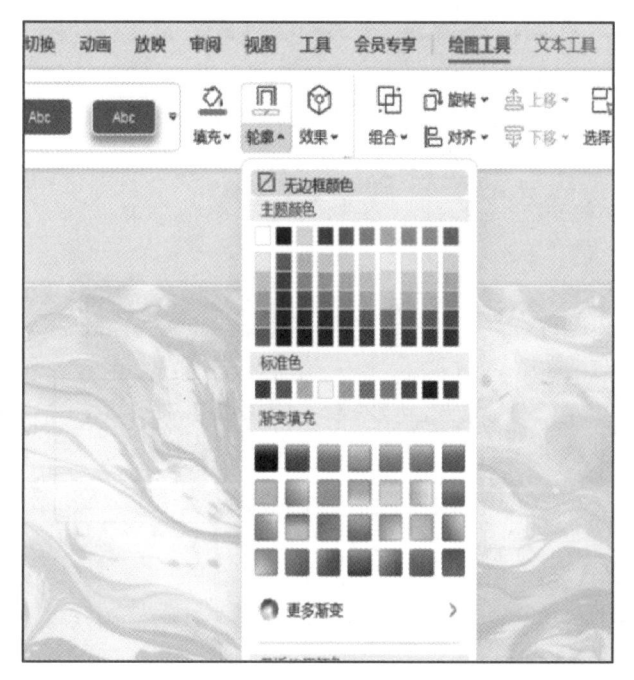

微课 4-4
背景图虚化
和使用智能
图形及复用
幻灯片样式

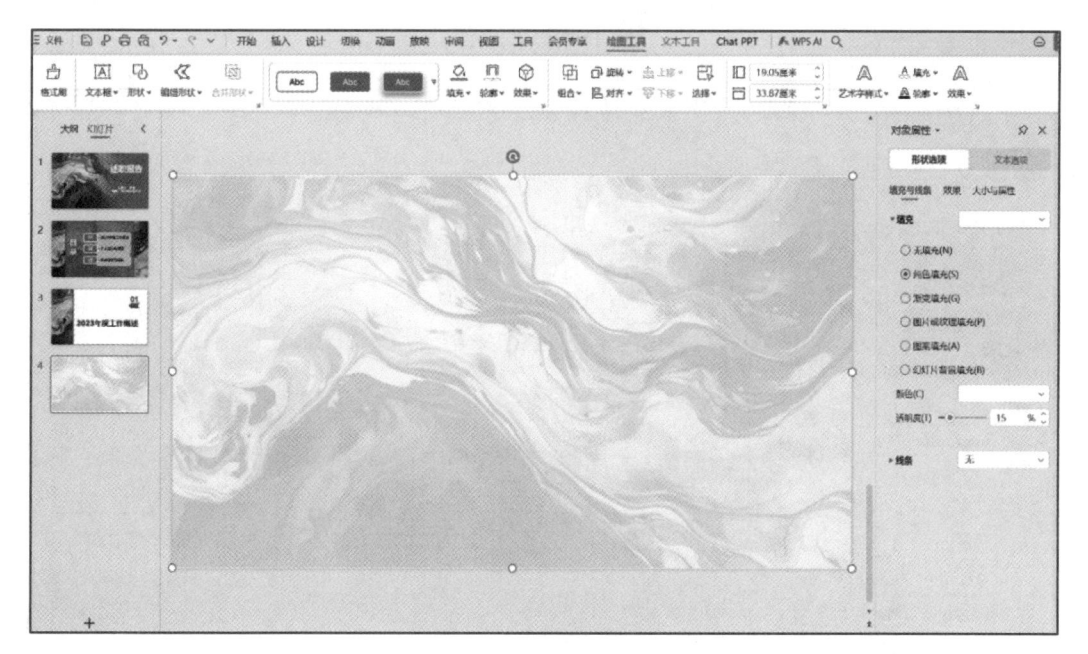

图 4-23　插入矩形后的效果

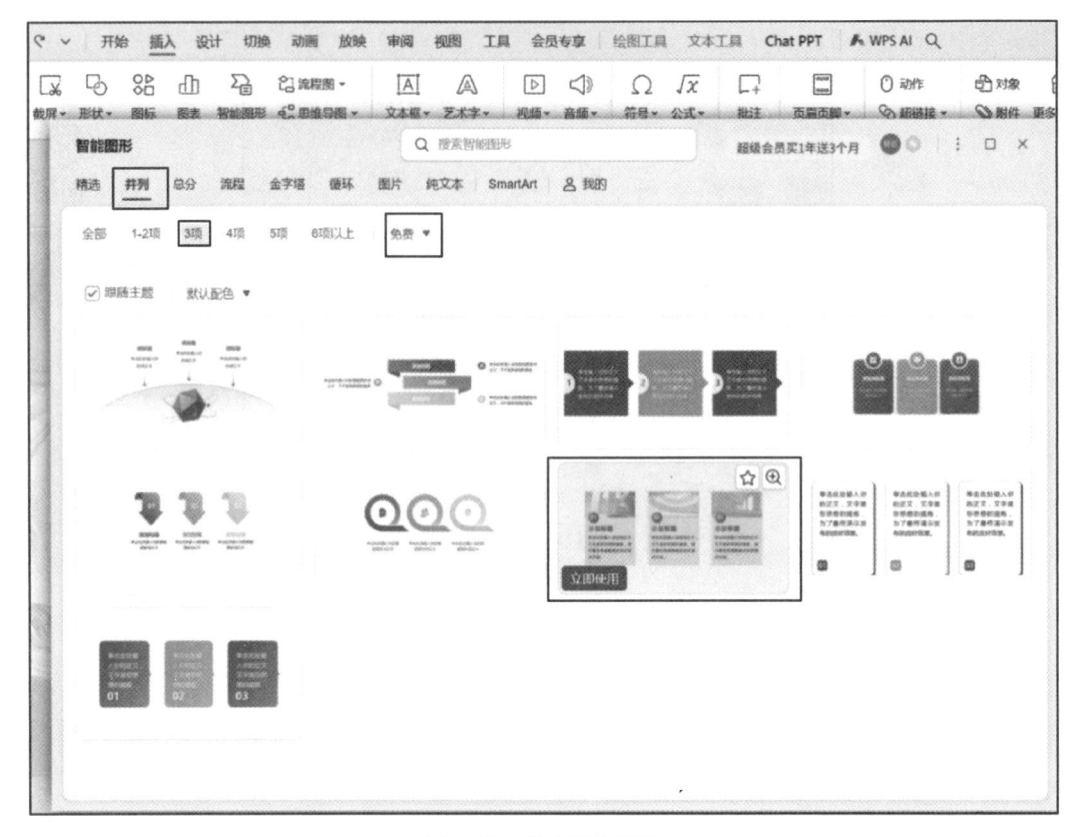

图 4-24　设置智能图形

图 4-25　插入文本后的效果

6. 复用幻灯片样式

以第 3 张幻灯片为模板来新建第 5 张幻灯片，复制第 3 张幻灯片到第 5 张幻灯片的位置，修改幻灯片中的文本内容，整体效果如图 4-26 所示。

图 4-26　第 5 张幻灯片的整体效果

7. 设置动画效果

（1）新建第 6 张幻灯片

复制第 4 张幻灯片，将其粘贴至第 6 张幻灯片处，将其中的文本内容删除，保留第 4 张的背景图效果。

（2）插入智能图形

选择"插入"选项卡，单击"智能图形"按钮，打开"智能图形"窗口，依次选择"精选"→"3 项"→"免费"选项，选择第 1 个 SmartArt 图形，如图 4-27 所示。

（3）插入文字

在插入的 SmartArt 图形中输入相应的文本内容，调整文本大小，并放置到合适的位置，如图 4-28 所示。

（4）添加动画效果

选中上个步骤中的 SmartArt 图形的第一部分，选择"动画"选项卡，在"动画"样式列表中选择"飞入"动画样式，给第一部分添加一个飞入的动画。单击"动画窗格"按钮，打开"动画窗格"窗格，依次将"开始"设置为"单击时"，"方向"设置为"自左侧"，"速度"设置为"非常快（0.5 秒）"，具体效果如图 4-29 所示。对第二部分和第三部分采用与第一部分相同的动画，设置动画后的效果如图 4-30 所示。

图 4-27 插入智能图形

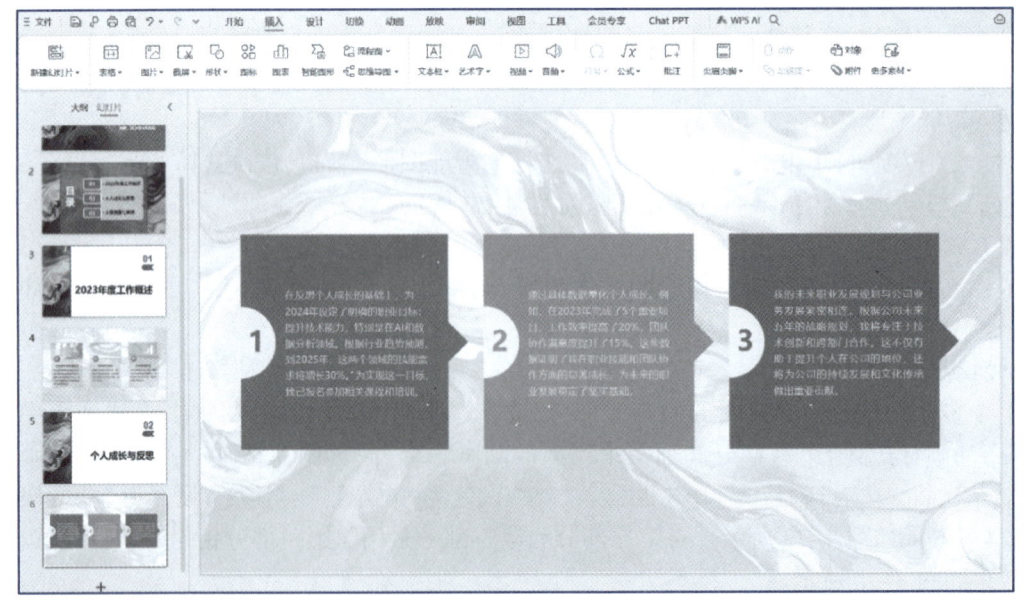

图 4-28 插入文字后的效果

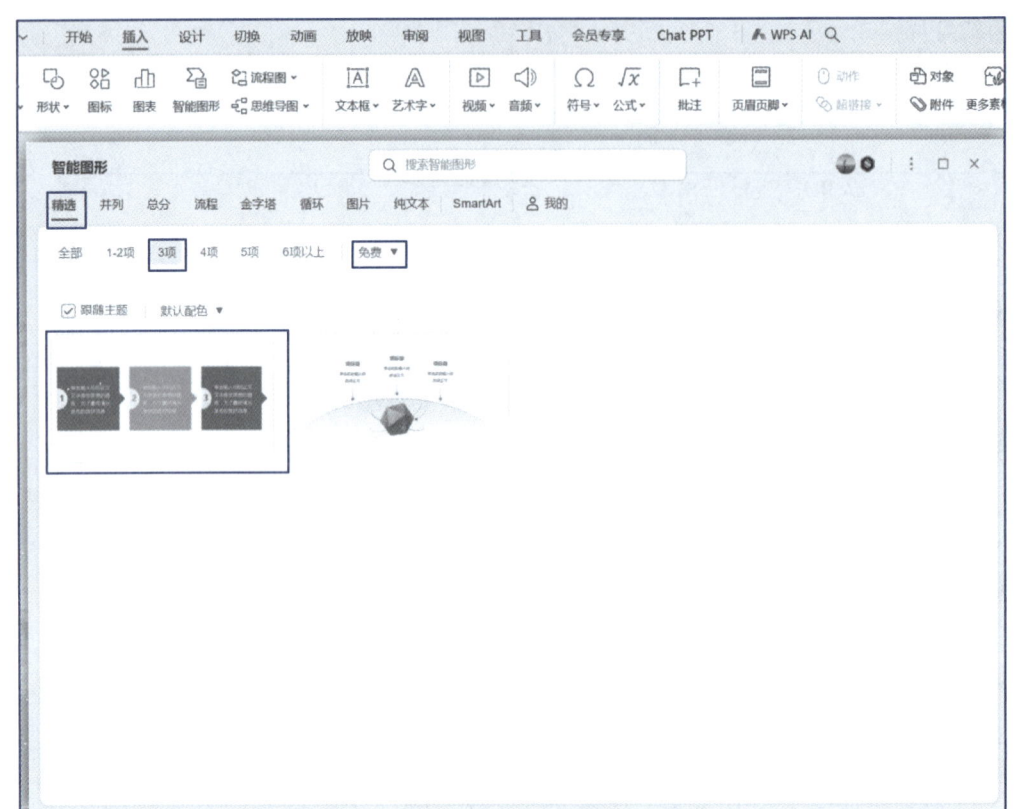

微课4-5
设置动画及复用第3张幻灯片样式

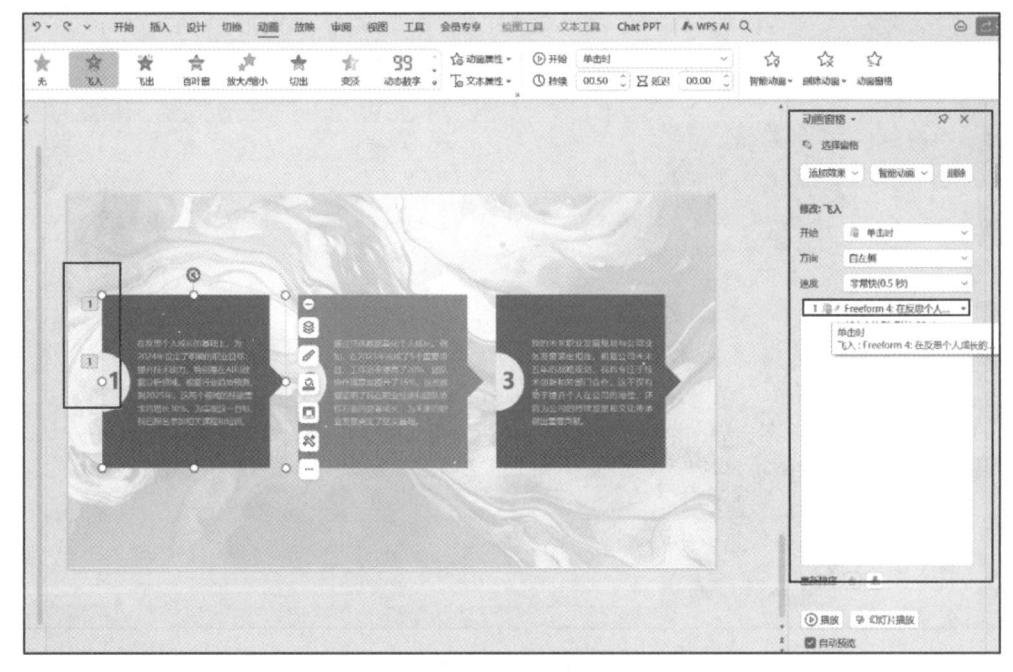

图 4-29 设置动画效果

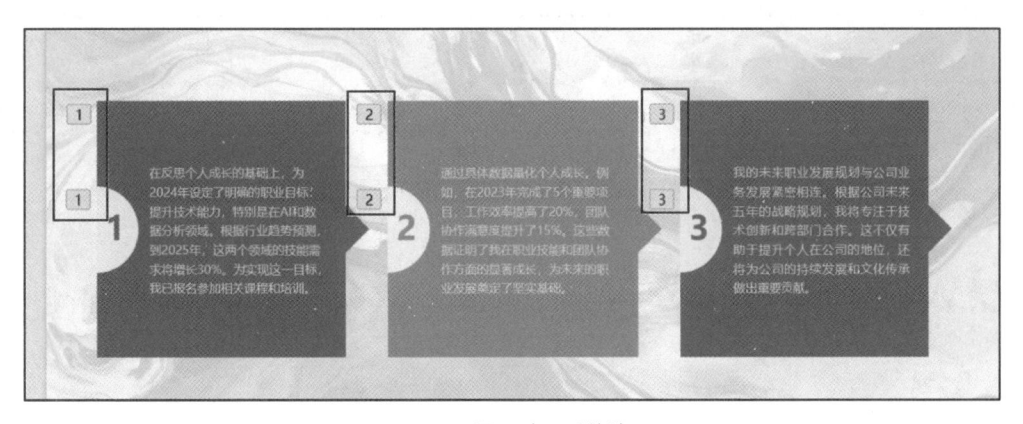

图 4-30 设置动画后的效果

8. 复用第 3 张幻灯片样式

以第 3 张幻灯片为模板来新建第 7 张幻灯片,复制第 3 张幻灯片到第 7 张幻灯片的位置,修改幻灯片中的文本内容,具体效果如图 4-31 所示。

9. 设置 SmartArt 图形

(1)新建第 8 张幻灯片

复制第 4 张幻灯片,粘贴到第 8 张幻灯片处,将其中的文本内容删除,保留第 4 张幻灯片的背景图效果。

(2)插入垂直 V 形列表

选择"插入"选项卡,单击"智能图形"按钮,打开"智能图形"窗口,依次选择"SmartArt"→"流程"→"垂直 V 形列表"图表样式,如图 4-32 所示。

微课4-6
设置SmartArt
图形

图 4-31　设置第 7 张幻灯片的效果

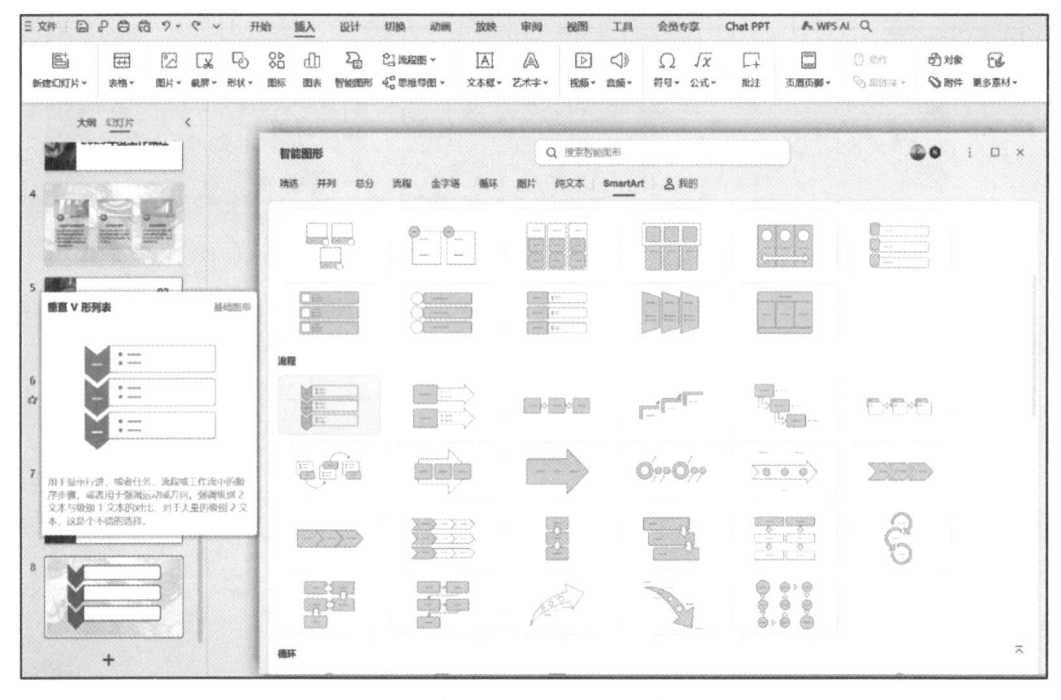

图 4-32　插入垂直 V 形列表

（3）输入文本内容

调整插入的 SmartArt 图形的大小到合适位置，同时，在 SmartArt 图形中输入相应的文本内容，调整文本字体的大小，效果如图 4-33 所示。

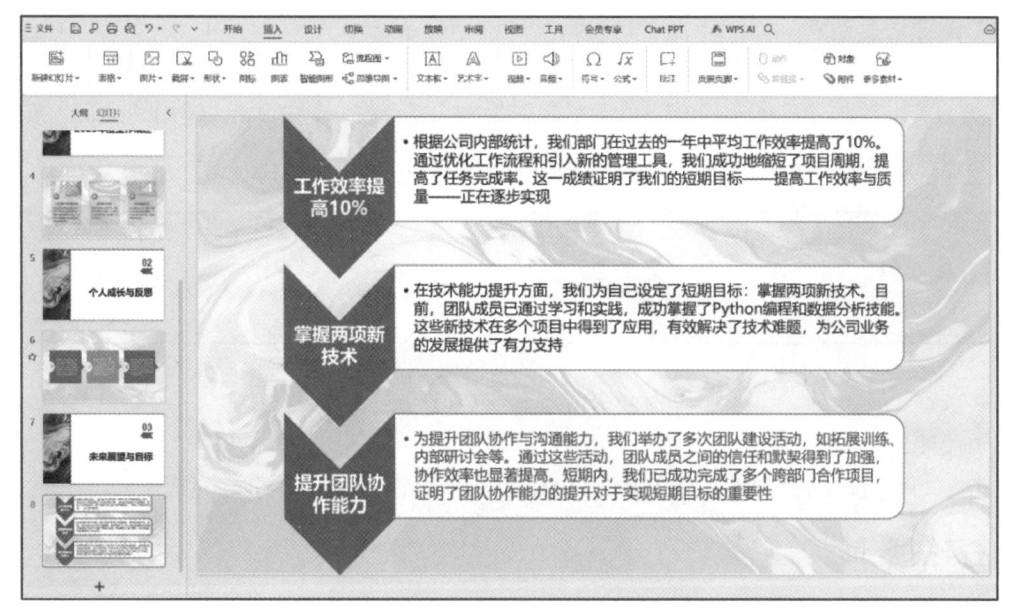

任务 4.1　制作与美化述职报告　111

图 4-33　输入文本内容后的效果

10. 制作封底

（1）新建第 9 张幻灯片

复制第 1 张幻灯片，粘贴到第 9 张幻灯片处，将其中的文本内容删除，保留第 1 张幻灯片的背景图效果。

微课4-7
制作封底

（2）输入文本内容

选择"插入"选项卡，单击"文本框"下拉按钮，在弹出的下拉列表中选择"文本框"命令，在第 9 张幻灯片中插入一个文本框，并在文本框中输入内容"谢谢观看"，效果如图 4-34 所示。

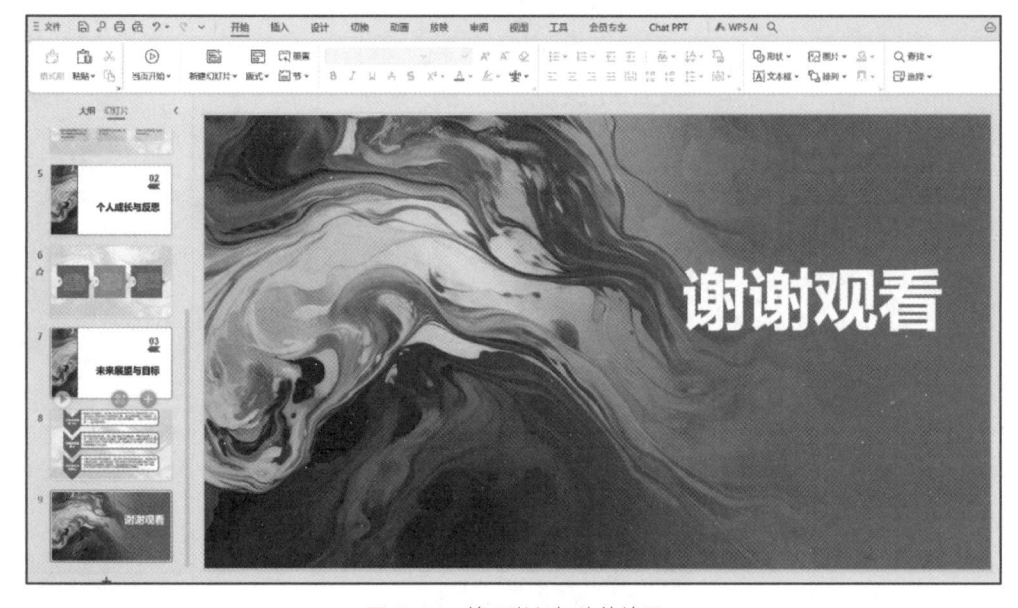

图 4-34　第 9 张幻灯片的效果

（3）设置切换动画

完成所有幻灯片的设计后，在"切换"选项卡的"切换"样式列表中选择"百叶窗"切换方式，将"速度"设置为"02.00"，选中"单击鼠标时换片"复选框，最后单击"应用到全部"按钮，完成所有幻灯片切换方式设置，如图 4-35 所示。

图 4-35　设置切换动画

（4）关闭幻灯片

单击"关闭"按钮，保存该演示文稿并关闭程序。至此，本任务就全部完成了。

【任务拓展】

打开文件"做一个敢蜕壳的人（素材）.pptx"，使用 WPS 演示完成以下操作：

1. 给所有的幻灯片设置一个合适的主题。
2. 设置第 1 张幻灯片的版式为标题幻灯片，添加主标题内容为"做一个敢蜕壳的人"，设置标题文字字体字号分别为黑体、72 磅。
3. 为第 2 张幻灯片文本框中内容添加项目符号，并调整字体大小以及行间距。
4. 为第 4 张幻灯片的内容文本框形状格式图案填充浅色下对角线。
5. 设置第 5 张幻灯片的图片进入动画为轮子、上一动画之后、延迟 2 秒。
6. 设置所有幻灯片切换效果为形状，效果选项为菱形，自动换片时间为 2 秒。

完成后的效果如图 4-36 所示。

图 4-36　任务拓展完成后的效果

任务 4.2　综合实训——制作产品宣传演示文稿

PPT：
综合实训

【任务概述】

李明作为某公司的一名产品经理，领导让李明对近期公司推出的新产品"WPS教育版"制作一个产品宣传演示文稿，并用 WPS 演示展示出来，整体效果如图 4-37 所示。

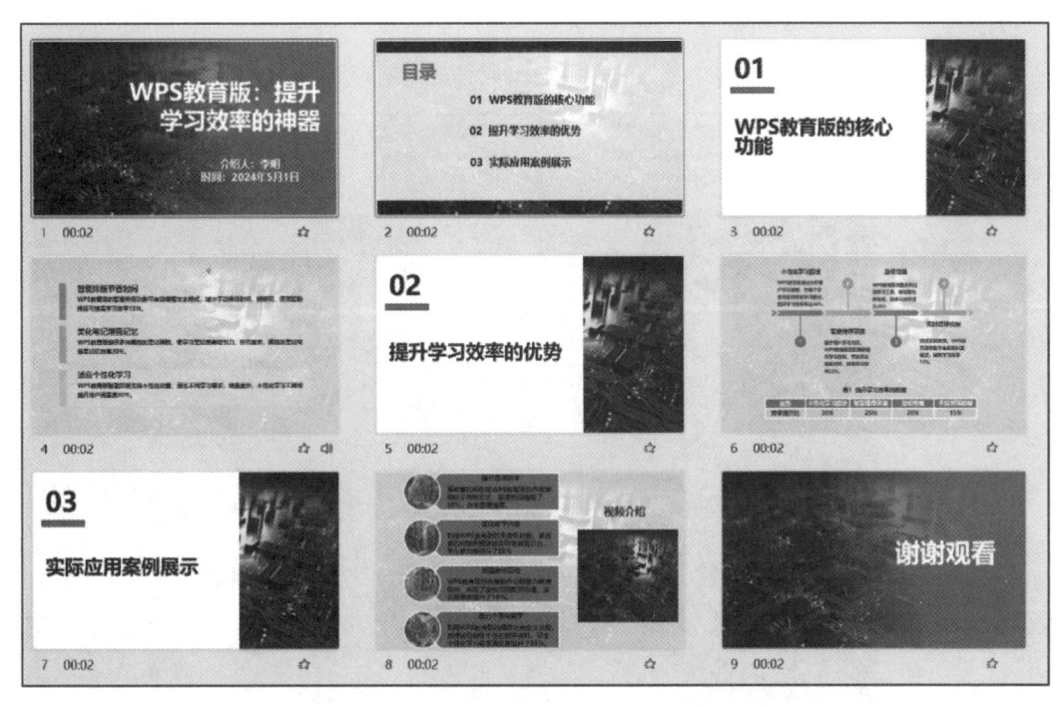

图 4-37　产品宣传演示文稿的整体效果

【任务实施】

1. 新建"产品宣传"WPS 演示

新建一个空白演示文稿，将其保存为"产品宣传"，在"设计"选项卡中单击"幻灯片大小"下拉按钮，在弹出的下拉列表中选择"宽屏（16∶9）"选项，如图 4-38 所示，保证幻灯片在大屏幕上具有良好的视觉效果。

2. 制作"产品宣传"演示文稿的封面

（1）插入背景图

在"幻灯片编辑区"单击鼠标右键，在弹出的快捷菜单中选择"版式"命令，更改幻灯片的版式为"空白"。在"插入"选项卡中单击"图片"下拉按钮，在弹出的下拉列表中选择"本地图片"命令，在打开的对话框中找到需插入图片的素材"任务 4.2 图片"，单击"打开"按钮，即可插入图片。完成插入图片后，调整图片大小，使其覆盖整个幻灯片，作为幻灯片的背景图，如图 4-39 所示。

微课4-8
新建WPS演示及制作产品宣传演示文稿页面

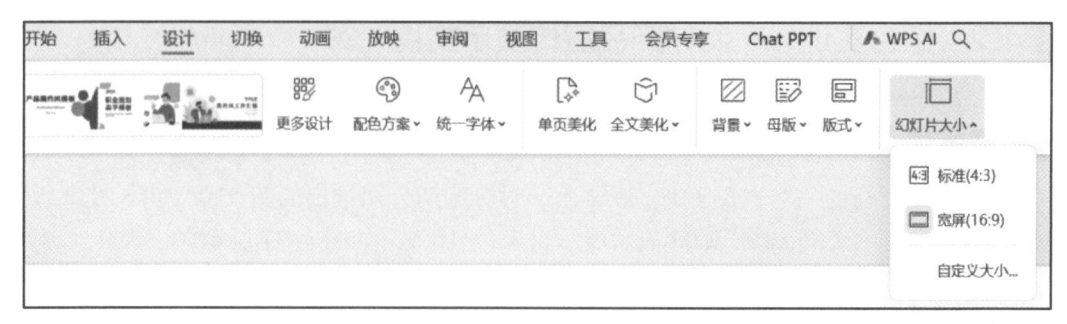

图 4-38　设置幻灯片大小

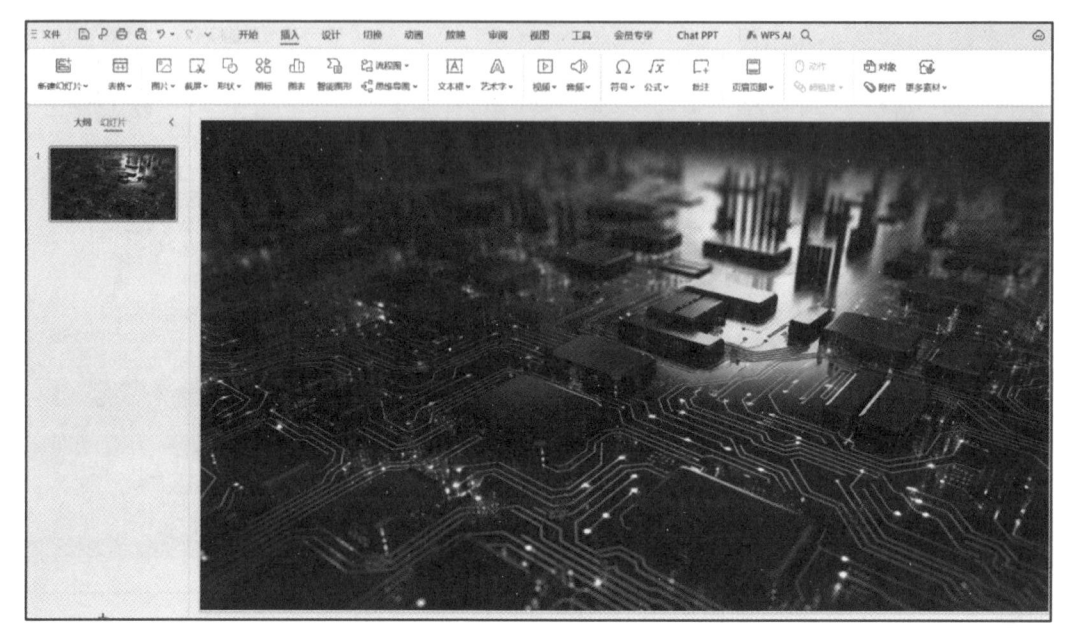

图 4-39　插入图片后效果

（2）设置形状格式

给背景添加一个形状格式，在"插入"选项卡中单击"形状"下拉按钮，在弹出的下拉列表中选择"矩形"形状，插入一个矩形，调整矩形的尺寸，使其覆盖整个幻灯片右侧的 $\frac{2}{3}$ 左右。设置矩形的格式，在"绘图工具"选项卡中单击"轮廓"下拉按钮，设置矩形"无边框颜色"，用"填充"按钮设置矩形颜色为"钢蓝，着色1"，再选中形状，单击鼠标右键，在弹出的快捷菜单中选择"设置对象格式"命令，在右侧打开"对象属性"任务窗格，在"形状选项"中设置"填充"为"渐变填充"，"渐变样式"选择第1种"线性渐变"，"角度"设置为180°，"位置"设置为"40%"，"透明度"设置为"10%"，"亮度"设置为"0%"，如图4-40所示。

（3）插入文本框

插入两个文本框，分别输入"WPS教育版：提升学习效率的神器""介绍人：李明　　时间：2024年5月1日"。将其中的"WPS教育版：提升学习效率的神器"字体设置为"微软雅黑、72磅、加粗、白色"；同理，设置其他字体，并将其调整到合适位置。完成后的效果如图4-41所示。

图 4-40　插入形状后效果

图 4-41　插入文字后的效果

3. 设计"产品宣传"目录页

（1）设计母版

在幻灯片浏览窗格空白处右击，在弹出的快捷菜单中选择"新建幻灯片"命令，并将新建的幻灯片版式更改为空白。为了后面再新建幻灯片时，可插入和第 1 页幻灯片同样的背景图，可在幻灯片母版中插入该图片，具体操作方法：选择"视图"选项

微课4-9
设计"产品宣传"目录页

卡,单击"幻灯片母版"按钮,打开幻灯片母版视图,再在幻灯片浏览窗格中选择第 1 张幻灯片,选择"插入"选项卡,单击"图片"下拉按钮,在弹出的下拉列表中选择"本地图片"命令,在打开的对话框中找到该任务的图片,将其插入幻灯片母版,效果如图 4-42 所示。最后,关闭幻灯片母版。

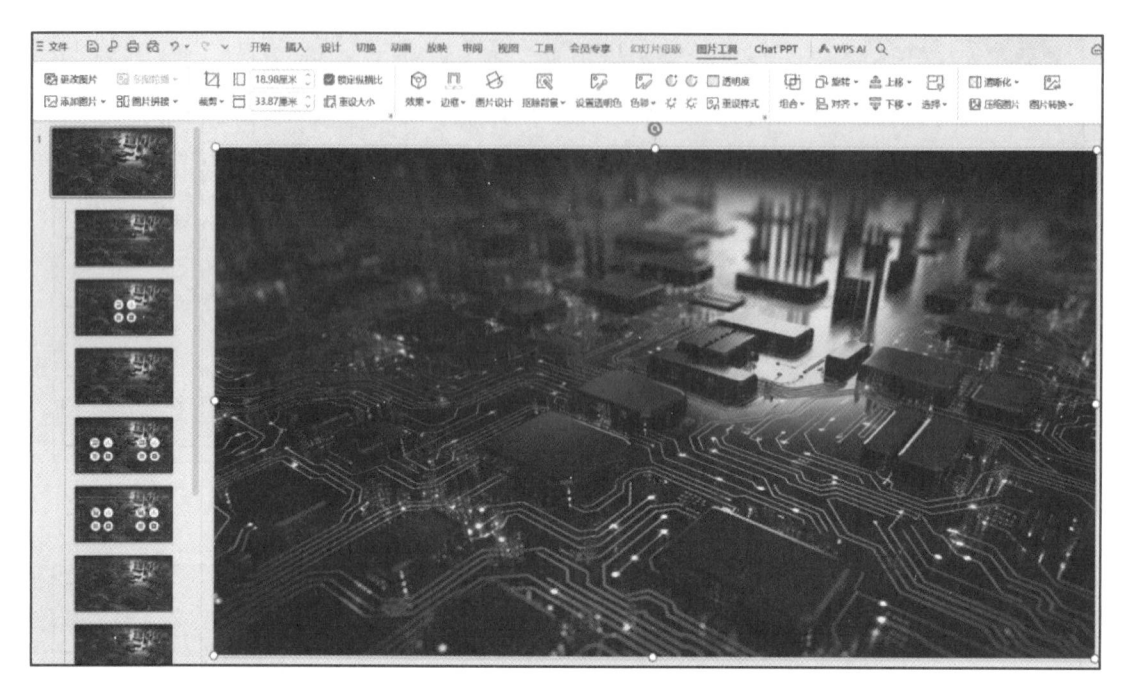

图 4-42　在幻灯片母版中插入图片效果

（2）设计目录

1）插入形状

在新建的第 2 张幻灯片中,插入矩形块,并设置透明度为 10%,具体操作方法:选择"插入"选项卡,单击"形状"下拉按钮,在弹出的下拉列表中选择"矩形"形状,绘制矩形,将矩形插入第 2 张幻灯片中间的地方,选择"绘图工具"选项卡,单击"轮廓"下拉按钮,在弹出的下拉列表中,选择"无边框颜色"命令,去掉矩形外框线,选定插入的形状,右击,在弹出的快捷菜单中选中"设置对象格式"命令,打开"对象属性"的任务窗格,在"填充"中,依次设置,纯色填充;颜色为"白色,背景 1";透明度为"10%",效果如图 4-43 所示。

2）插入文字

插入 4 个文本框,并在文本框中输入相应的文字,调整文字大小到合适的位置,效果如图 4-44 所示。

4. 设计标题页

（1）设置形状格式

新建一个空白版式的第 3 张幻灯片,插入一个矩形,将矩形的颜色调整为白色,使其占整张幻灯片的 $\frac{2}{3}$,具体操作方法:选择"插入"选项卡,单击"形状"下拉按钮,在弹出的下拉列表中选定矩形中的第 1 个插入幻灯片,选定插入的矩形,右击,在弹出的快捷菜单中选择"设置对象格式"命令,打开"对象属性"的任务窗格,将填充设置为"纯色填充",颜色设置为"白色,背景 1"。效果如图 4-45 所示。

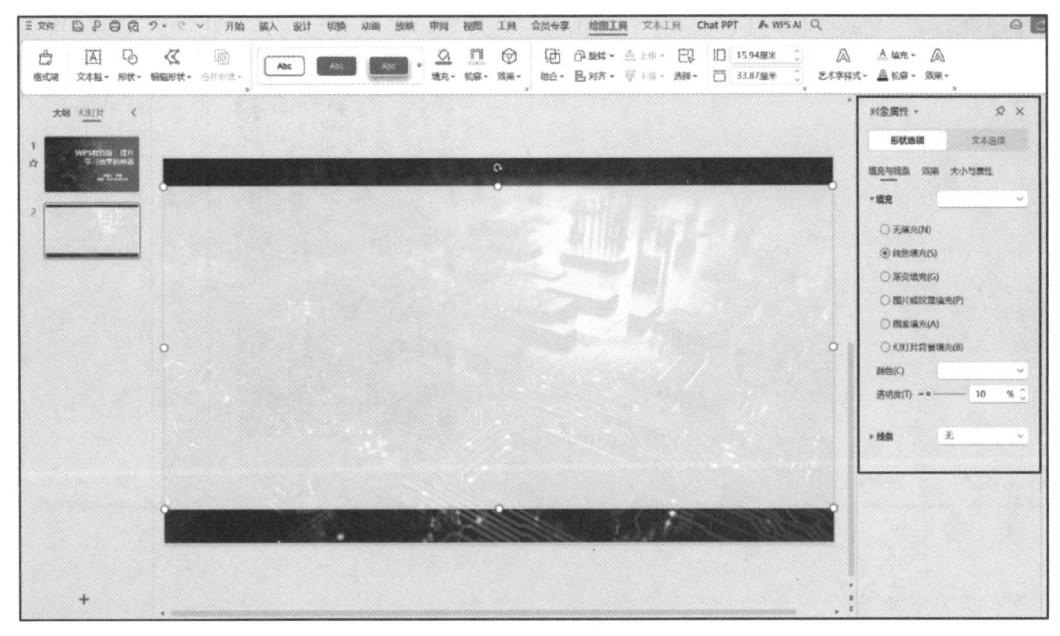

图 4-43　在目录页插入形状后的效果

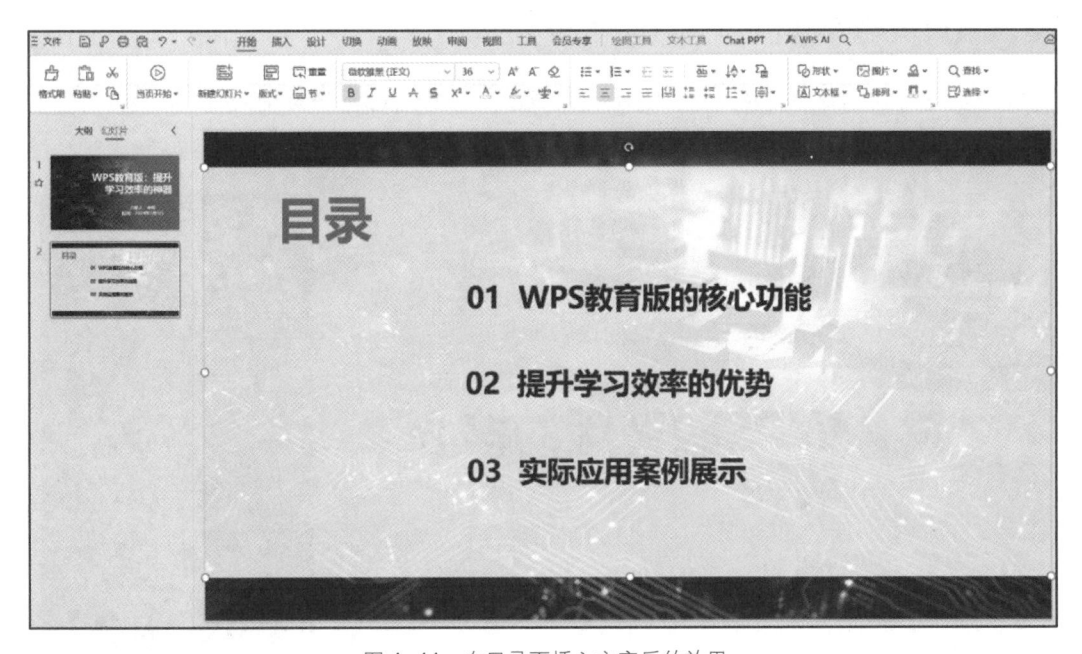

图 4-44　在目录页插入文字后的效果

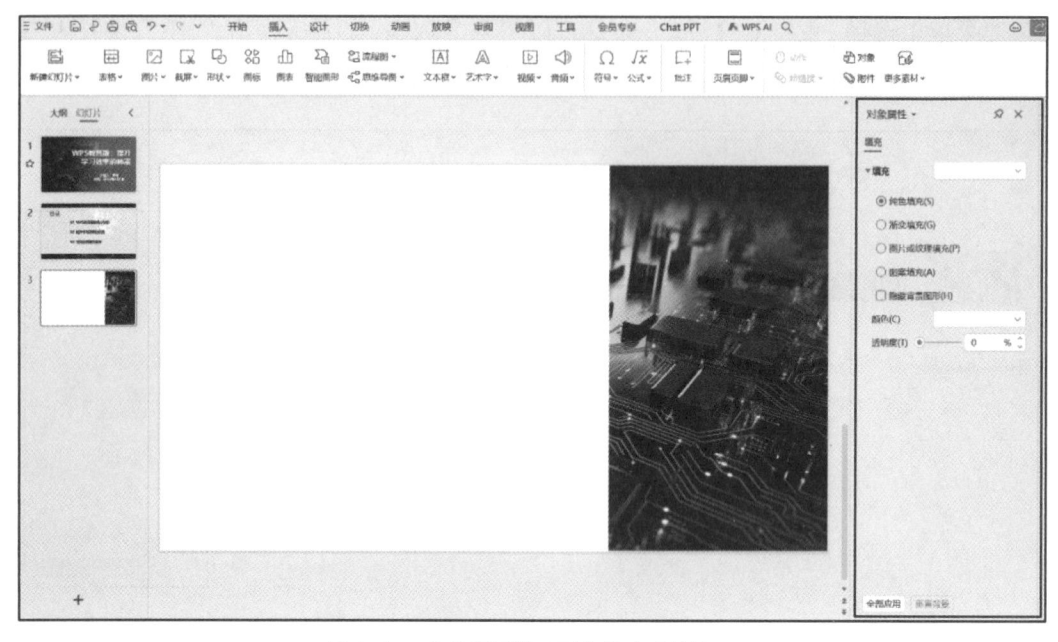

图 4-45　在标题页设置形状格式后的效果

（2）插入文本框

选择"插入"选项卡，单击"文本框"下拉按钮，在弹出的下拉面板中选择"更多文本框"→"免费"选项，在其中选择合适的文本框，插入文本框，并调整文本框位置，在文本框中插入内容如下，调整文字到合适的位置，如图 4-46 所示。

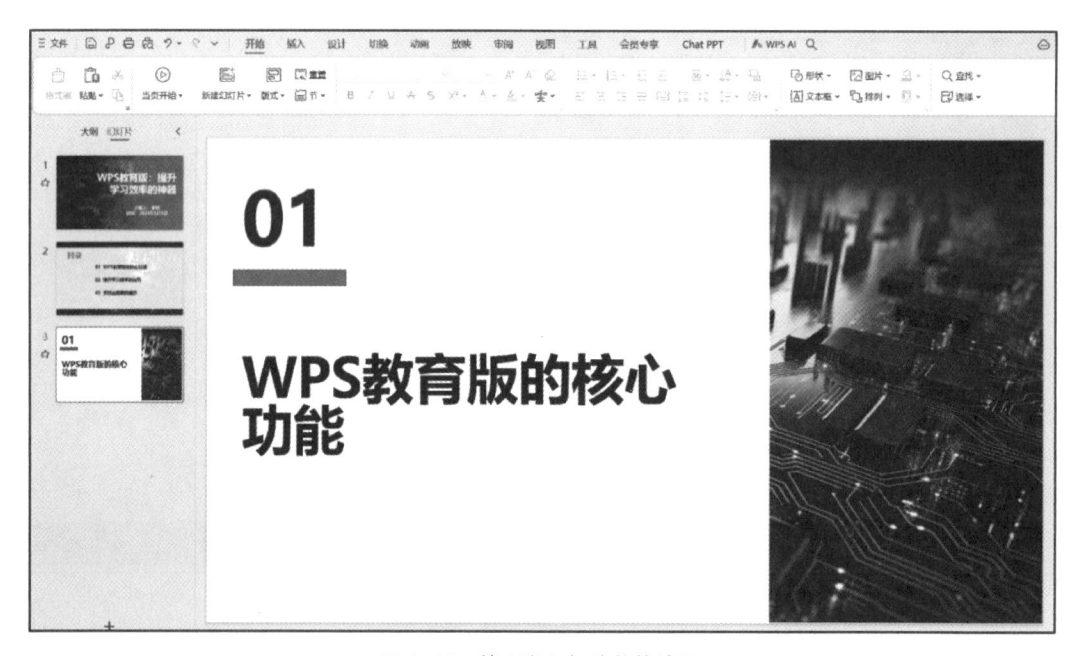

图 4-46　第 3 张幻灯片整体效果

5. 设计"产品宣传"内容页

（1）插入矩形

在新建的第 4 张幻灯片上插入一个矩形，覆盖整个幻灯片，具体操作方法：选择"插入"选项卡，单击"形状"下拉按钮，在弹出的快捷菜单中选择"矩形"形状，绘制矩形，将矩形覆盖整个幻灯片后，选中矩形，右击，在弹出的快捷菜单中选择"设置对象格式"命令，弹出"对象属性"任务窗格，将"填充"设置为"纯色填充"，"颜色"设置为"白色，背景 1"，透明度设置为 15%；选择"绘图工具"选项卡，单击"轮廓"下拉按钮，在弹出的下拉列表中选择"无边框颜色"命令，去掉矩形的边框，插入矩形后的效果如图 4-47 所示。

微课 4-11 设计"产品宣传"内容页及复用标题页样式

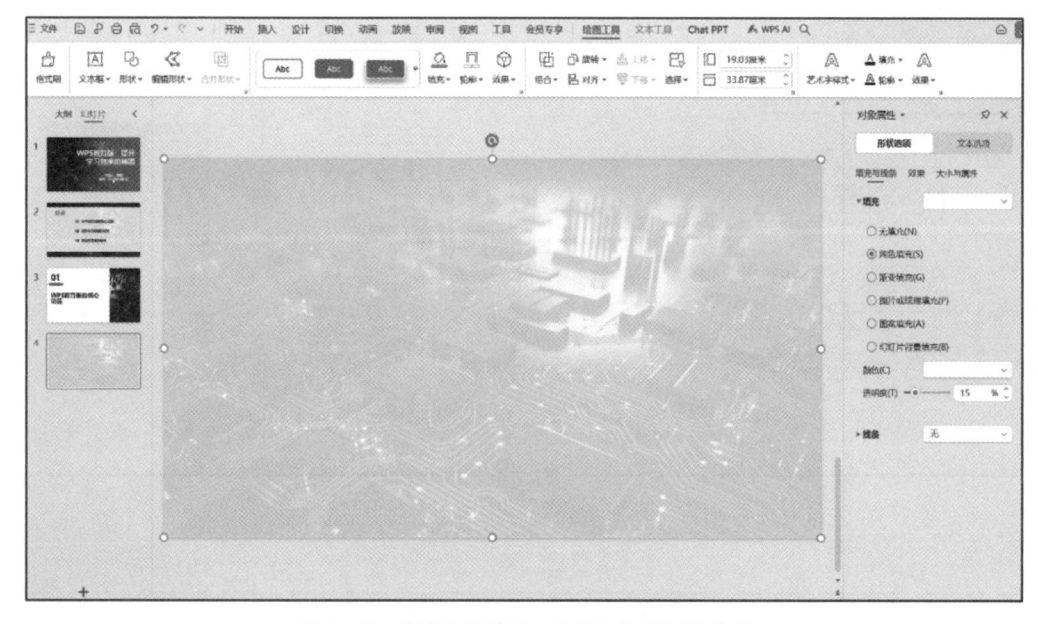

图 4-47　在产品宣传页一中插入矩形后的效果

（2）设置智能图形

选择"插入"选项卡，单击"智能图形"按钮，打开"智能图形"窗口，在打开的窗口中依次选择"纯文本"→"3 项"→"免费"，选中第 1 行的第 1 个版式进行设置，如图 4-48 所示。

（3）插入文本

在插入的智能图形中，输入相应的文字，并调整其大小，效果如图 4-49 所示。

（4）插入并设置音频

1）插入音频

为第 4 页幻灯片中的文本内容添加音频讲解，选择"插入"选项卡，单击"音频"下拉按钮，在弹出的快捷菜单中选择"嵌入音频"命令，在打开的对话框中找到素材中的"音频.mp3"文件，将其插入幻灯片，如图 4-50 所示。

2）设置音频

插入音频后，选中插入的音频，选择"音频工具"选项卡，选中"循环播放，直至停止"复选框，如图 4-51 所示。除此以外，在"音频工具"的功能区里面还可对音频进行裁剪以及音量的设置等，读者可自行尝试操作。

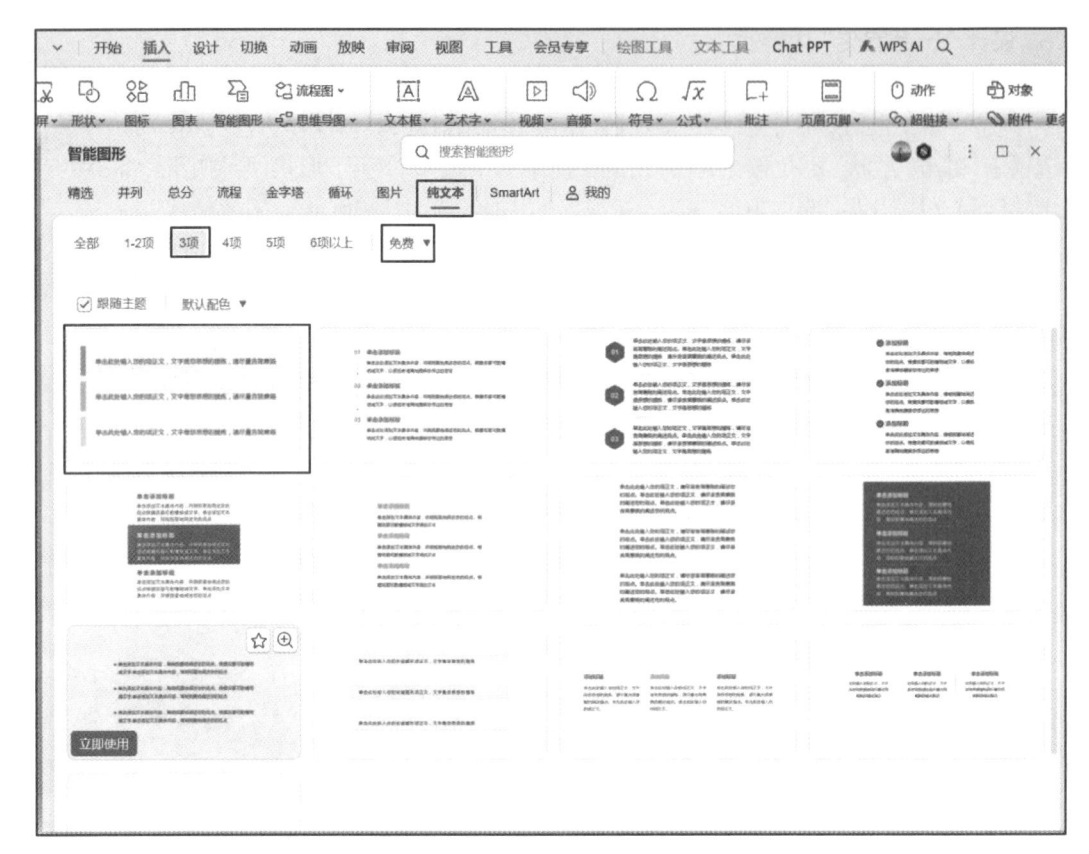

图 4-48　在产品宣传页中设置智能图形的效果

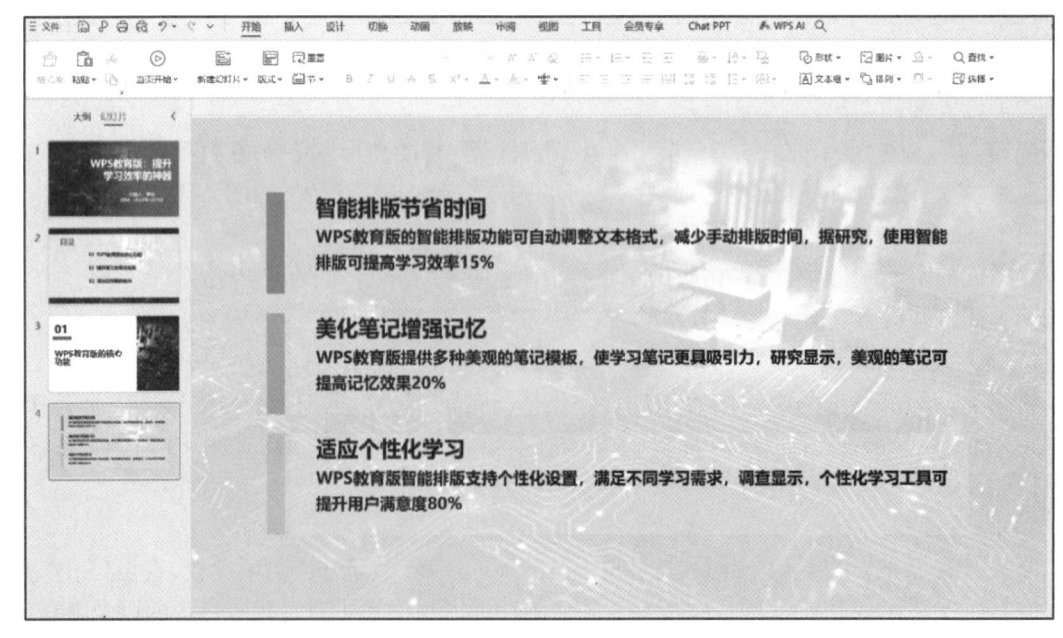

图 4-49　在产品宣传页中插入文本后的效果

图 4-50　插入音频

图 4-51　设置音频

6. 复用标题页的样式

以第 3 张幻灯片为模板来新建第 5 张幻灯片,复制第 3 张幻灯片到第 5 张幻灯片的位置,修改幻灯片中的文本内容,具体效果如图 4-52 所示。

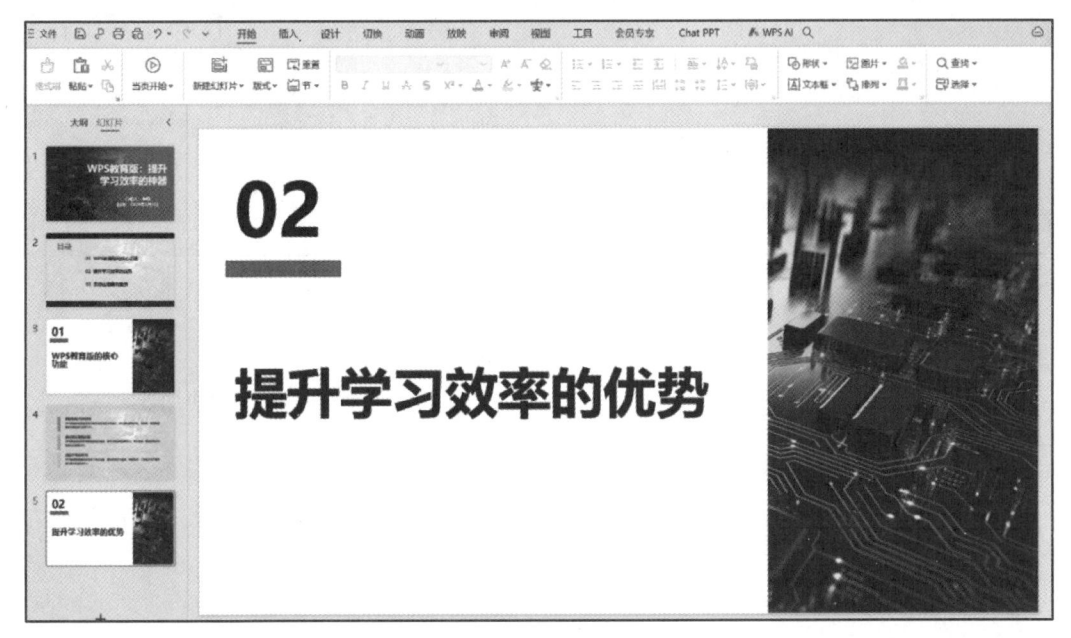

图 4-52　第 5 张幻灯片整体效果

7. 智能图形及表格的设置

（1）新建第 6 张幻灯片

复制第 4 张幻灯片，粘贴到第 6 张幻灯片处，将其中的文本内容删除，保留第 4 张幻灯片的背景图效果。

（2）插入智能图形

选择"插入"选项卡，单击"智能图形"按钮，打开"智能图形"窗口，依次选择"流程"→"4 项"→"免费"，选择第 1 行的第 2 个图形，如图 4-53 所示。

微课 4-12 智能图形及表格的设置

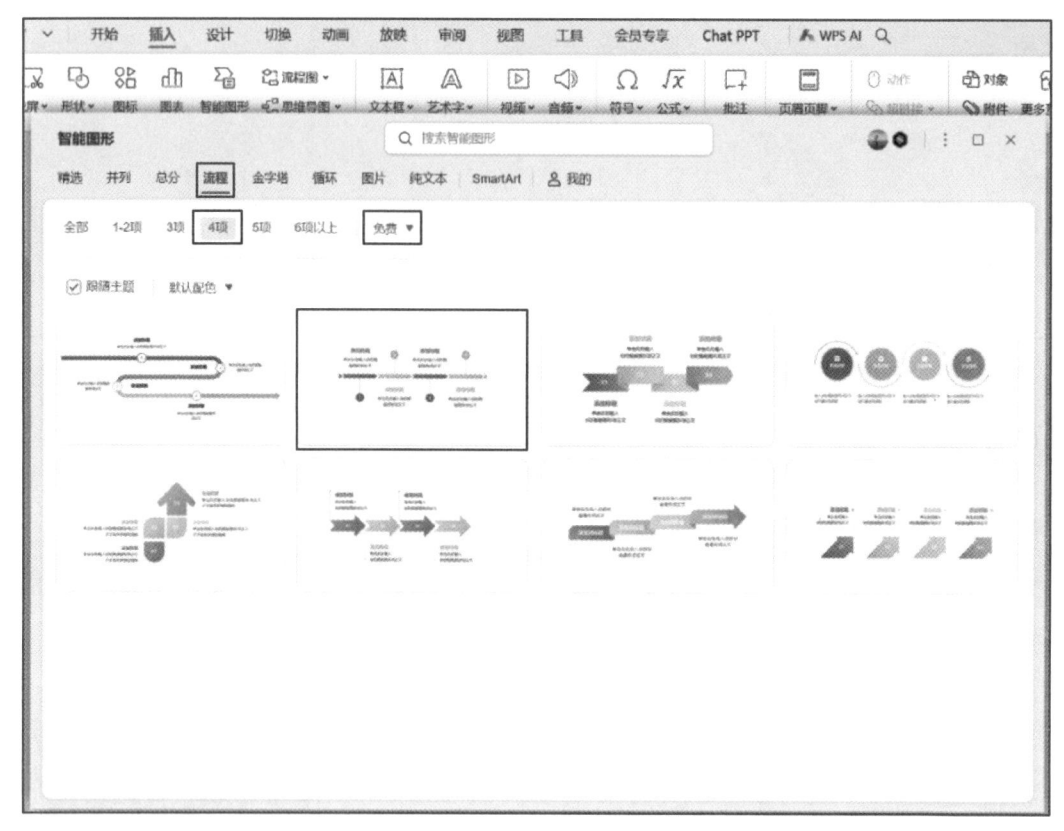

图 4-53　在第 6 张幻灯片中设置智能图形的效果

（3）插入文字

在插入的图形中输入相应的文本内容，调整文本到合适的大小，如图 4-54 所示。

（4）插入并设置表格

1）插入表格

为智能图形中的文本内容设计一个表格，选择"插入"选项卡，单击"表格"下拉按钮，在弹出的下拉列表中选择 2 行 *5 列表格，将其插入幻灯片，如图 4-55 所示。

2）设置表格

选定插入的表格，选择"表格工具"选项卡，对表格中文字样式、对齐方式进行设置，如图 4-56 所示。设置完成后，第 6 张幻灯片的整体效果如图 4-57 所示。

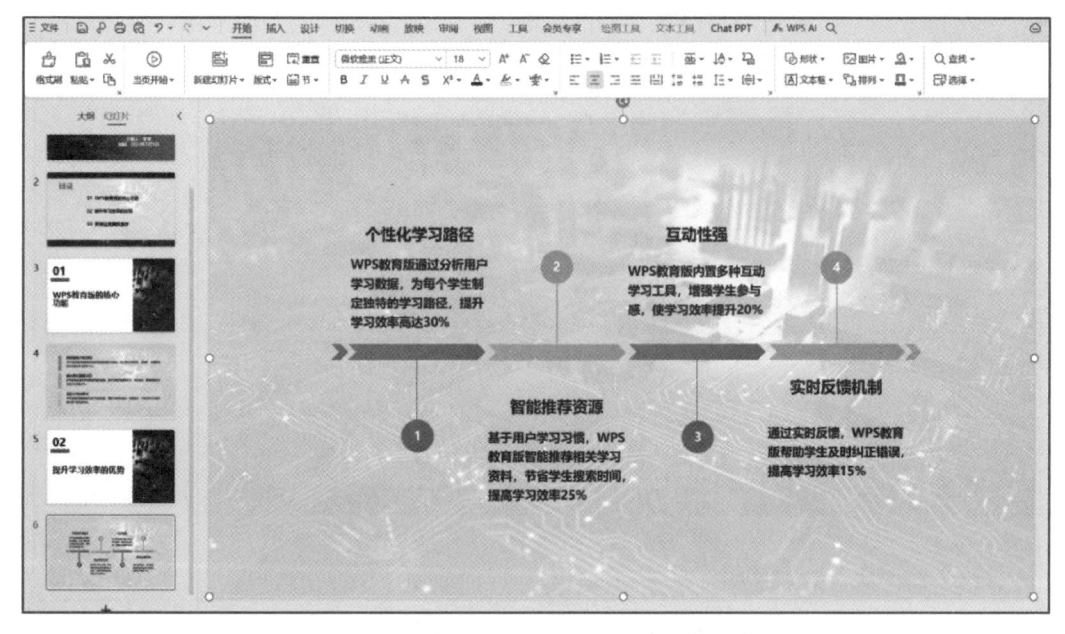

图 4-54　在第 6 张幻灯片中输入文本内容后效果

图 4-55　插入表格

图 4-56　设置表格形式

8. 复用第 3 张幻灯片样式

以第 3 张幻灯片为模板来新建第 7 张幻灯片,复制第 3 张幻灯片到第 7 张幻灯片的位置,修改幻灯片中的文本内容,整体效果如图 4-58 所示。

9. 设计并编辑第 8 张幻灯片

(1) 新建第 8 张幻灯片

复制第 4 张幻灯片,粘贴到第 8 张幻灯片处,将其中的文本内容删除,保留第 4 张幻灯片的背景图效果。

(2) 插入垂直图片重点列表

微课4-13
设计并编辑
第 8 张幻灯片

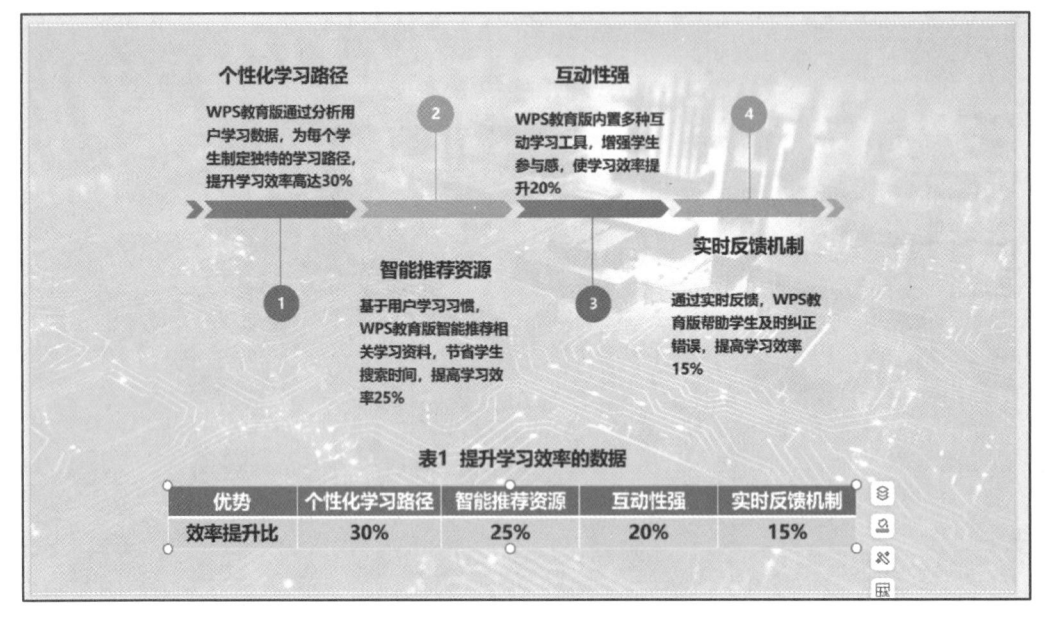

图 4-57　第 6 张幻灯片的整体效果

图 4-58　第 7 张幻灯片的整体效果

选择"插入"选项卡，单击"智能图形"按钮，打开"智能图形"窗口，依次选择"SmartArt"→"列表"→"垂直图片重点列表"，如图 4-59 所示。

（3）添加项目

插入的 SmartArt 图形默认只有 3 个项目，为其再添加一个项目，具体操作方法：选定第 1 个项目，在右侧弹出的按钮中单击"添加项目"按钮，在弹出的下拉菜单中选择"在后面添加项目"或"在前面添加项目"命令，如图 4-60 所示。

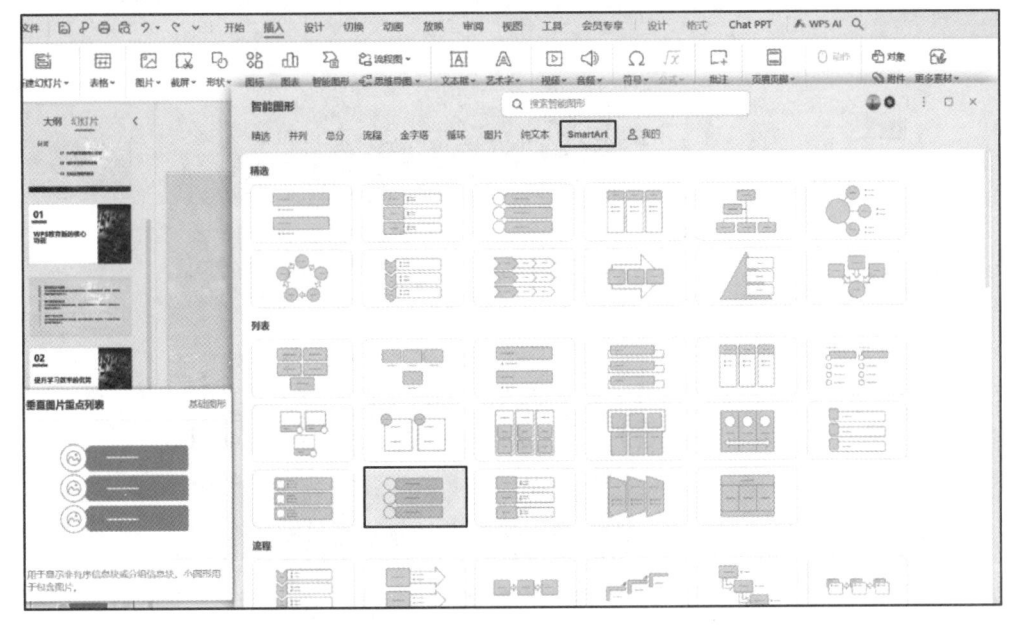

图 4-59　插入垂直图片重点列表

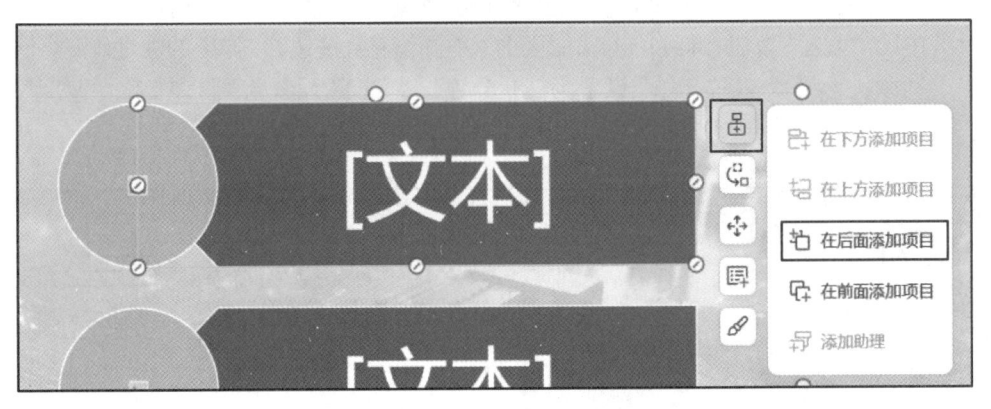

图 4-60　添加项目

（4）插入图片

双击每个项目中圆形中的图片，分别为每个圆形中依次添加素材中的"图片1""图片2""图片3""图片4"，如图 4-61 所示。

（5）插入文字

调整插入的 SmartArt 图形的大小，并放置到合适的位置，同时，在图形中输入相应的文本内容，调整文本字体的大小，效果如图 4-62 所示。

（6）动画的设置

1）设置进入动画

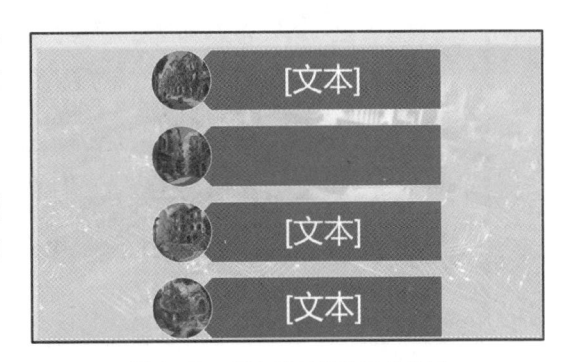

图 4-61　插入素材图片后的效果

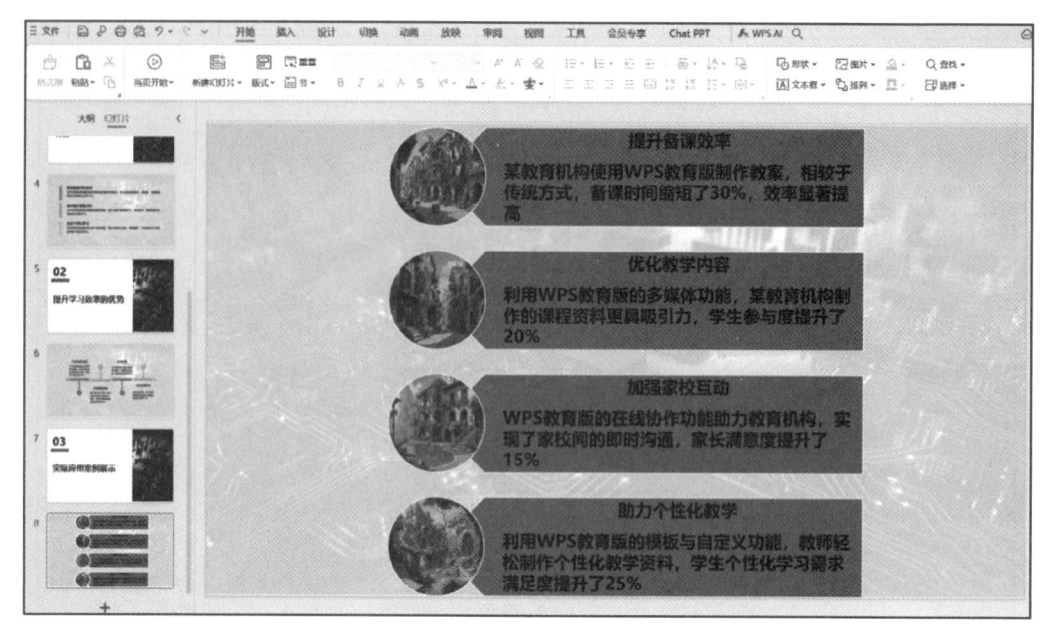

图 4-62　为第 8 张幻灯片插入文字后的效果

为上述插入的 SmartArt 图形设置一个进入动画,选定 SmartArt 图形,选择"动画"选项卡,单击"进入"中的"飞入"按钮,继续单击功能区的"动画窗格"按钮,在弹出的"动画窗格"任务栏对"飞入"动画进行设置,将"开始"设置为"单击时","方向"设置为"自左侧","速度"设置为"非常快(0.5 秒)",如图 4-63 所示。

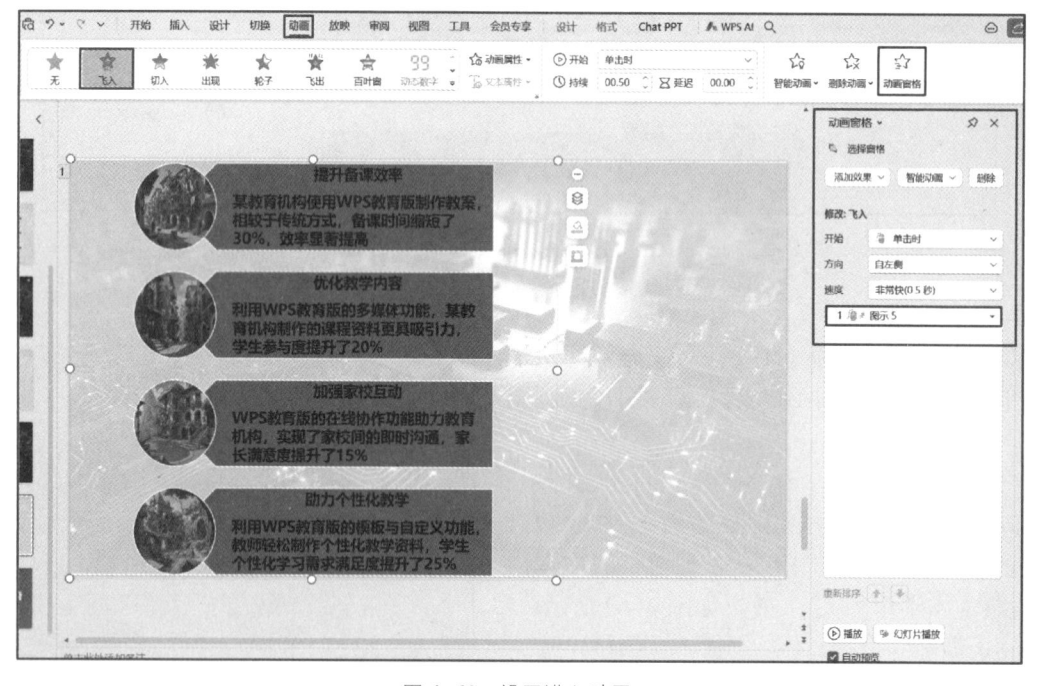

图 4-63　设置进入动画

2）设置组合动画

在进入动画的基础上，继续添加一个强调动画，在"动画窗格"任务窗格中，单击"添加效果"下拉按钮，在打开的窗口中选择"强调"→"放大/缩小"效果，如图4-64所示。继续在"动画窗格"中为强调动画设置属性，依次将"开始"设置为"单击时"，"尺寸"设置为"150%"，"速度"设置为"快速（1秒）"，如图4-65所示。

（7）插入并编辑视频

1）插入视频

单击"插入"选项卡中的"视频"下拉按钮，在弹出的下拉菜单中选择"嵌入视频"命令，如图4-66所示，在打开的对话框中找到素材中的"视频介绍.mp3"文件，将其插入幻灯片，调整插入视频窗口的大小。

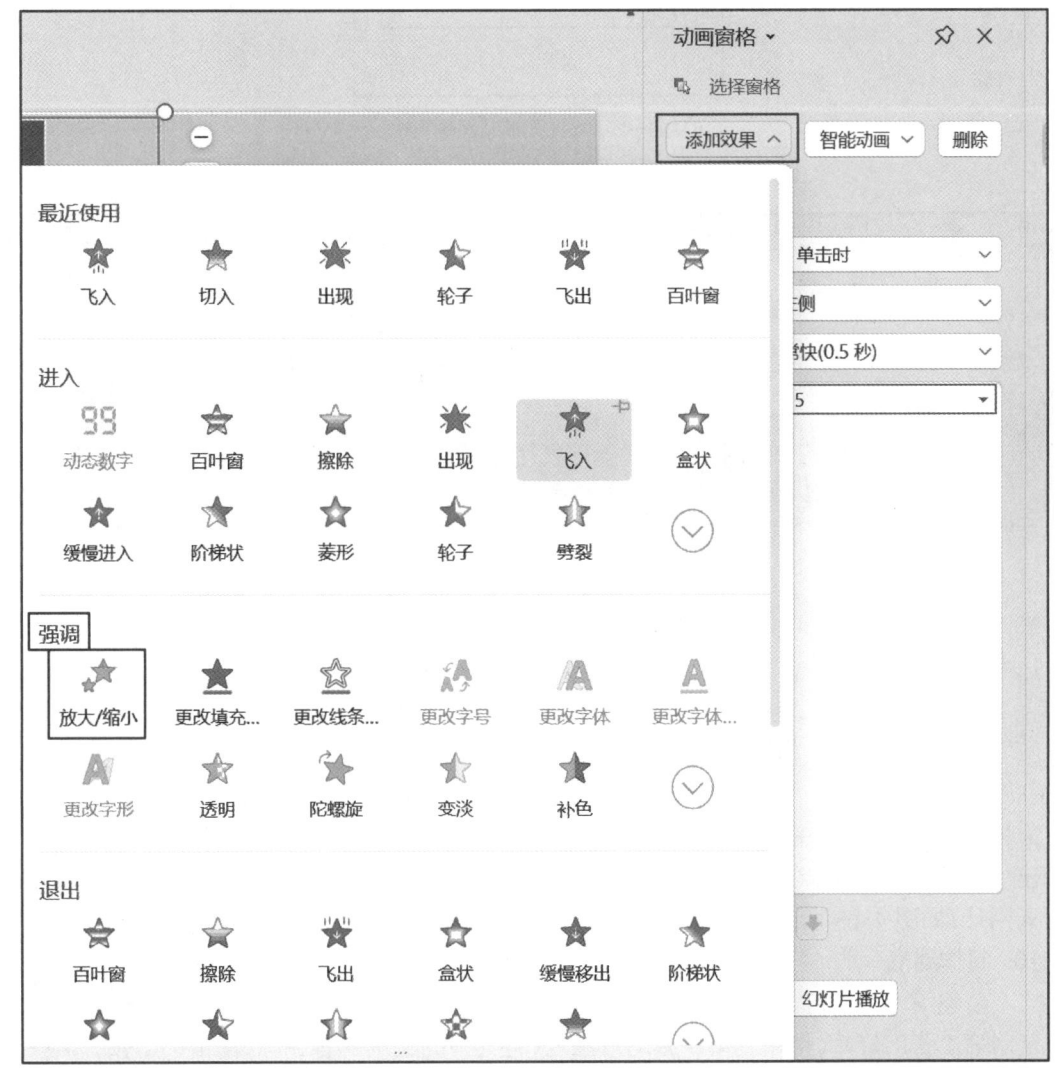

图4-64　设置强调动画

图 4-65　设置强调动画的属性

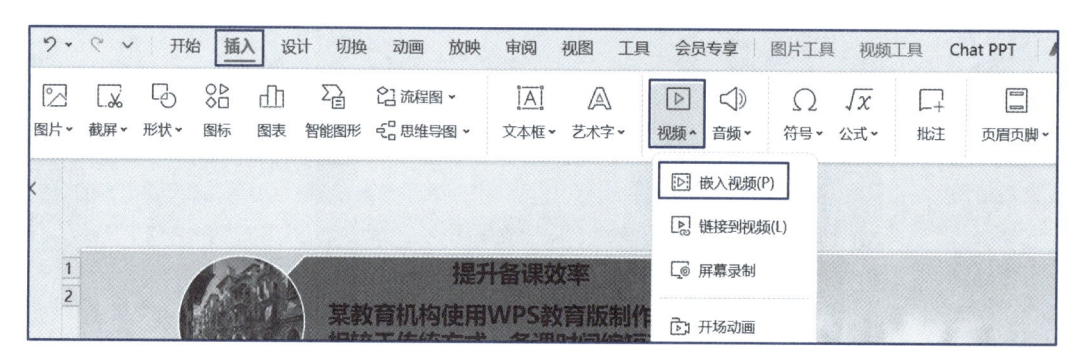

图 4-66　插入视频

2）设置视频

选中插入的视频,选择"视频工具"选项卡,在功能区里选中"循环播放,直到停止"复选框,并单击"视频封面"按钮,为视频添加一个封面,效果如图 4-67 所示。除此以外,还可进行"裁剪视频""压缩视频"等操作,读者可自行尝试。

（8）设置超链接

为视频的标题添加一个超链接,选择"插入"选项卡,单击"超链接"下拉按钮,在弹出的下拉列表中选择"文件或网页"命令,打开"插入超链接"对话框,在"地址"处输入网址,如图 4-68 所示。

10. 制作封底

（1）新建第 9 张幻灯片

复制第 1 张幻灯片,粘贴到第 9 张幻灯片处,将其中的文本内容删除,保留第 1 张的背景图效果。

微课4-14
制作"产品宣传"的封底

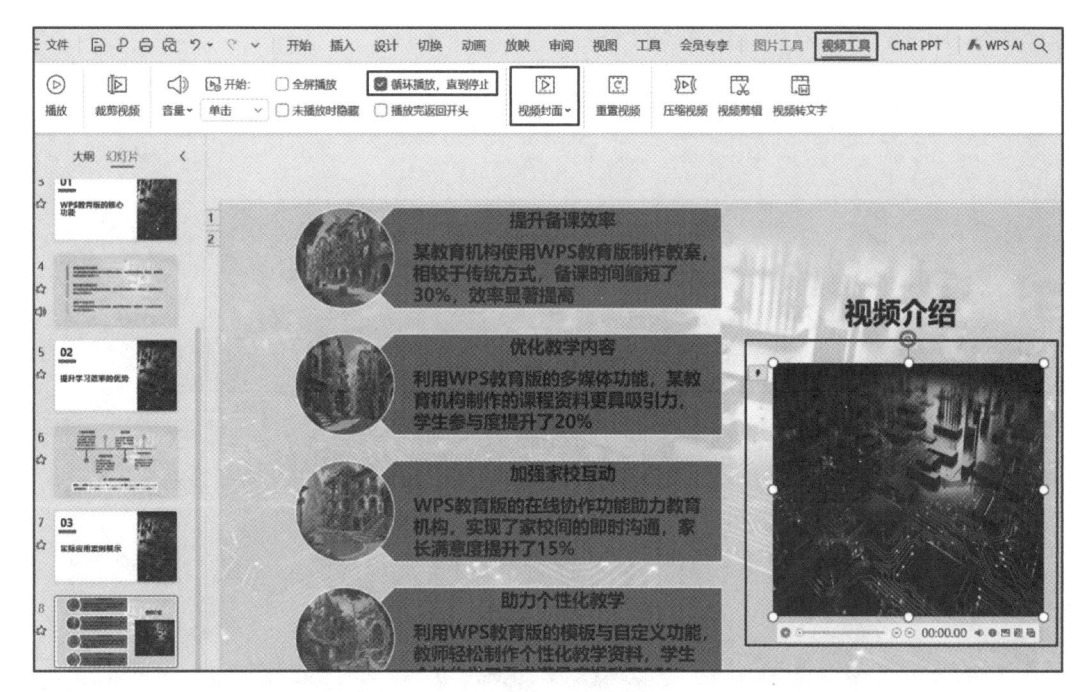

任务 4.2 综合实训——制作产品宣传演示文稿　　129

图 4-67　设置视频

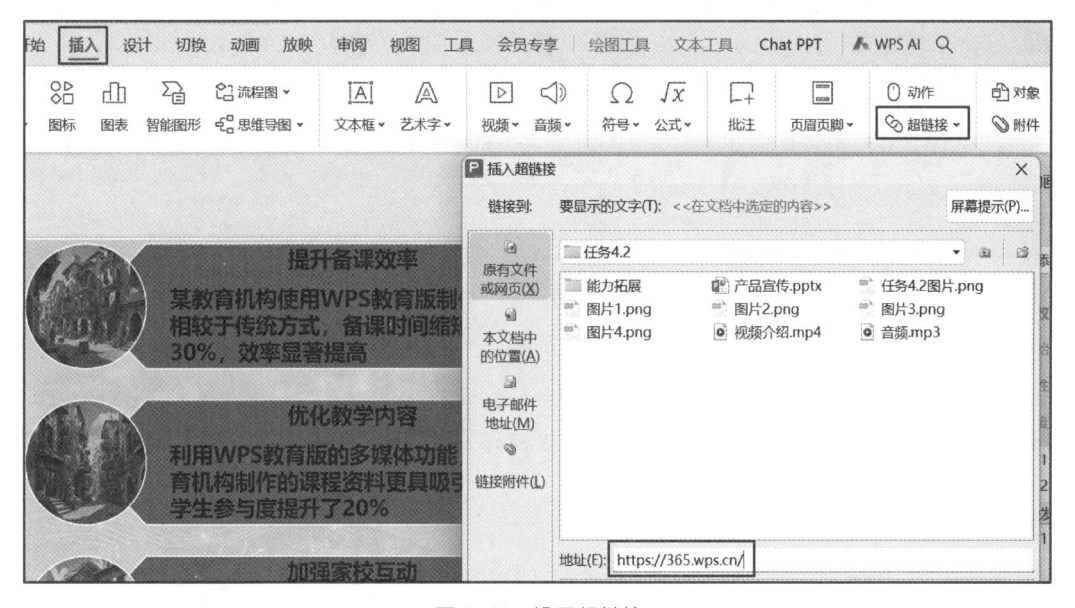

图 4-68　设置超链接

（2）输入文本内容

选择"插入"选项卡，单击"文本框"按钮，在第9张幻灯片中插入一个文本框，并在文本框中输入内容"谢谢观看"，效果如图4-69所示。

图4-69　第9张幻灯片的效果

（3）设置切换动画

完成所有幻灯片的设计后，在"切换"选项卡中选择"平滑"切换方式，将"速度"设置为"02.00"，选中"单击鼠标时换片"复选框，将"自动换片时间"设置为"00：02"，最后单击"应用到全部"按钮，完成所有幻灯片切换方式设置，如图4-70所示。

图4-70　第9张幻灯片中设置切换动画

（4）设置放映方式

给完成的幻灯片设置放映方式，选择"放映"选项卡，单击"放映设置"下拉按钮，在弹出的下拉列表中选择"放映设置"命令，打开"设置放映方式"对话框，对"放映类型""放映选项""换片方式"等进行设置，如图4-71所示。

（5）关闭幻灯片

单击"关闭"按钮，保存该演示文稿，并关闭程序。至此，本任务就全部完成了。

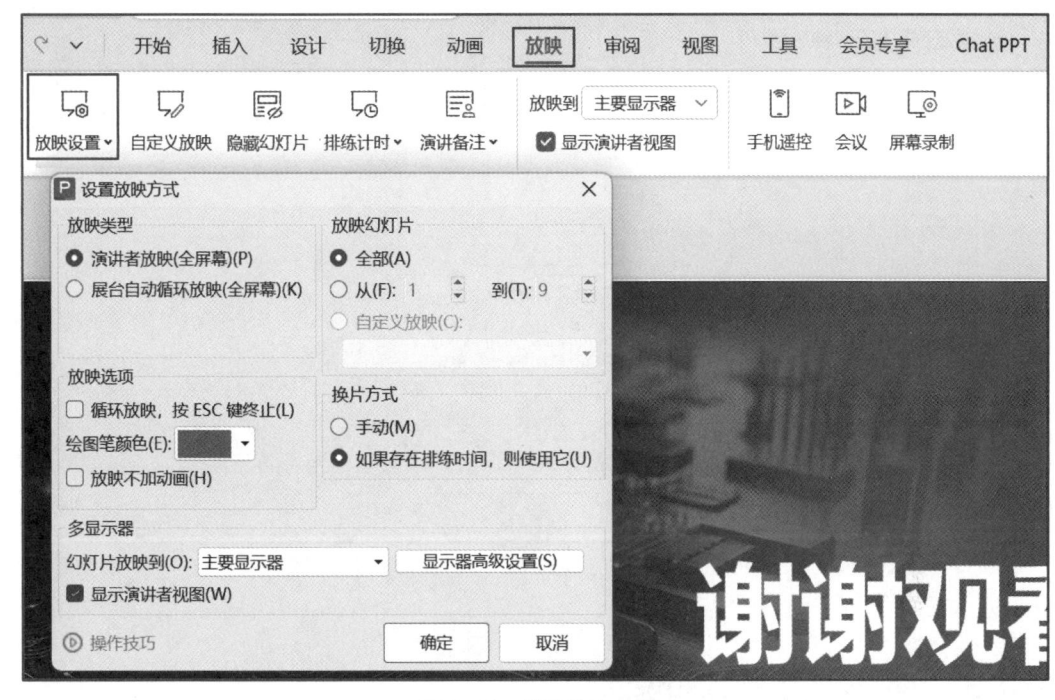

图 4-71 设置放映方式

【任务拓展】

打开文件"助你收获成功的四种思维（素材）.pptx"，使用 WPS 演示完成以下操作。

1. 去除第 1 张幻灯片的标题文本框形状格式中的"形状中的文字自动换行"选项，设置标题文字的字体、字号分别为微软雅黑、54 磅。

2. 为第 1 张幻灯片的图片添加超链接，链接到网易的官方网址。

3. 设置第 2 张幻灯片的内容文本框边距左右各 2 厘米。

4. 设置第 3 张幻灯片的内容文本框段落行距为 1.5 倍行距，并添加段落项目编号（项目编号为 1.2.3.）。

5. 设置第 4 张幻灯片切换效果为推出、效果选项向下、自动换片时间 3 秒。

6. 设置第 5 张幻灯片的内容文本框进入动画为出现、上一动画之后、延迟 2 秒、声音为鼓声。

完成后的效果如图 4-72 所示。

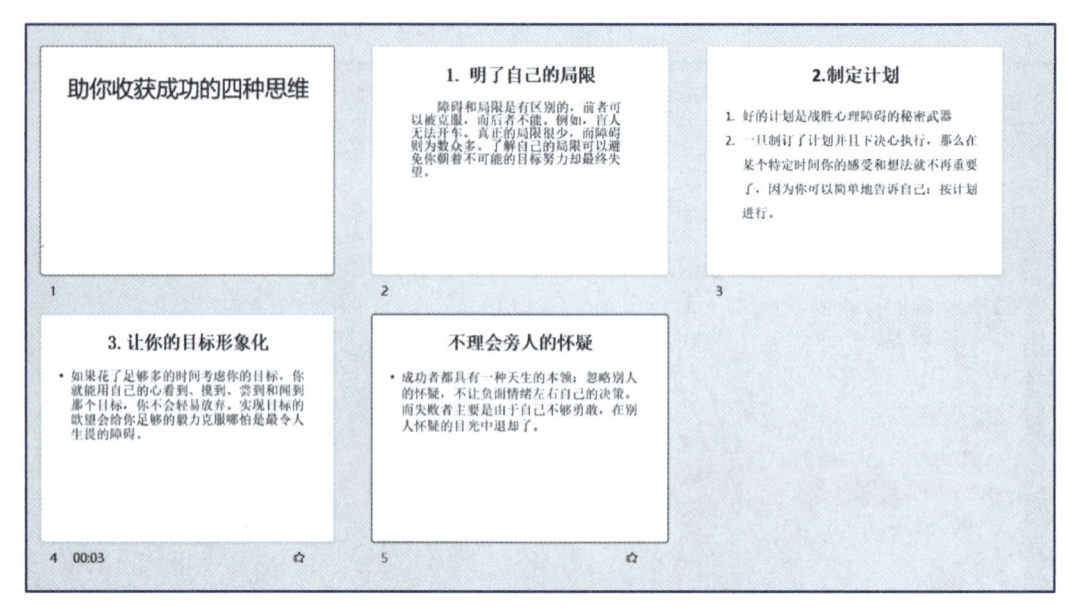

图 4-72 任务 4.2 完成后的效果

任务 4.3　WPS 演示基础知识测验

一、单选题

1. 在演示文稿中添加新幻灯片，以下操作正确的是（　　）。
    A. 按 Ctrl+N 组合键
    B. 按 Ctrl＋M 组合键
    C. 按 Ctrl+Shift+N 组合键
    D. 按 Ctrtrl+Shift+M 组合键
2. 可将演示文稿保存为多种文件格式，其中不包括（　　）格式。
    A. PPTX   B. DPS
    C. PSD   D. PDF
3. 在演示文稿中，从头播放幻灯片文稿时，需要跳过第 5 张～第 9 张幻灯片接着播放，应设置（　　）。
    A. 删除第 5 张～第 9 张幻灯片   B. 设置幻灯片版式
    C. 幻灯片切换方式   D. 隐藏幻灯片
4. 在演示文稿中，要从当前幻灯片开始放映，应执行（　　）操作。
    A. 单击"视图"选项卡中的"幻灯片放映"按钮
    B. 单击"幻灯片放映"选项卡中的"从头开始"按钮
    C. 按 Shift＋F5 组合键
    D. 按 F5 键
5. 在演示文稿的幻灯片浏览视图中，下列选项中无法完成的操作是（　　）。

A. 以缩略图形式显示幻灯片　　　　B. 编辑幻灯片
C. 添加、删除幻灯片　　　　　　　D. 改变幻灯片的前后位置

6. 在演示文稿中,若想设置幻灯片中对象的动画效果,应选择(　　)。
A. 普通视图　　　　　　　　　　　B. 幻灯片浏览视图
C. 幻灯片放映视图　　　　　　　　D. 以上均可

7. 在演示文稿中,要控制演示文稿放映时间,可使用(　　)。
A. 动画设置　　　　　　　　　　　B. 幻灯片切换
C. 幻灯片版式　　　　　　　　　　D. 排练计时

8. 演示文稿提供的母版不包括(　　)。
A. 黑白母版　　　　　　　　　　　B. 备注母版
C. 幻灯片母版　　　　　　　　　　D. 讲义母版

9. 在 WPS 演示中,标签栏用于演示文稿标签切换和窗口控制,以下操作不能在标签栏进行的有(　　)。
A. 新建演示文稿　　　　　　　　　B. 关闭工作窗口
C. 保持演示文稿　　　　　　　　　D. 切换登录账户

10. 在演示文稿中,若为幻灯片中的对象设置"飞入"效果,应选择(　　)。
A. 设置动画效果　　　　　　　　　B. 应用主题
C. 自定义放映　　　　　　　　　　D. 插入超链接

11. 在 WPS 演示中关于排练计时功能,下列描述错误的是(　　)。
A. 在排练计时模式下,按 Esc 键可以退出排练计时模式
B. 退出排练计时模式时,若是保存本次排练时间,则会进入普通视图
C. 退出排练计时模式时,若是保存本次排练时间,则会进入浏览视图
D. 在幻灯片"放映"选项卡中单击"排练计时"按钮即可进入排练计时模式

12. 下列关于 WPS 演示中文本框的描述错误的是(　　)。
A. 在"插入"选项卡中,可以插入文本框
B. 插入文本框时,只能选择插入横向文本框
C. 文本框内文本的字体可以在"开始"选项卡中进行调整
D. 文本框内文本的字体可以在"文本工具"选项卡中进行调整

13. 关于退出 WPS 演示文稿的方法,下列说法错误的是(　　)。
A. 单击演示文稿标签右侧的"关闭"按钮
B. 选择"文件"菜单中的"退出"命令
C. 使用快捷键 Ctrl+F4
D. 单击快速访问工具栏中"退出"按钮

14. 要想在 WPS 演示文稿正文中每张幻灯片上的固定位置显示本公司的标志,最便捷的方法是把这个标志图形添加到演示文稿中的(　　)。
A. 幻灯片母版　　　　　　　　　　B. 备注母版
C. 讲义母版　　　　　　　　　　　D. 阅读母版

15. 在 WPS 演示中关于对象对齐的描述错误的是(　　)。

A. 对象对齐中选择"等高对齐"方式时,每个对象的高度是以第1个被选中对象的高度为准
B. 在一幻灯片中选中多个文本框,通过"绘图工具"选项卡"对齐"下拉列表中可以设置等高
C. 对象对齐中选择"水平居中"对齐方式时,选中对象顺序不同可能产生的结果不同
D. 对象对齐中选择"等高对齐"方式时,选中对象顺序不同可能产生的结果不同

16. 在WPS演示中,关于幻灯片放映方式下列描述错误的是(　　)。
    A. 从后开始播放　　　　　　　　B. 从头开始播放
    C. 从当前开始播放　　　　　　　D. 自定义放映

17. 关于隐藏和显示幻灯片相关内容描述错误的是(　　)。
    A. 当用户不想放映演示文稿中的某些幻灯片时,可以在不删除的情况下将其隐藏
    B. 在幻灯片"导航"窗格中,右击要隐藏的幻灯片,在弹出的快捷菜单中选择"隐藏幻灯片"命令即可在放映时将该幻灯片隐藏
    C. 隐藏的幻灯片只是在幻灯片放映时不显示,并未真实删除掉
    D. 幻灯片浏览视图下隐藏的幻灯片不可见

18. 关于WPS演示中对象的组合描述错误的是(　　)。
    A. 按住Shift键不放,可以同时选中多个对象,在"文本工具"选项卡中,单击"组合"按钮即可将对象进行组合
    B. 按住Shift键不放,可以同时选中多个对象,在"绘图工具"选项卡中,单击"组合"按钮即可将对象进行组合
    C. 选中多个对象后,在右键菜单中可以选择"组合"命令来组合对象
    D. 选中多个对象后,在弹出的浮动工具栏中可以进行组合对象

19. 关于WPS演示中文本框的描述错误的是(　　)。
    A. 在"插入"选项卡中,可以插入文本框
    B. 插入文本框时,只能选择插入横向文本框
    C. 文本框内文本的字体可以在"开始"选项卡中进行调整
    D. 文本框内文本的字体可以在"文本工具"选项卡中进行调整

20. 在WPS演示中,可以对每页幻灯片设置切换效果,下列关于页面切换描述错误的是(　　)。
    A. 在"切换"选项卡中的切换效果库可以为幻灯片切换选择不同的效果
    B. 在"切换"选项卡中可以修改幻灯片切换时的声音和速度
    C. 在"幻灯片切换"任务窗格中可以修改幻灯片切换时的声音
    D. 在"动画窗格"任务窗格中可以修改幻灯片切换时的速度

21. 在WPS演示中关于排练计时,下列描述错误的是(　　)。
    A. 幻灯片进入排练计时模式后,默认在放映页面左上方会显示预演计时器
    B. 预演计时器中会有两个计时时长,其中左侧时长是本页幻灯片单页演讲时间计时
    C. 幻灯片进入排练计时模式时,若是选择排练当前页则预演计时器只显示一个时长
    D. 在排练计时模式时,可以通过预演计时器暂停计时

22. 演示文稿有链接外部的音视频时,可以使用( )功能以避免多媒体文件丢失。
    A. 幻灯片切换　　　　　　　　　B. 文件打包
    C. 复制　　　　　　　　　　　　D. 幻灯片放映
23. 在 WPS 演示中,可以给幻灯片中对象添加动画,可以添加的动画不包括( )。
    A. 进入动画　　　　　　　　　　B. 退出动画
    C. 强调动画　　　　　　　　　　D. 切换动画
24. 在 WPS 演示中,设置幻灯片背景格式的任务窗格中可以设置( )。
    A. 字体字号　　　　　　　　　　B. 幻灯片视图
    C. 纯色填充、透明度　　　　　　D. 对齐方式

二、多选题

1. 在 WPS 演示的"幻灯片放映"选项卡中,可以完成的操作是( )。
    A. 自定义幻灯片放映范围　　　　B. 设置幻灯片切换效果
    C. 排练计时　　　　　　　　　　D. 自定义动画
2. 演示文稿主要提供了幻灯片母版、( )和( )3 种母版。
    A. 标题母版　　　　　　　　　　B. 讲义母版
    C. 备注母版　　　　　　　　　　D. 图文母版
3. 在下列对象中,可以在演示文稿中插入的有( )。
    A. WPS 表格图表　　　　　　　　B. 电影和声音
    C. Flash 动画　　　　　　　　　 D. 组织结构图
4. 在演示文稿中插入、删除幻灯片的操作可以在( )下进行。
    A. 幻灯片浏览视图　　　　　　　B. 普通视图
    C. 大纲窗格　　　　　　　　　　D. 幻灯片放映视图
5. 在演示文稿中,文本框包含( )。
    A. 横排文本框　　　　　　　　　B. 垂直文本框
    C. 单行文本框　　　　　　　　　D. 多行文本框
6. 在 WPS 演示中的( ),可以使用拖动鼠标的方法改变幻灯片顺序。
    A. 普通视图　　　　　　　　　　B. 阅读视图
    C. 幻灯片浏览视图　　　　　　　D. 备注页视图
7. 关于新建演示文稿的方法,下面说法正确的是( )。
    A. 在已打开的 WPS 演示中,通过"快速访问工具栏"中"新建"按钮,新建演示文稿
    B. 在已打开的 WPS 演示中,单击标题栏中"+"按钮可以新建一个演示文稿
    C. 在已打开的 WPS 演示中,使用 Ctrl+M 快捷键新建一个演示文稿
    D. 在 WPS 首页左侧主导航区,单击"新建"按钮可以新建一个演示文稿
8. 关于 WPS 演示任务窗格相关内容描述正确的是( )。
    A. 任务窗格默认位于编辑界面的下方
    B. 在任务窗格中,可以执行一些附加的高级编辑命令
    C. 执行特定命令操作或双击特定对象时也将展开相应的任务窗格
    D. 使用 Ctrl+F1 组合键可以在展开任务窗格、收起任务窗格、隐藏任务窗格 3 种状态之间

进行切换

9. 在 WPS 演示文稿放映时,下列(　　　　)操作可以切换到下一张幻灯片。
   A. 按 Enter 键
   B. 单击鼠标左键
   C. 按 Tab 键
   D. 按键盘方向键

10. 关于 WPS 演示中文本框属性的设置描述正确的是(　　　　)。
    A. 在"绘图工具"选项卡中可以设置文本框形状填充和形状轮廓
    B. 在"绘图工具"选项卡中可以旋转文本框
    C. 在文本框"对象属性"任务窗格中可以设置文本框形状填充和形状轮廓
    D. 在文本框"对象属性"任务窗格中可以设置文本框旋转的角度

11. 关于 WPS 演示中段落设置的描述正确的是(　　　　)。
    A. 在"段落"对话框中可以设置行间距
    B. 在右键菜单中,选择"段落"命令,可以在打开的"段落"对话框中进行段落设置
    C. 在"段落"对话框中可以设置段前段后间距
    D. 在"段落"对话框中可以设置文字方向

12. 在 WPS 演示中,根据不同用户对幻灯片浏览的需求提供了多种视图,包括(　　　　)。
    A. 普通视图
    B. 备注页视图
    C. 阅读视图
    D. 幻灯片浏览视图

13. 关于打开演示文稿的方法,下面说法正确的是(　　　　)。
    A. 在已打开的 WPS 演示中,选择"文件"→"打开"命令,在打开的对话框中,选择要打开的演示文稿
    B. 在已打开的 WPS 演示中,通过默认"快速访问工具栏"中的"打开"按钮,在打开的对话框中选择要打开的演示文稿
    C. 在已打开的 WPS 演示标签栏中,单击"打开"按钮,在打开的对话框中选择要打开的演示文稿
    D. 直接在 WPS 演示文稿上双击"打开"按钮

14. 关于 WPS 演示中项目符号与编号描述正确的是(　　　　)。
    A. 在项目符号与编号对话框中可以自定义符号
    B. 在项目符号与编号对话框中可以设置编号的开始值
    C. 在"设计"选项卡中,可以为段落设置项目符号和编号
    D. 在项目符号与编号对话框中可以设置编号的颜色

15. 在 WPS 演示中,可以对幻灯片中对象设置动画,关于对象的动画下列描述正确的是(　　　　)。
    A. 在"动画窗格"任务窗格中可以为幻灯片中某一对象添加多个动画
    B. 在"动画窗格"任务窗格中可以删除已有动画
    C. 在"动画窗格"任务窗格中可以调整幻灯片中动画的顺序
    D. 在"动画"选项卡中,单击"动画窗格"按钮可以打开"动画窗格"任务窗格

16. 关于 WPS 演示中文本框内文字调整字体字号的描述正确的是(　　　　)。
    A. 可以在"开始"选项卡中调整字体字号

B. 可以在"文本工具"选项卡中调整字体字号

C. 可以在"审阅"选项卡中调整字体字号

D. 可以在"切换"选项卡中调整字体字号

17. WPS 演示中编辑区是内容编辑和呈现的主要区域,关于编辑区描述正确的是（　　）。

　　A. 在编辑区中可以编辑幻灯片页面的内容

　　B. 编辑区中包括滚动条

　　C. 编辑区中包括备注窗格

　　D. 编辑区中包括导航窗格

三、操作题

【实操题 1】

打开文件"晒太阳的好处（素材）.pptx",使用 WPS 演示完成以下操作：

1. 设置第 1 张幻灯片的版式为标题幻灯片,添加标题内容为"晒太阳的好处",设置标题文字的字体字号为华文楷体、54 磅。

2. 设置第 2 张幻灯片的内容文本框段落间距为段前 12 磅,段后 6 磅。

3. 为第 2 张幻灯片内的图片添加超链接,链接到百度的官方网址。

4. 设置第 3 张幻灯片内的图片动画效果为切入、上一动画之后、延迟 2 秒开始。

5. 在第 4 张幻灯片中插入素材文件夹中的音频文件"背景音乐 .mid"。

6. 删除第 5 张幻灯片。

【实操题 2】

打开文件"晒太阳的好处（素材）.pptx",使用 WPS 演示完成以下操作：

1. 设置第 2 张幻灯片内的标题文本框形状格式纯色填充颜色为标准色—浅蓝,段落对齐方式为居中对齐。

2. 设置第 2 张幻灯片内的内容文本框进入动画为飞入、效果选项自左侧、按段落、上一动画后、延迟 2 秒。

3. 为第 3 张幻灯片设置素材文件夹中的图片"夜书所见 .jpg"为背景,透明度为 50%。

4. 在文档最后新建一张空白版式幻灯片,在新幻灯片上添加文本内容为"感谢观看"的文本框。

5. 设置所有幻灯片切换效果为切出、声音为鼓声。

实训项目 5

信 息 检 索

【项目概述】

在信息化高速发展的时代，信息检索已成为人们日常生活、学习和工作中高效获取信息、进行终身学习的必备技能之一。百度作为国内常用搜索引擎的代表，是重要的网络信息资源检索工具。除此之外，还有一些常用的中文数据库，如中国知网、万方数据、维普中文期刊服务平台等，是大学生查找学术文献以帮助其进行专业知识学习的检索工具。本项目从网络信息资源检索、学术文献检索两个角度分别重点介绍百度的检索技巧，以及中国知网的检索方法等内容。

【项目目标】

知识目标
1. 掌握使用百度的基本方法，如基本检索、高级检索与检索技巧等。
2. 掌握中国知网的检索方法，如基本检索、高级检索与出版物检索等。

技能目标
1. 能够快速熟练使用百度获取网络信息资源。
2. 具备使用中国知网检索学术文献的能力。
3. 掌握对中国知网文献检索结果的排序、分析等功能。

素养目标
1. 培养信息意识、掌握检索技能。
2. 提高信息素养。
3. 培养终身学习的能力。

任务 5.1 百度检索技巧

PPT：百度检索技巧

【任务概述】

小周作为大一新生开始学习"信息技术基础"课程，任课教师张成叔为他们布置了整理总结 Excel 表格运用技巧的自学任务，要求同学们将各自查找的资料整理成 PPT，以便下次课堂上进行小组学习分享。张老师授课内容深入浅出、语言风趣幽默，小周对张老师的课程产生了浓厚兴趣，想要进一步了解张老师的专业背景，看是否有其他课程可以学习。

【任务实施】

1. 检索需求分析

① 了解张成叔老师的专业背景。

② 查找 Excel 表格运用技巧的相关网页或资料进行自学。

③ 搜索 Excel 表格运用技巧的相关 PPT 模板作为作业参考。

2. 检索工具选择

鉴于以上检索需求分析,可知所有信息均可通过互联网进行查找,因此选择网络信息资源检索工具:搜索引擎完成信息搜索任务(以百度为例)。

3. 检索策略制定

① 了解某人的详细信息,通过百度基本检索即可完成。例如,关键词为"张成叔"。

② 查找某种软件的应用技巧,在一般情况下,软件名称和"jiqiao"会出现在网页的"URL"中,因此可以使用百度高级检索中"关键词位置"限定功能。关键词为"EXCEL""jiqiao"。

③ 搜索某种固定格式的文档,可以使用百度高级检索中的"文档格式"限定功能。关键词为"EXCEL""技巧""PPT"。

4. 检索策略实施

(1)检索需求 1:了解张成叔老师的专业背景

① 打开百度首页。打开浏览器,在地址栏输入百度官网的网址并按 Enter 键,打开百度首页,如图 5-1 所示。

图 5-1　百度首页(1)

② 输入检索词。在百度首页搜索框内输入"张成叔",单击"百度一下"按钮完成搜索,结果页面如图 5-2 所示。

③ 查看详细页面。单击检索结果页面第 1 条记录,查看张成叔老师详细背景资料,如图 5-3 所示。

(2)检索需求 2:查找 Excel 表格运用技巧的相关网页或资料进行自学

1)打开百度首页。

打开浏览器,在地址栏输入百度官网的网址并按 Enter 键,打开百度首页。单击首页右上角的"设置"按钮,弹出下拉列表,如图 5-4 所示。

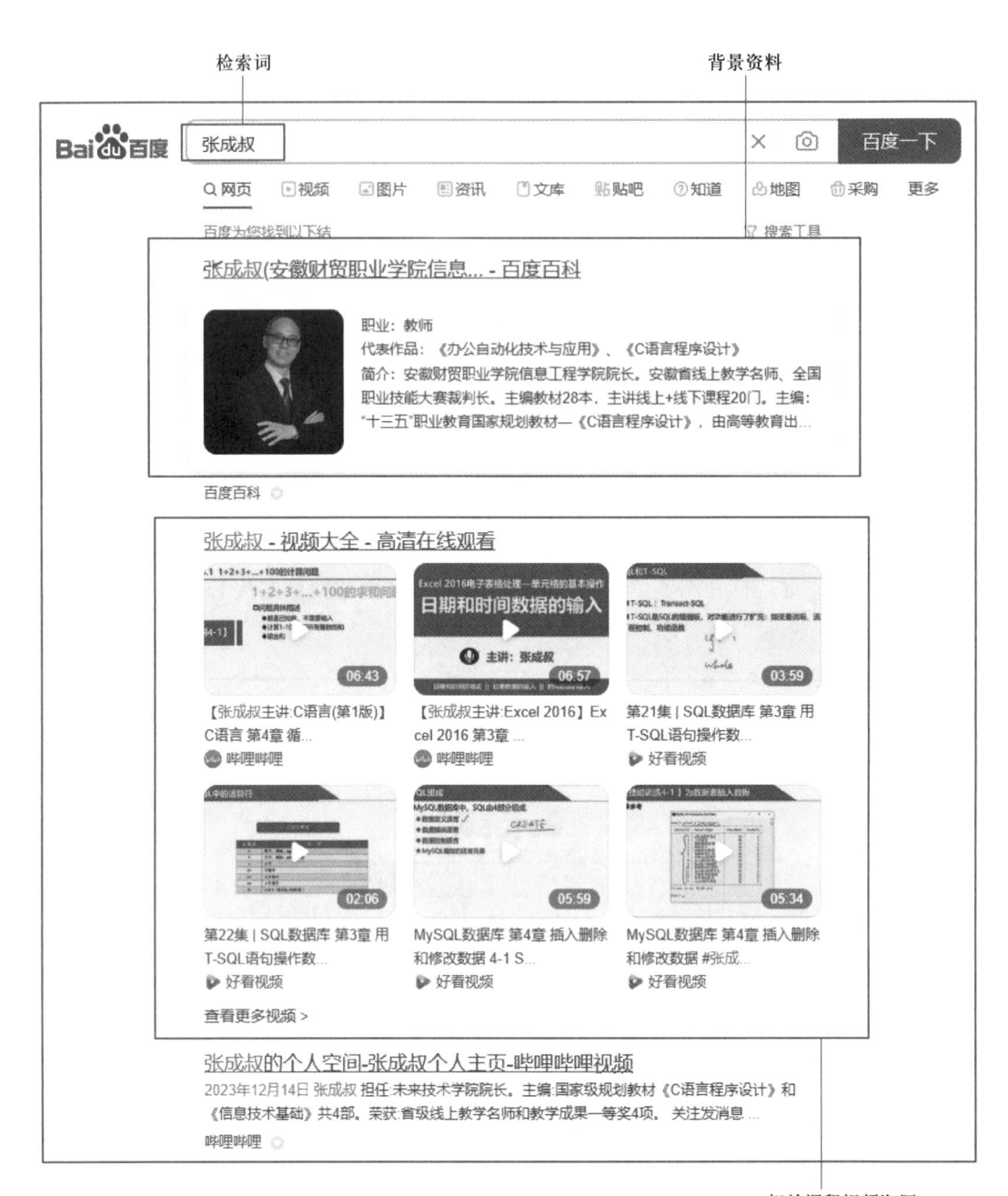

图 5-2 百度基本检索结果参考

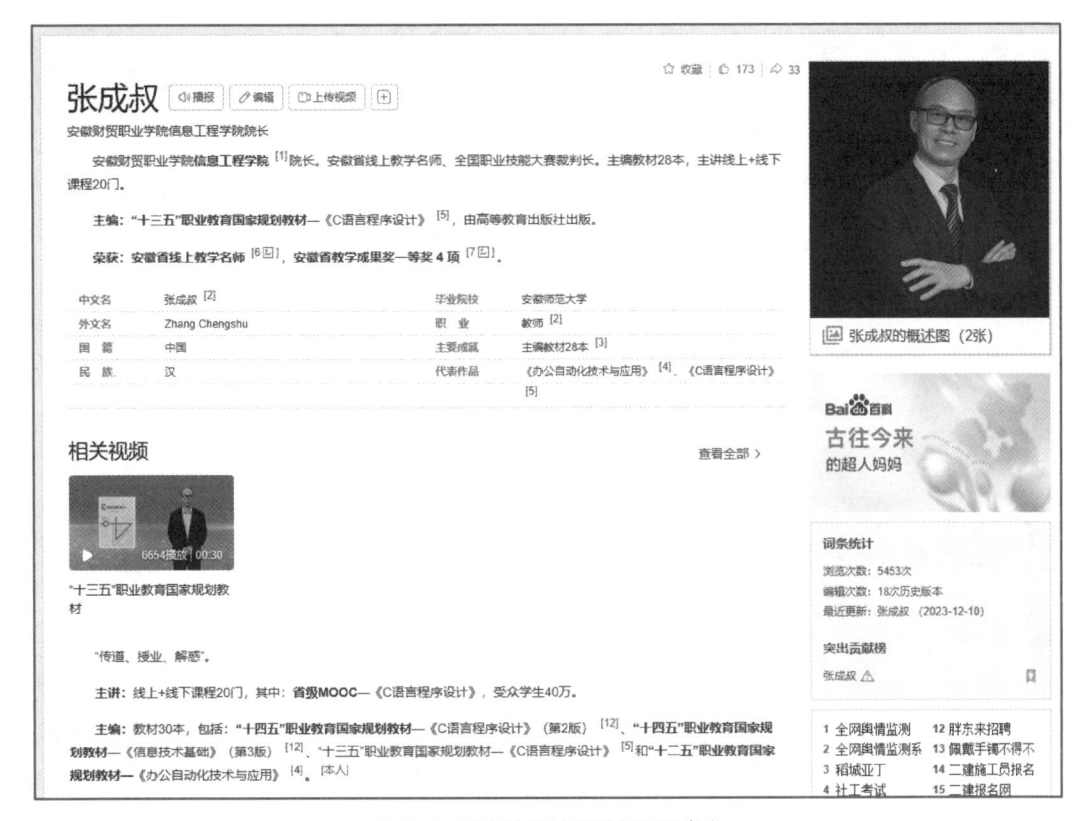

图 5-3　百度检索结果详细页面参考

图 5-4　百度首页(2)

2）打开"高级搜索"对话框。

选择"高级搜索"选项,打开百度"高级搜索"对话框,如图 5-5 所示。

3）填写检索内容,设置控制条件。

① 在"高级搜索"对话框"搜索结果:包含全部关键词"文本框中输入关键词"EXCEL""jiqiao"(注意,关键词位置限定在"URL",通常情况下"jiqiao"必须是拼音字母)。

② 在"关键词位置:查询关键词位于"栏后选中"仅 URL 中"单选按钮。

设置完毕,如图 5-6 所示。

4）单击"高级搜索"按钮,检索结果如图 5-7 所示。

5）单击可用信息的链接,开始进行学习,如图 5-8 所示。

注意:由于百度广告的竞价排名机制,有时检索结果中会有广告信息,一般情况下在该条检索结果链接的最末尾显示"广告"字样。

图 5-5　百度"高级搜索"对话框

图 5-6　百度高级检索过程（1）

图 5-7　百度高级检索结果参考（1）

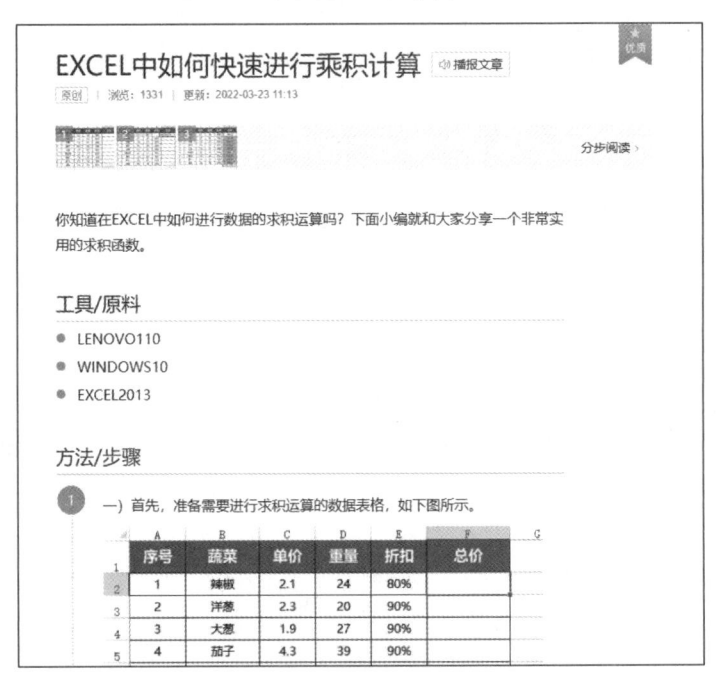

图 5-8　单击可用信息的链接显示详细网页信息

（3）检索需求3：搜索Excel表格运用技巧的相关PPT模板作为作业参考

1）打开百度首页。打开浏览器，在地址栏输入百度官网的网址并按Enter键，打开百度首页。

2）打开百度"高级搜索"对话框。单击首页右上角"设置"按钮，在弹出的下拉列表中选择"高级搜索"命令，打开百度"高级搜索"对话框。

3）填写检索内容，设置控制条件。

① 在"高级搜索"对话框"搜索结果：包含全部关键词"文本框中输入关键词"EXCEL""技巧"。

② 在"文档格式：搜索网页格式是"下拉列表中选择"PowerPoint（.ppt）"。

设置完毕，如图5-9所示。

4）单击"高级搜索"按钮，检索结果如图5-10所示。

5）单击可用信息的超链接，浏览需要的PPT文档，如图5-11所示。也可单击"下载"按钮，将文档下载到本机进行学习，如图5-12所示。

图5-9 百度高级检索过程（2）

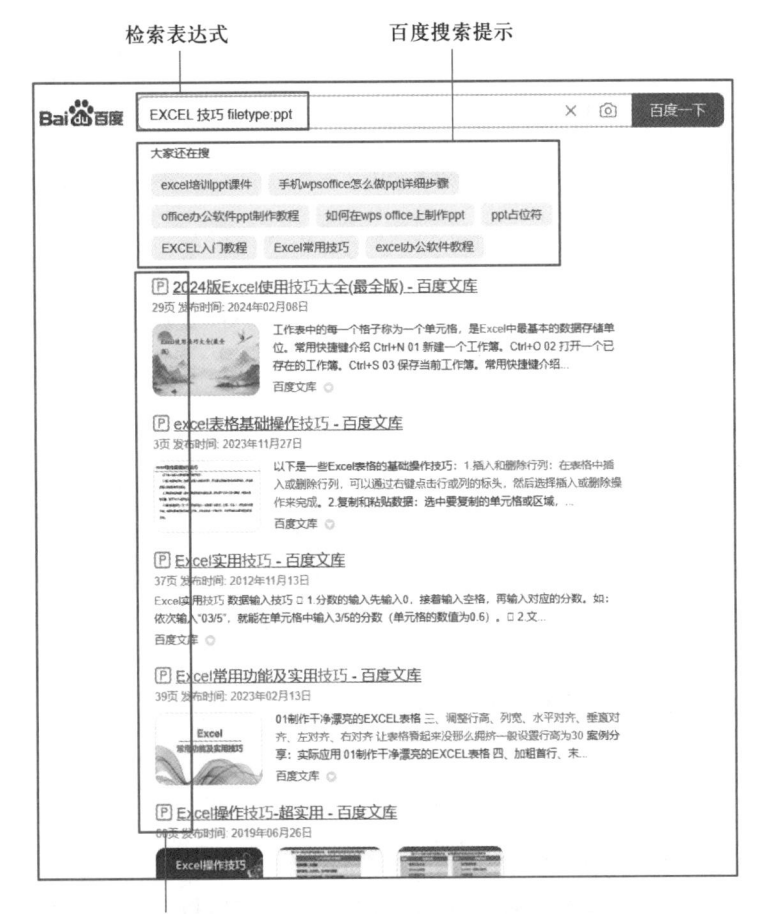

图 5-10　百度高级检索结果参考（2）

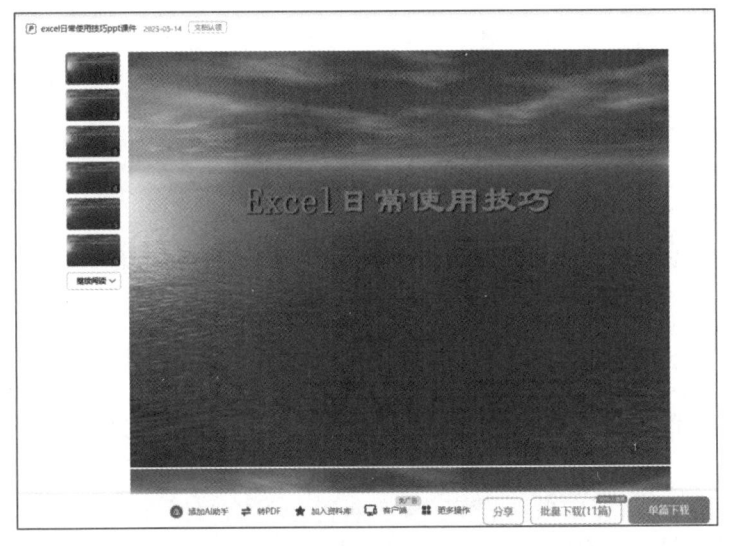

图 5-11　单击结果链接显示详细网页信息

图 5-12　单击单篇下载打开下载页面

【任务拓展】

1. 使用百度高级搜索，查找"人工智能"相关的 PDF 文档。
2. 使用百度高级搜索，在安徽省人事考试网官网搜索包含关键字为"公务员考试"的网页。
3. 使用百度高级搜索，搜索包含关键词"砀山"但不包含关键词"酥梨"的网页。

任务 5.2　中国知网的检索方法

【任务概述】

随着人工智能在各行业领域的广泛应用，小李同学对人工智能技术产生了极大的兴趣。结合个人所学专业，他打算上网查找一些人工智能技术在交通领域应用的相关中文学术文献来进行学习，重点是那些受到科研基金支持的研究成果且发表在核心期刊的论文，看看被引次数最多的文献以了解行业背景，再看看目前最新的文献以了解行业前沿。

【任务实施】

1. 检索需求分析

① 人工智能技术在交通领域应用的相关中文学术文献。
② 受到科研基金支持的研究成果且发表在核心期刊的论文。

2. 检索工具选择

鉴于以上检索需求分析，选择常用的中文学术文献全文数据库作为检索工具，以中国知网为例。

3. 检索策略制定

① 人工智能技术在交通领域应用的相关中文学术文献，可以通过中国知网文献检索的高级检索来完成检索内容的限定。关键词为"人工智能""AI""交通"。逻辑关系为"（人工智能 OR AI）AND 交通"。

② 科研基金支持的研究成果且发表在核心期刊的论文，可以在中国知网高级检索结果页面通过结果类型及分组筛选来完成。

PPT：
中国知网的
检索方法

微课 5-2
中国知网的
检索方法

4. 检索策略实施

1）打开中国知网首页。

打开浏览器,在地址栏输入中国知网官网的网址并按 Enter 键,打开中国知网首页,如图 5-13 所示。

图 5-13 中国知网首页

2）打开"高级检索"选项卡。

在中国知网首页单击右侧的"高级检索"按钮,打开中国知网"高级检索"选项卡,如图 5-14 所示。

3）填写检索内容。

① 在第 1 行"主题"文本框中输入"人工智能"。

图 5-14 中国知网"高级检索"选项卡

② 在第 2 行"AND"下拉列表中选择"OR"选项,设置逻辑关系为"OR",在"作者"下拉列表中选择"主题"选项,再在第 2 行文本框中输入"AI"。

③ 保持第 3 行逻辑关系"AND"不变,在"文献来源"下拉列表中选择"主题"选项,再在第 3 行文本框中输入"交通"。

4）设置检索条件。

① 选中"基金文献"复选框。

② 选中"同义词扩展"复选框,选中同义词扩展功能。

完成以上设置后的页面如图 5-15 所示。

图 5-15 中国知网高级检索设置后的页面

5）单击"检索"按钮，呈现检索结果。

共检出学术文献 1 230 篇，其中学术期刊 853 篇，学位论文 336 篇，如图 5-16 所示。

注意：由于中国知网数据每日更新，检索结果随时间变化会有差异。

图 5-16 中国知网高级检索结果参考

6）筛选核心期刊论文。

① 选择"学术期刊"选项卡进入学术期刊库，可以单独查看检出的 853 篇期刊论文。

② 在左侧分组筛选区，展开"来源类别"选项，选中"北大核心""CSSCI""AMI""EI""SCI"所有复选框，筛选结果显示核心期刊论文有 388 篇，如图 5-17 所示。

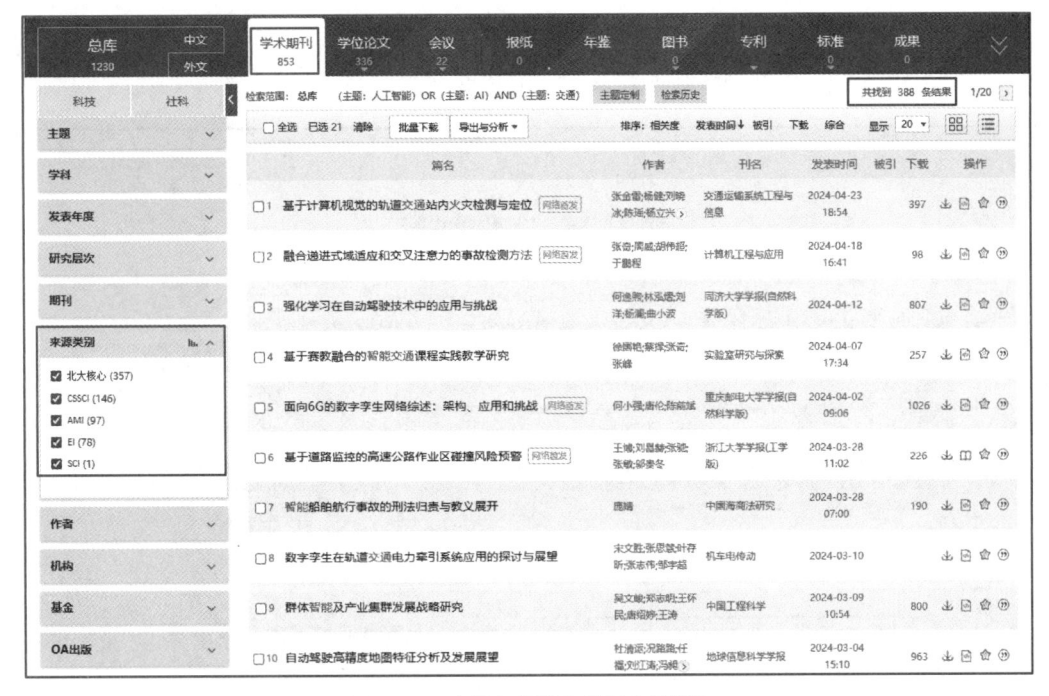

图 5-17　中国知网核心期刊文献筛选

7）查看被引用次数最多的文献。

① 单击"被引"按钮，对检索结果进行排序，箭头向下，表示被引用次数最多的文献排在最前，如图 5-18 所示。

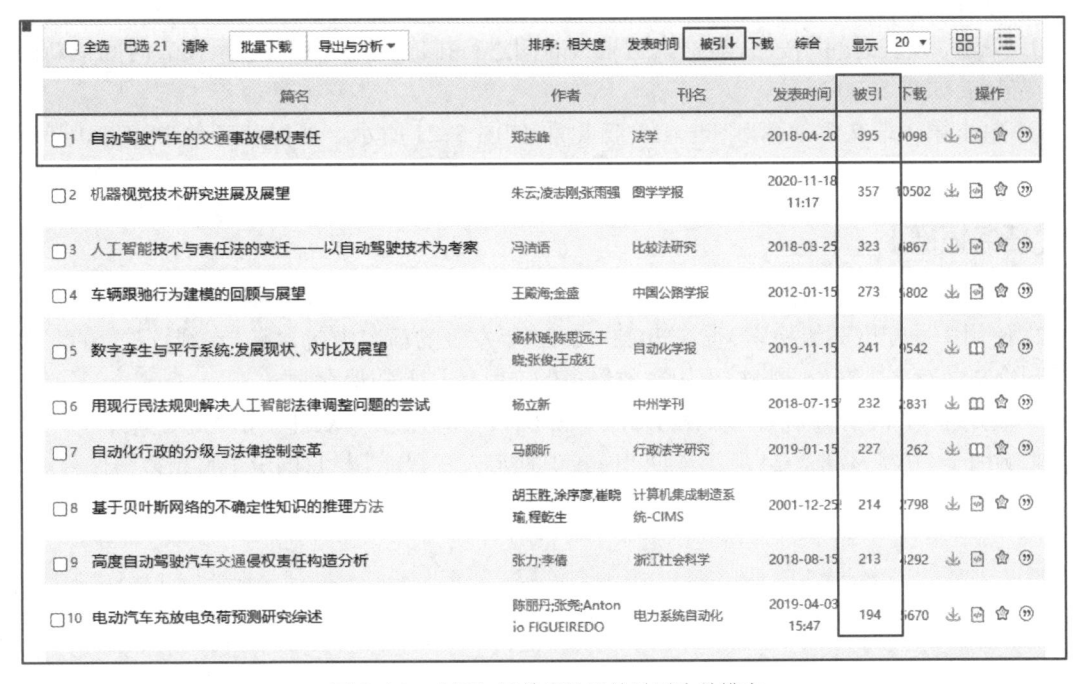

图 5-18　中国知网检索结果按被引次数排序

② 单击第 1 篇文献的篇名,进入详细页面,如图 5-19 所示。可以分别单击"HTML 阅读""CAJ 下载""PDF 下载"按钮来在线查看全文或下载全文。

图 5-19　中国知网检索结果单篇详细信息(1)

注意:对于下载的全文,需要在本机安装 CAJViewer 阅读器或 PDF 阅读器,方可阅读相应格式的文献。

8)查看最新文献。

① 单击"发表时间"按钮,对检索结果按时间进行排序,箭头向下,表示发表时间最新的文献排在最前,如图 5-20 所示。

② 单击第 1 篇文献的篇名,进入详细页面,如图 5-21 所示。可以分别单击"HTML 阅读""CAJ 下载""PDF 下载"按钮来在线查看全文或下载全文。

【任务拓展】

1. 使用中国知网基本检索,查找一位授课教师为第一作者的全部文献。

2. 使用中国知网高级检索,查找 2022—2023 年发表的篇名中包含有"在线评论"的北大核心期刊论文共有多少篇?请将被引用次数最多的文献信息截图保存。

3. 使用中国知网出版物检索中的出版来源检索功能,查找《软件学报》的复合影响因子和综合影响因子,并将该刊 2024 年第 4 期"模式识别与人工智能"栏目的电子目录截图保存。

图 5-20　中国知网检索结果按发表时间排序

图 5-21　中国知网检索结果单篇详细信息（2）

任务 5.3　信息检索基础知识测验

一、单选题

1. 广义的信息检索包含两个过程,即(　　)。
   A. 检索与利用　　　　　　　　　B. 存储与检索
   C. 存储与利用　　　　　　　　　D. 检索与报道
2. 以下检索表达式的检索结果中既包含"计算机"又包含"信息检索"的是(　　)。
   A. 计算机 AND 信息检索　　　　B. 计算机 OR 信息检索
   C. 计算机 NOT 信息检索　　　　D. 计算机—信息检索
3. 小张在申请校内创新项目"国内数字出版产业调查",以下的关键词组合最合适的是(　　)。
   A. 国内、数字、出版　　　　　　B. 中国、出版、调查
   C. 国内、数字出版、现状　　　　D. 中国、数字出版、产业
4. 如果只有图片而不知道图片的名字和相关信息,可以在百度中采用以下(　　)检索方式。
   A. 语音检索　　　　　　　　　　B. 图片检索
   C. 学术搜索　　　　　　　　　　D. 新闻搜索
5. 共享经济和分享经济属于意思比较接近的两个词。如果想使用百度查找这方面的资料,在搜索引擎的搜索框中,应该输入(　　)。
   A. 分享经济 | 共享经济　　　　　B. 分享经济 + 共享经济
   C. 分享经济—共享经济　　　　　D. 分享经济 共享经济
6. 网站没有站内检索功能,如果用搜索引擎来实现站内检索,需要用到(　　)检索语法。
   A. filetype　　　　　　　　　　　B. site
   C. intitle　　　　　　　　　　　D. inurl
7. 利用中国知网查找 2023 年关键词中包含检索词"智慧校园"的相关文章,其中被引次数最多的中文期刊文章的作者是(　　)。
   A. 王爱军　　　　　　　　　　　B. 马广建
   C. 刘轶　　　　　　　　　　　　D. 陈媛媛
8. 在中国知网检索,以下(　　)是发表在核心期刊上的。
   A.《考虑换相过程的电网换相换流器小信号阻抗建模》
   B.《面向天河新一代超算系统通用处理器的性能分析工具集》
   C.《基于 Mediapipe 的人体姿态跟随机器人系统的设计与实现》
   D.《发电机变压器组零序差动保护电流互感器极性自动校验方法》
9. 在中国知网中,检索项 TKA= 和 FI= 分别代表(　　)。
   A. 篇名与全文　　　　　　　　　B. 篇关摘与第一作者
   C. 篇关摘与全文　　　　　　　　D. 篇名与第一作者
10. 在万方数据知识服务平台中,检索结果的排序方式不包括(　　)。
    A. 字数排序　　　　　　　　　　B. 相关度排序

C. 出版时间排序　　　　　　　　　D. 被引频次排序
  11. 以下不是万方数据知识服务平台的检索字段的是（　　）。
　　　A. 作者　　　　　　　　　　　　　B. 第一作者
　　　C. 会议名称　　　　　　　　　　　D. 分子式
  12. 在万方数据知识服务平台检索篇名中含有检索词"智能制造"并且作者单位是"清华大学"的期刊论文，其中发表在《机器人产业》期刊上的文章作者是（　　）。
　　　A. 莫欣农　　　　　　　　　　　　B. 臧传真
　　　C. 郭朝晖　　　　　　　　　　　　D. 王建民

二、多选题

  1. 使用中国知网检索关于 DOI 为 10.26914/c. cnkihy.2022.002556 的这篇文献的相关信息，以下选项正确的是（　　）。
　　　A. 该会议论文集共 51 篇论文
　　　B. 该文献会议属于体育社会科学分会
　　　C. 该文献所在的论文集中下载量最高的论文是《体育线上教学：实施困境与应对策略》
　　　D. 该次会议举办地在日照
  2. 华东师范大学的徐国庆教授是国内知名的职业教育专家，请使用中国知网检索 2021 年他所指导的硕士论文有（　　）。
　　　A.《职业教育教材生产模式研究》
　　　B.《高职专业课教材作者身份研究——基于国规教材作者分析》
　　　C.《高职教育专业课教材质量研究》
　　　D.《职业教育专业课教材的结构化问题研究》
  3. 吴伟仁院士是我国探月工程总设计师，在下列论文发表的期刊中，请使用中国知网检索属于北大核心刊的是（　　）。
　　　A.《月球软着陆自主障碍识别与避障制导方法》
　　　B.《深空探测发展与未来关键技术》
　　　C.《嫦娥二号日地拉格朗日 L2 点探测轨道设计与实施》
　　　D.《近地小行星撞击风险应对战略研究》
  4. 奇瑞 QQ 冰淇淋车型为新能源畅销车型，请使用中国知网查询，以下（　　）专利属于奇瑞冰淇淋。
　　　A. 申请（专利）号：CN202230270563.8　　B. 申请（专利）号：CN202230214977.9
　　　C. 申请（专利）号：CN202130720735.2　　D. 申请（专利）号：CN202230168465.3
  5. 通过万方搜索期刊论文《石油的族群地理分布与族群冲突升级》，显示该论文属于以下（　　）核心刊收录。
　　　A. 北大核心　　　　　　　　　　　B. SCI
　　　C. CSSCI　　　　　　　　　　　　D. AMI 顶级
  6. 万方数据知识服务平台上搜索期刊论文《大国"数据战"与全球数据治理的前景》，该文关键词包括（　　）。
　　　A. 网络安全　　　　　　　　　　　B. 数据政治

  C. 信息壁垒   D. 全球治理
7. 维普中文期刊服务平台提供的文章题录导出格式有（　　　　）。
  A. 文本   B. 参考文献
  C. XML   D. NoteExpress
8. 维普中文期刊服务平台支持对文献检索结果进行排序的方式有（　　　　）。
  A. 被引量排序   B. 相关度排序
  C. 时效性排序   D. 点击量排序

实训项目 6　信息素养与社会责任

【项目概述】

信息技术和网络通信的发展给人们的生活带来很大方便,同时也带来了许多社会问题,如沉溺网络游戏和聊天、发布虚假信息、传播病毒、网络攻击、信息窃取等,从中可以看出计算机安全的问题尤为突出,已成为全社会共同关注的焦点。本项目重点介绍计算机安全防范的一些手段,以培养网络安全底线意识,增强网络安全责任感。

【项目目标】

知识目标

1. 了解配置病毒防护软件的知识。
2. 了解网络安全的防控知识。

技能目标

1. 学会 360 安全卫士的下载、安装与使用。
2. 掌握配置防火墙的方法。

素养目标

1. 具备自主分析与解决问题的能力。
2. 养成良好的上网习惯,提高信息安全意识。

任务 6.1　配置病毒防护软件

PPT:
配置病毒防护软件

【任务概述】

小张在办公过程中发现个人计算机开机很慢,频繁弹出广告窗口、强行引导到指定网站等情况,甚至打开一个邮件需要很长时间。为保证办公个人计算机的安全使用,小张决定为个人计算机安装和应用计算机安全防护软件。

【任务实施】

本任务讲解如何安装和应用计算机安全防护软件。

(1) 360 安全卫士的下载与安装

① 在浏览器地址栏输入 360 官网的网址并按 Enter 键,在其官网找到"360 安全

微课 6–1
配置病毒防护软件

卫士",如图 6-1 所示。

② 单击"立即体验"按钮,打开"新建下载任务"对话框,如图 6-2 所示。

图 6-1 "360 安全卫士"官网

图 6-2 "新建下载任务"对话框

③ 单击"下载到"右侧的"浏览"按钮,在打开的对话框中选择下载文件的位置。

④ 单击"下载"按钮,下载完毕后出现如图 6-3 所示的"360 安全卫士"安装界面,单击"浏览"按钮,选择 360 安全卫士的安装路径。

⑤ 单击"同意并安装"按钮,安装完成后自动打开"360 安全卫士"主界面,如图 6-4 所示。

(2)使用 360 安全卫士进行木马查杀

图 6-3 "360 安全卫士"安装界面

图 6-4 "360 安全卫士"主界面

① 选择"木马查杀"选项卡,如图 6-5 所示。
② 单击"快速查杀"按钮,出现查杀进度条,查杀结束后会出现如图 6-6 所示的界面。
③ 单击"一键处理"按钮,360 安全卫士开始处理木马,完成后会出现如图 6-7 所示的"处理成功"对话框。
(3) 使用 360 安全卫士进行个人计算机体检
① 在 360 安全卫士主界面上选择"我的电脑"选项卡。

② 单击"立即体检"按钮,如图 6-8 所示,这时个人计算机便开始体检,出现如图 6-9 所示的体检进度条,体检完成之后,会给出查出的漏洞,如图 6-10 所示。

图 6-5　木马查杀

图 6-6　木马查杀处理

图 6-7　木马查杀处理成功

图 6-8　体检窗口

图 6-9 体检进度条

图 6-10 体检结果

③ 单击"一键修复"按钮，360安全卫士开始修复漏洞，修复完成后会出现如图6-11所示的修复完成结果报告。

图6-11 修复完成结果报告

（4）使用360安全卫士进行计算机清理

① 选择"电脑清理"选项卡，如图6-12所示。

图6-12 计算机清理

② 单击"一键清理"按钮后出现正在扫描的进度条，进度结束后出现如图 6-13 所示的"发现垃圾"界面。

图 6-13　发现垃圾

③ 单击"一键清理"按钮，出现如图 6-14 所示的"清理完成"界面。

图 6-14　清理完成

（5）使用 360 安全卫士进行系统修复

① 选择"系统修复"选项卡，如图 6-15 所示。

② 单击"一键修复"按钮，出现如图 6-16 所示的扫描进度条，进度条结束后会出现如图 6-17 所示的界面。

图 6-15　系统修复

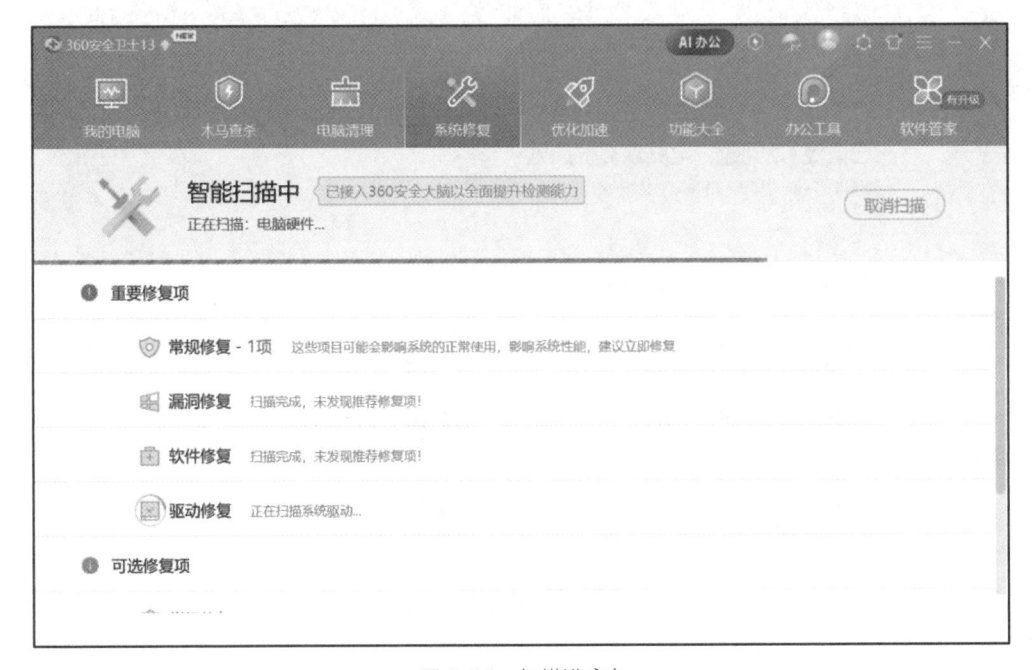

图 6-16　扫描进度条

图 6-17　一键修复

③ 单击"一键修复"按钮，修复完成后会出现如图 6-18 所示的界面。

图 6-18　修复完成

（6）使用 360 安全卫士进行优化加速

① 选择"优化加速"选项卡，如图 6-19 所示。

图 6-19　优化加速

② 单击"一键加速"按钮，出现全面加速进度条，进度条结束后会出现如图 6-20 所示的扫描完成界面。

图 6-20　扫描完成

③ 单击"立即优化"按钮,出现如图 6-21 所示的对话框。

图 6-21 "一键优化提醒"对话框

④ 选择需要优化的项目,单击"确认优化"按钮,优化完成后如图 6-22 所示,也可单击"继续优化"按钮进一步优化。

图 6-22 优化完成

【任务拓展】

体验 360 安全卫士的软件管家功能的应用,如图 6-23 所示。

图 6-23　360 安全卫士软件管家

任务 6.2　配置防火墙

PPT:
配置防火墙

【任务概述】

小张在使用计算机进行工作的过程中经常会遇到一些问题:因各种原因想要禁止某个软件联网,却不知怎么办,例如,有些软件自动下载安装其他垃圾软件;某些软件经常弹窗广告等。遇到上述问题时,小张决定使用 Windows 系统自带的防火墙来禁止这些软件联网进而避免各种问题的发生。

【任务实施】

配置防火墙:

① 进入计算机系统的控制面板,如图 6-24 所示,找到并双击"Windows Defender 防火墙"图标。

微课6-2
配置防火墙

② 打开"Windows Defender 防火墙"窗口,选中"启用 Windows Defender 防火墙"单选按钮,系统默认防火墙为开启状态,根据需求进行相应设置,如图 6-25 所示。

③ 若要恢复系统默认防火墙设置,可以单击"还原默认值"按钮,如图 6-26 所示。

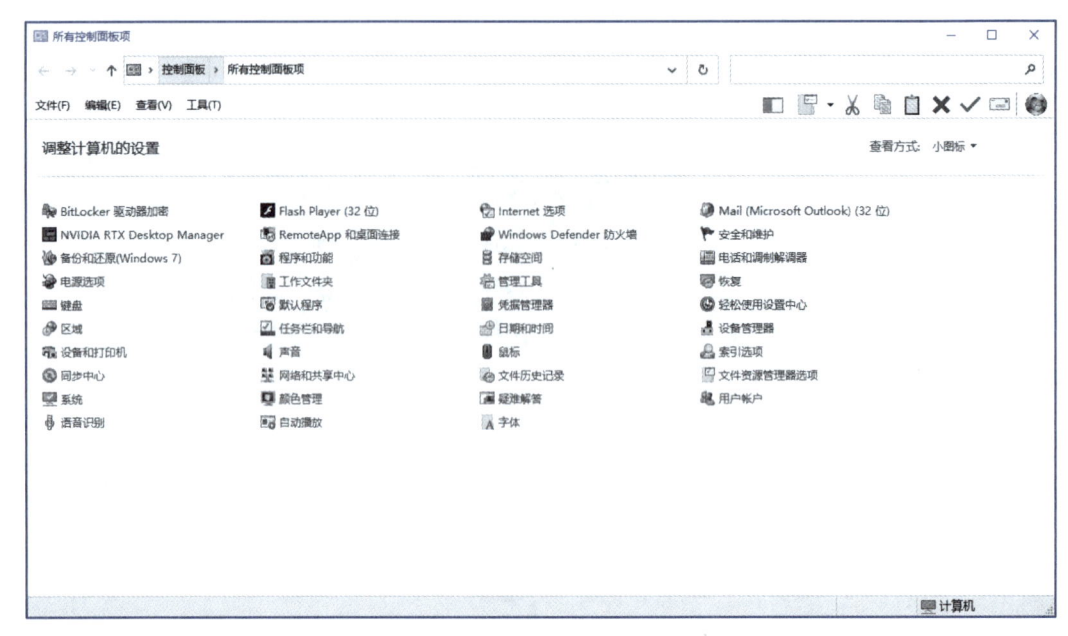

图 6-24 控制面板

图 6-25 Windows Defender 防火墙

图 6-26　还原默认值

④ 通过选择"高级安全 Windows Defender 防火墙"选项,可以设置系统的入站及出站规则、连接安全规则以及监视,如图 6-27 所示。

图 6-27　"高级安全 Windows Defender 防火墙"选项

⑤ 勒索病毒主要通过入侵端口传播，通过关闭相关端口可以有效预防勒索病毒。选择"入站规则"选项，可以设置系统的端口进入规则，如图 6-28 所示。

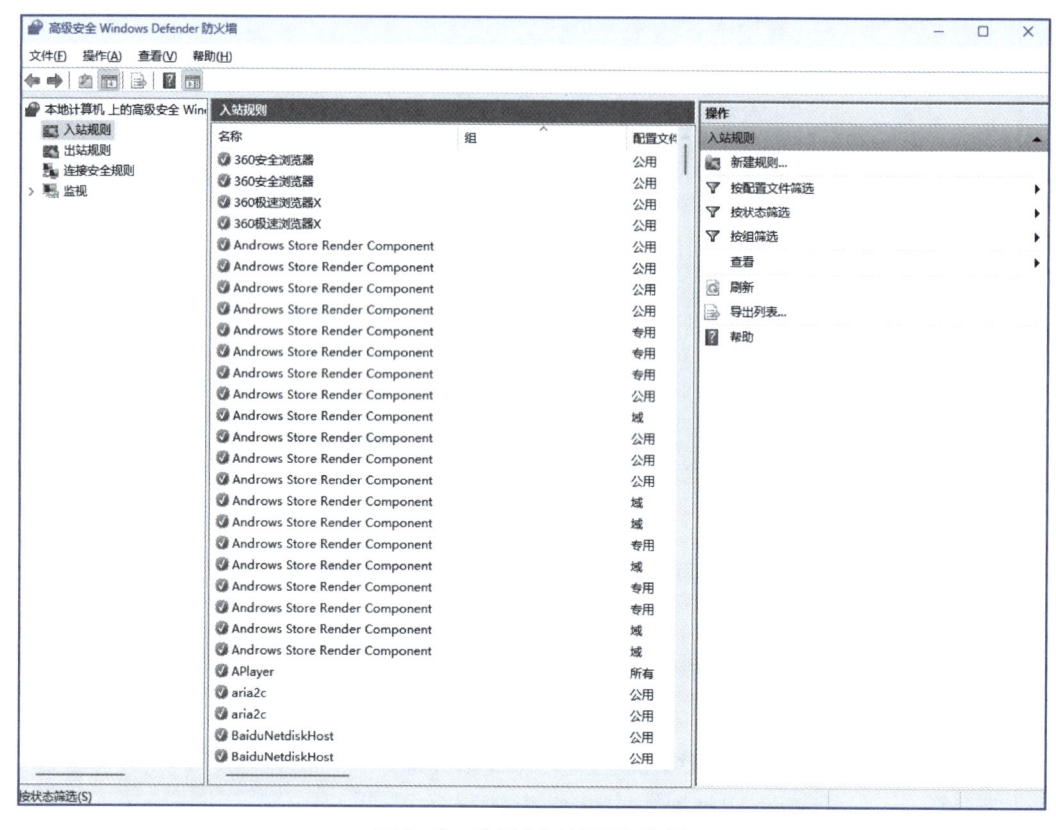

图 6-28　选择"入站规则"选项

⑥ 在界面右侧入站规则中，在其右键菜单中选择"新建规则"命令，弹出配置界面，选中"端口"单选按钮，再单击"下一页"按钮，如图 6-29 所示。

⑦ 选中"特定本地端口"单选按钮，输入"135, 137, 138, 139, 445"，中间用逗号隔开，逗号为英文输入的逗号，再单击"下一页"按钮，如图 6-30 所示。

⑧ 选中"阻止连接"单选按钮，再单击"下一页"按钮，如图 6-31 所示。

⑨ 选择规则适用范围，选中"域""专用""公用"复选框，再单击"下一页"按钮，如图 6-32 所示。

⑩ 在"名称"栏中输入"关闭窗口"，再单击"完成"按钮，如图 6-33 所示。

⑪ 双击"入站规则"中的新创建的"关闭窗口"规则，查看端口设置，可以看到配置的操作是"阻止连接"，如图 6-34 所示。

⑫ 选择"协议和端口"选项卡，可以看到阻止连接的本地端口是之前设置的 135, 137, 138, 139, 445，说明这些网络端口已经被阻止连接，如图 6-35 所示。

图 6-29 "规则类型"配置界面

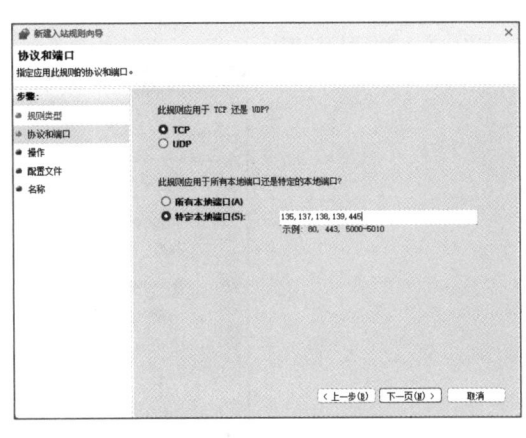

图 6-30 "协议和端口"配置界面

图 6-31 "操作"配置界面

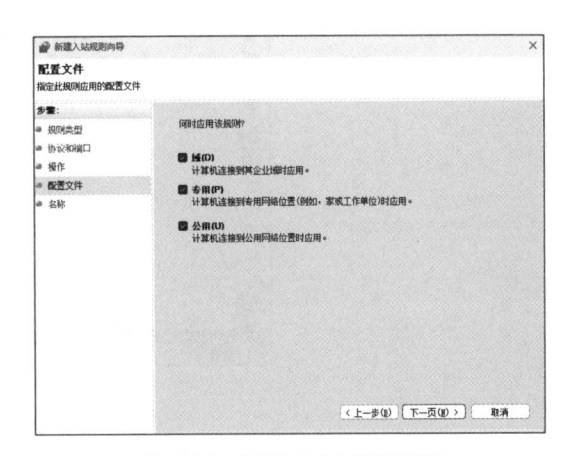

图 6-32 "配置文件"配置界面

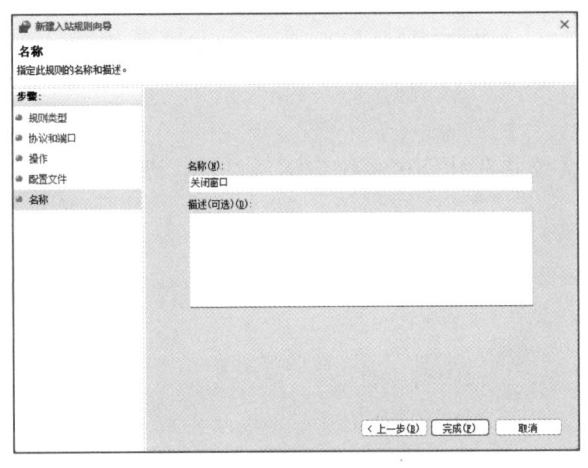

图 6-33 "名称"配置界面

图 6-34 "新建入站规则"界面

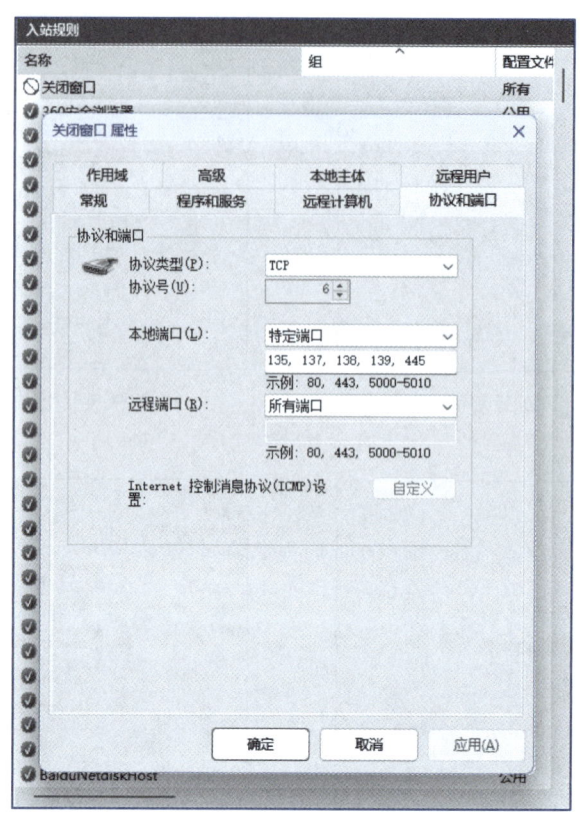

图 6-35 "协议和端口"界面

【任务拓展】

尝试在 Windows10 系统中开启防火墙,对出站规则、连接安全规则进行相关配置设置。

任务 6.3 信息素养与社会责任基础知识测验

一、单选题

1. 计算机病毒是指能够入侵计算机系统并在计算机系统中潜伏、传播、破坏系统正常工作的一种具有繁殖能力的(   )。

    A. 指令 B. 程序
    C. 设备 D. 文件

2. 下列不是计算机病毒特征的是(   )。

    A. 破坏性和潜伏性 B. 寄生性
    C. 传染性和隐蔽性 D. 免疫性

3. 下面关于计算机病毒描述错误的是(   )。

    A. 计算机病毒具有传染性

B. 通过网络传染计算机病毒,其破坏性大大高于单机系统
C. 如果感染上计算机病毒,该病毒会马上破坏计算机系统
D. 计算机病毒主要破坏数据的完整性

4. 下列有关预防计算机病毒的做法或想法,错误的叙述是(　　)。
    A. 在开机工作时,特别是在浏览互联网网页时,一要打开个人防火墙,二要打开杀毒软件的实时监控
    B. 打开以前接收过朋友发送的电子邮件绝对不会有问题
    C. 要定期备份重要的数据文件
    D. 要定期使用杀毒软件对计算机系统进行检测

5. 关于计算机病毒的叙述,正确的选项是(　　)。
    A. 计算机病毒只感染 exe 或 com 文件
    B. 计算机病毒可以通过读写 U 盘、光盘或 Internet 网络进行传播
    C. 计算机病毒是通过电力网进行传播的
    D. 计算机病毒是由于磁盘表面不清洁而造成的

6. 对已感染病毒的 U 盘应当采用的处理方法是(　　)。
    A. 以防传染给其他设备,该 U 盘不能再使用
    B. 用杀毒软件杀毒后继续使用
    C. 用酒精消毒后继续使用
    D. 直接使用,对系统无任何影响

7. 下列软件中不属于杀毒软件的是(　　)。
    A. 金山毒霸   B. 诺顿
    C. 瑞星   D. Outlook Express

8. 防火墙技术主要用来(　　)。
    A. 防御来自网络的威胁
    B. 查杀来自网络的病毒
    C. 阻止文字、图片、视频等进入计算机
    D. 防止计算机因故着火

二、多选题

1. 计算机网络安全是指网络系统的(　　)受到保护,不被偶然或恶意的原因受到破坏、更改、泄露,使系统连接可靠正常地运行,网络服务不中断。
    A. 硬件   B. 软件
    C. 系统数据   D. 服务

2. 计算机病毒的特征包括(　　)。
    A. 传染性   B. 潜伏性和触发性
    C. 破坏性   D. 隐蔽性和寄生性

3. 计算机病毒的防治包括计算机病毒的(　　)。
    A. 预防   B. 检测
    C. 清除   D. 备份

4. 计算机网络主要由（　　　　）部分组成。
   A. 计算机系统　　　　　　　　　B. 数据通信系统
   C. 网络软件及协议　　　　　　　D. 计算机软件
5. 按照覆盖的地理范围进行分类,计算机网络可以分为（　　　　）。
   A. 局域网　　　　　　　　　　　B. 城域网
   C. 广域网　　　　　　　　　　　D. 互联网

实训项目 7　现代通信技术应用实践

【项目概述】
随着信息技术的蓬勃发展,现代通信技术已经深深地改变了人们的生活方式和工作模式,使得许多以前难以想象的事情变得触手可及。从探月工程及神舟系列航天旅行到自动驾驶、刷脸支付、日常办公学习和生活,通信技术无处不在。本项目将围绕日常工作和学习中所必备的计算机网络基础和互联网的应用展开,通过实践操作,使学习者掌握相关技能,提升信息素养和创新能力。

【项目目标】
知识目标
1. 掌握计算机网络的基本知识,如 IP 地址、网关、域名、防火墙等。
2. 掌握浏览器的基本使用方法,如 URL 地址、书签、历史记录、定制化等。

技能目标
1. 能够进行个人计算机网络的配置、调试和维护。
2. 能够熟练使用各类浏览器的基本操作,如收藏网站、定制化浏览器界面、保存网页。
3. 能够熟练使用浏览器浏览网站、查看网页内容。

素养目标
1. 具备科学探索和创新应用的能力。
2. 具备自主学习和团队协作意识。

任务 7.1　配置个人计算机网络

PPT:
配置个人计算机网络

【任务概述】
随着互联网的发展,通过视频会议、在线协作工具、远程教育、在线学习等新形态学习模式已成为常态,人们可以随时随地与他人进行交流和合作,无论身处何地都能保持高效的工作和学习状态,这些都需要网络技术作为支撑。因此,认识计算机网络,深入了解网络工作原理、分类和应用等相关信息,掌握计算机网络的基本配置、调试和维护管理等,对人们未来的学习、工作及生活都显得至关重要。

【任务实施】

1. 认识网络设备

网络设备是用于将各类服务器、个人计算机、应用终端等节点相互连接,以构成信息通信网络的专用硬件设备。这些设备涵盖了信息网络设备、通信网络设备、网络安全设备等多个方面。在个人计算机中,常见的网络设备有网络接口卡(Network Interface Controller, NIC)又称为网络适配器(俗称为网卡)、无线接入点(Wireless Application Protocol, WAP)和蓝牙设备等。

(1)查看网络设备

1)查看计算机网卡设备的数量。

① 方法1:使用"计算机管理"中的"设备管理器"查看,如图7-1所示。

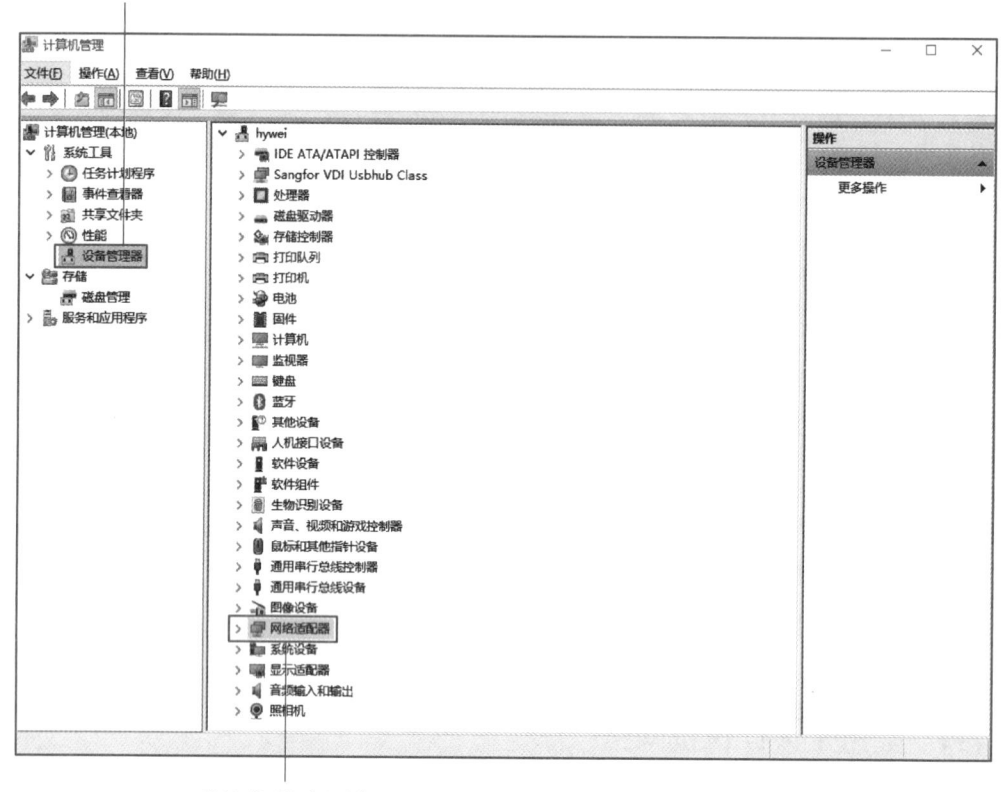

图 7-1　计算机管理窗口

在计算机中打开"计算机管理"窗口,然后选择"设备管理器"。

步骤1:打开"计算机管理"窗口。在计算机桌面上右击"此电脑"图标,在弹出的快捷菜单中选择"管理"命令,即可打开"计算机管理"窗口。

步骤2:打开"网络适配器"。在设备管理器中选择"网络适配器",系统会列出计算机的所有网络适配器列表信息(硬件列表的多少与机器配置相关),如图7-2所示。图中各设备名称前的小图标标志各设备当前的状态,其包含"正常""禁用""问题"3种。例如,图7-2中第1、3、5、共四个设备处于"禁用"状态,其余设备为"正常"使用。

② 方法 2:使用"控制面板"中的"网络和 Internet"界面中的"网络连接"窗口查看。

步骤 1:在任务栏的通知区右击"网络"系统图标,如图 7-3 所示,在弹出的快捷菜单中选择"网络和 Internet 设置"命令。随后打开"网络和 Internet 设置"界面,如图 7-4 所示。

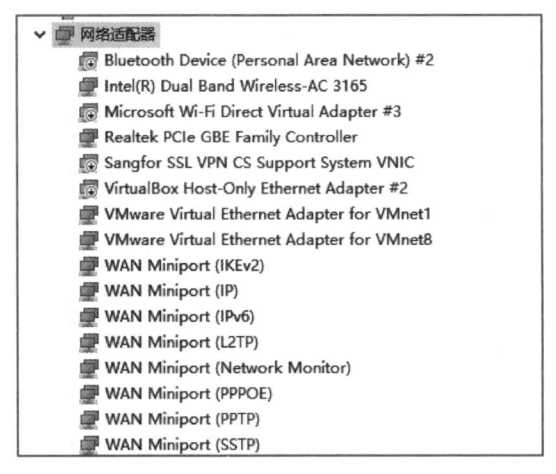

图 7-2 网络适配器硬件列表及设备状态

微课 7-1
查看网络设备

图 7-3 通知区系统图标

图 7-4 "网络和 Internet 设置"界面

步骤2：在"网络和Internet设置"界面的左侧列表中，选择"以太网"选项，则右侧区域变为"以太网"设置清单。详细操作步骤如图7-5所示，结果显示共7台以太网设备。

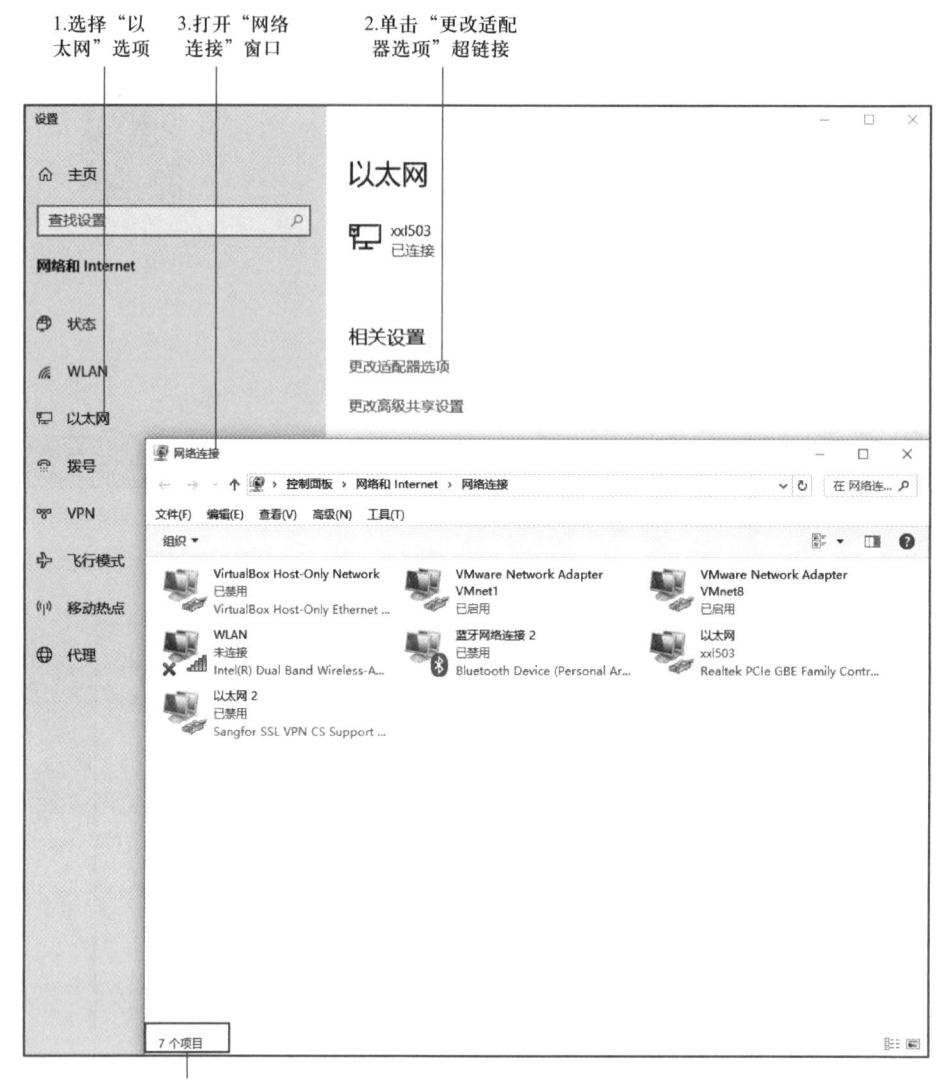

图7-5　打开"网络连接"窗口的操作步骤

2）查看计算机网络设备的状态。如图7-5所示的7台设备的状态为3台设备处于"禁用"、3台设备"正常"连接和1台设备"未连接"。当用鼠标选中一台设备时，可对该设备进行管理，此时通过"网络连接"窗口界面及可对选中设备进行的操作，如图7-6所示。

3）查看硬件和连接属性。在"网络和Internet设置"界面中，先选择左侧列表中的"状态"选项，然后在"状态"设置页面中单击"查看硬件和连接属性"超链接，打开"查看硬件和连接属性"设置窗口，其中给出了计算机中所有网络设备的"名称、描述、物理地址"等详细信息，如图7-7所示。其中，物理地址（Media Access Control，MAC）用于在网络中唯一标示一个网卡，一台设备若有一或多个网卡,则每个网卡都需要并会有一个唯一的 MAC 地址(由十六进制表示的一组数)。

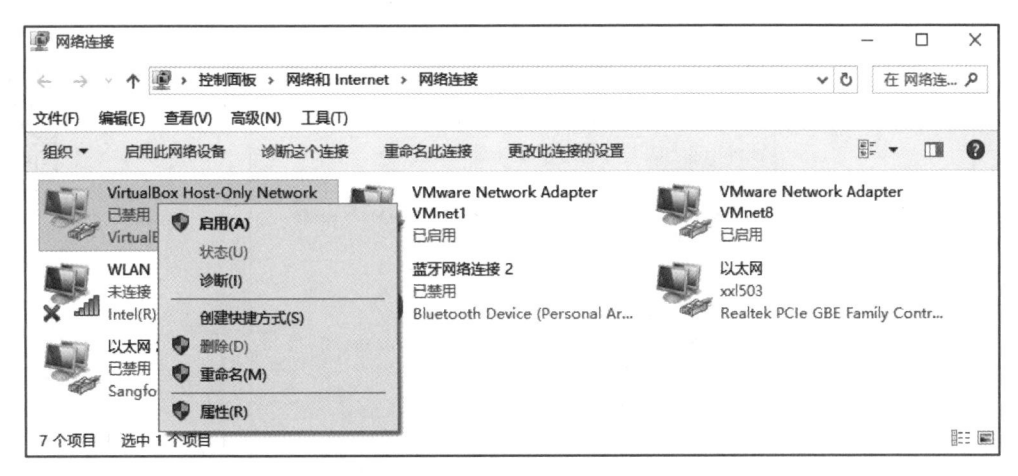

图 7-6　选中设备进行管理操作界面

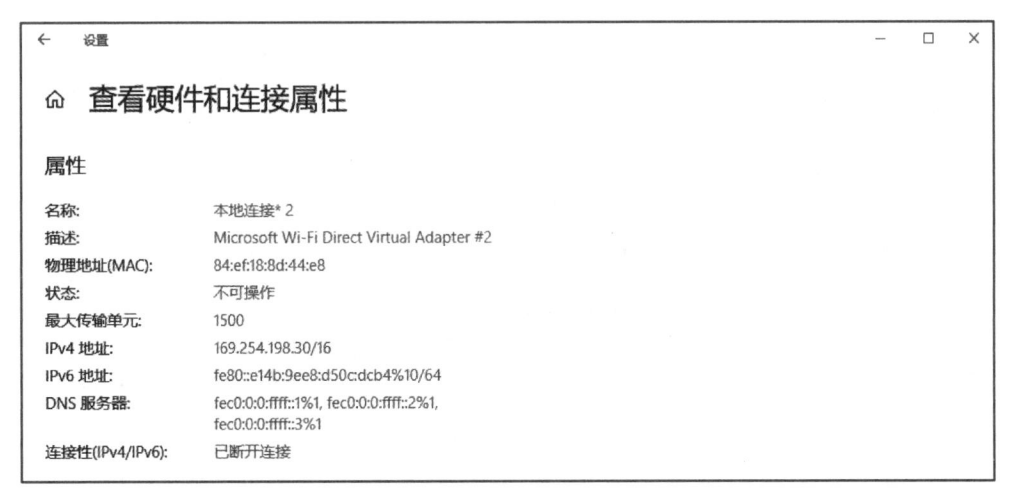

图 7-7　"查看硬件和连接属性"设置窗口

(2)管理网络设备

管理网络设备通常是指对网络设备的规划、连接、配置与维护。下面介绍网络设备驱动程序的更新、启用与禁用、重命名网络连接及配置 IP 地址的基本步骤和方法。

1)更新设备驱动程序。

当遇到在"网络连接"窗口中无法查看网络设备的情况时,表明该网络设备没有被 Windows 系统识别到,主要的问题是该设备的驱动程序有问题。此时,则需要更新或重新安装该设备的驱动程序。

步骤 1: 在设备管理器中查看有问题的设备。如图 7-8 所示,设备图标有感叹号,表明该设备当前不能正常工作。

步骤 2: 更新设备驱动程序。选中待更新驱动的设备并右击,弹出如图 7-9 所示的快捷菜单,选择"更新驱动程序"命令,则打开"更新驱动程序"向导对话框(图 7-10),按照提示依次进行设置即可完成设备驱动程序的更新(需要计算机中已有该设备的驱动程序,若计算机没有该驱动程序,则需要从网络等其他渠道获取后进行更新)。

微课7-2 管理网络设备的操作

图 7-8 有问题的设备

图 7-9 更新设备驱动程序

步骤 3:验证更新结果。完成以上两个步骤后,可重复步骤 1,查看该设备图标是否仍有"感叹号",若无"感叹号",则表明更新成功;或在"网络连接"窗口中能看到该设备,则表明更新成功。否则,设备驱动更新失败。

2)启用与禁用设备。

一般情况下,重新配置了网络设备或需要临时停用设备时,需要把设备先"禁用",再"启用"。该操作可以在"网络连接"(图 7-6)或"设备管理器"(图 7-9)两个窗口界面中实现。

3)配置 IP 地址。

使用设备的"以太网 属性"设置对话框进行 IP 地址等网络信息的配置的过程如下。

步骤1：在"网络连接"窗口，选中待配置IP地址的设备并右击，在弹出的快捷菜单（图7-11）中选择"属性"命令，打开"以太网 属性"设置对话框，如图7-12所示。

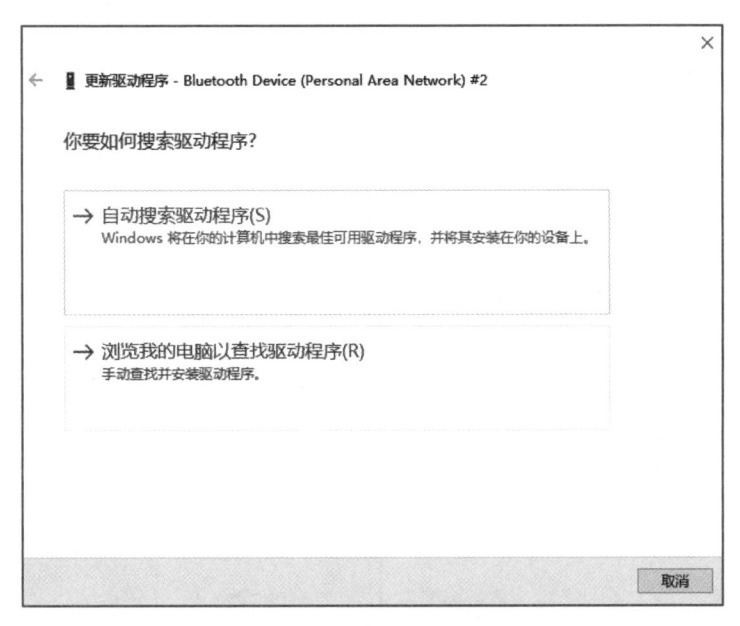

图7-10 "更新驱动程序"向导对话框

图7-11 网络设备快捷菜单

图7-12 "以太网 属性"设置对话框

步骤 2： 双击图 7-12 中的"Internet 协议版本 4（TCP/IPv4）"，打开"Internet 协议版本 4（TCP/IPv4）属性"设置对话框，在其中"常规"选项卡中，可查看并配置 IP 地址和 DNS 服务器信息，如图 7-13 所示。

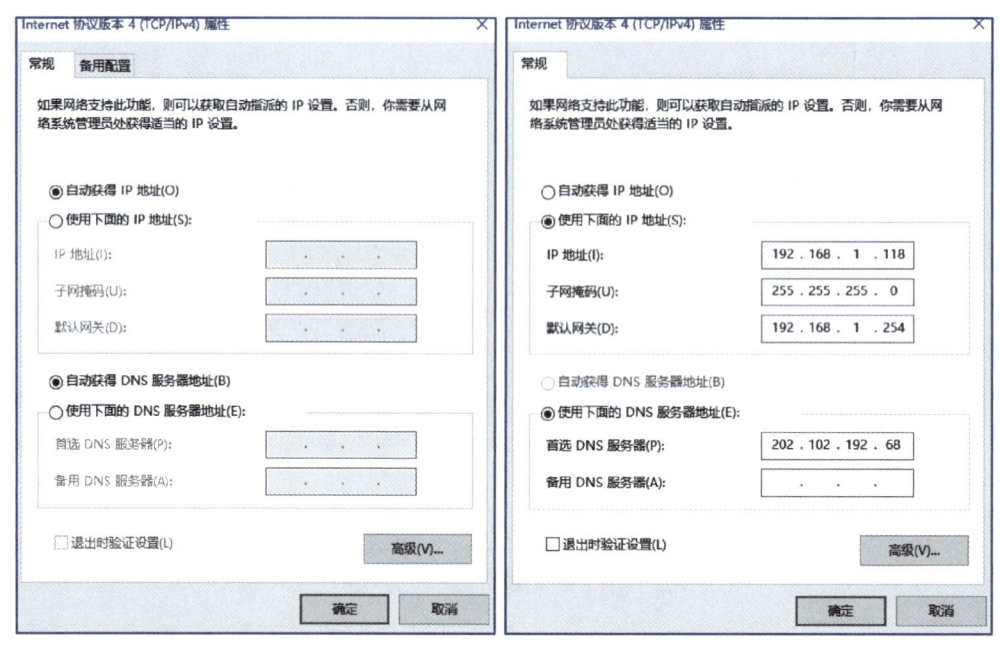

(a) 自动获得IP地址和DNS地址　　(b) 手动配IP地址和DNS地址

图 7-13　IP 地址和 DNS 地址设置

2. 调试和维护网络

（1）验证网络的连通性

在配置好网络 IP 地址和 DNS 后，即可验证网络配置是否正常工作。以下介绍使用命令行方式进行调试和验证网络配置连通性的操作过程和方法。

1）使用 ipconfig 命令查看 IP 地址和 DNS 地址的配置。

步骤 1： 打开命令行窗口界面。在"运行"对话框（也可按快捷键 Win+R 打开该对话框）中输入"cmd"，如图 7-14 所示，然后单击"确定"按钮或直接按 Enter 键，即可打开"命令行"窗口，如图 7-15 所示。

图 7-14　"运行"对话框

图 7-15　命令行窗口

步骤 2：查看处于"启用"状态的设备信息。在如图 7-15 所示的命令行窗口界面中输入 ipconfig 并按 Enter 键，查询结果如图 7-16 所示，显示出所有启用设备的连接配置信息。通过图 7-16 可见，该命令仅显示设备的基本信息，如常见的 MAC 地址、DNS 地址等信息均未显示。

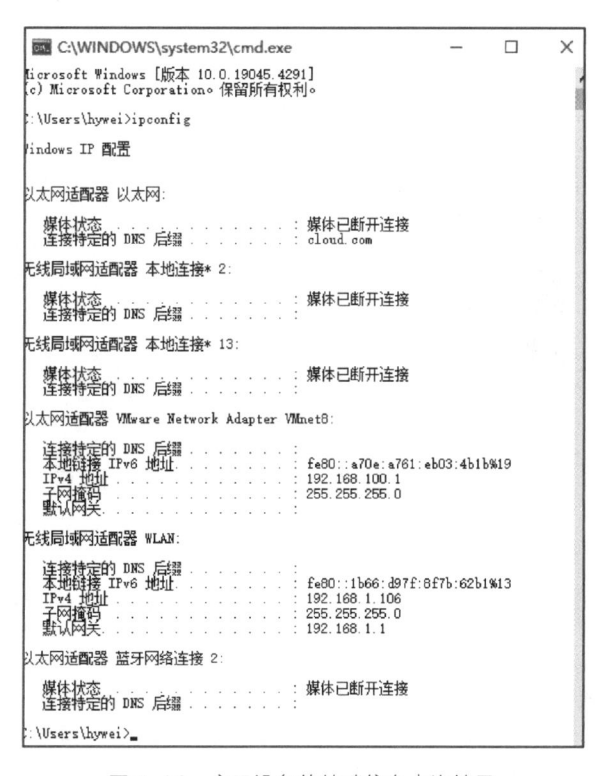

图 7-16　启用设备的基础信息查询结果

步骤 3：查看所有设备状态信息。在命令行窗口界面中使用 ipconfig /all 命令，可查看所有网络设备的全部信息，如图 7-17 所示。请自行比较和总结两个命令运行结果的异同。

2）使用 ping 命令测试网络的连通。

① 验证网络 IP 地址的配置。在命令行窗口输入 "ping 网关地址"。从图 7-16 可以看到网关地址为 "192.168.1.1"。验证其连通性的命令及结果如图 7-18 所示。

② 验证网络 DNS 地址的配置。在命令行窗口输入 "ping 外网地址或域名"。验证其连通性的命令及结果如图 7-19 所示。

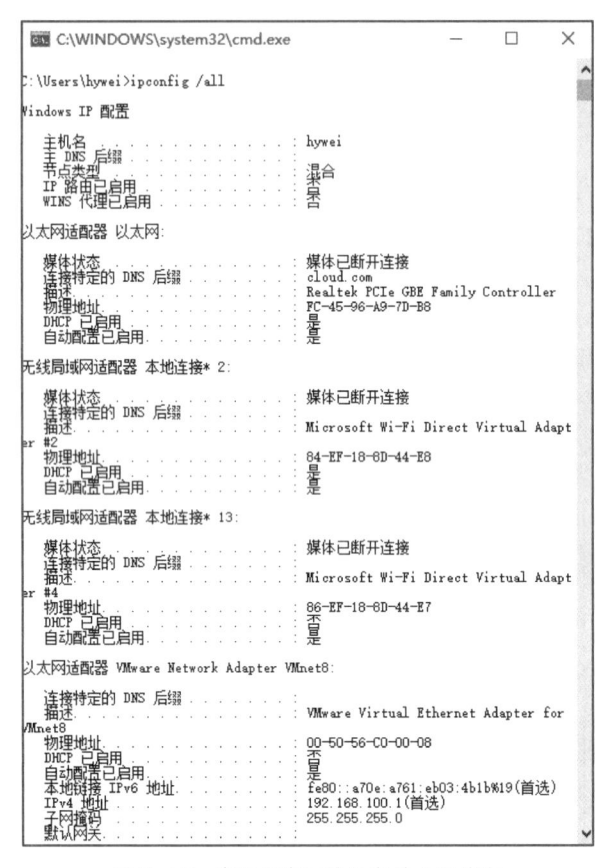

图 7-17 查看所有网络设备的全部信息

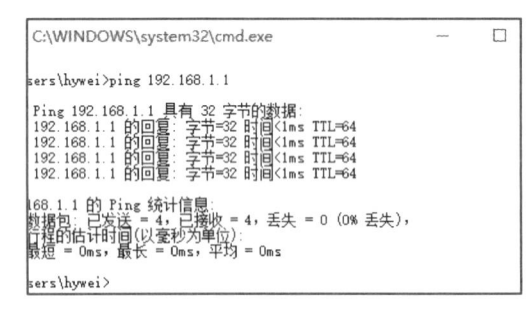

图 7-18 验证 IP 地址

图 7-19 验证 DNS 地址配置

（2）选择联网方式

个人计算机联网方式有"有线连接"和"无线连接"两种方式。一般情况下，台式计算机选用"有线连接"，笔记本电脑可任选一种。通过查看系统图标可查看计算机的联网方式，如图 7-20 所示。

(a) 无线方式　　　　(b) 有线方式

图 7-20 通过查看系统图标判断计算机的联网方式

具体的联网方式可通过"网络连接"窗口,查看和管理联网设置,如图 7-21 所示,可知当前计算机两种联网方式同时启用。

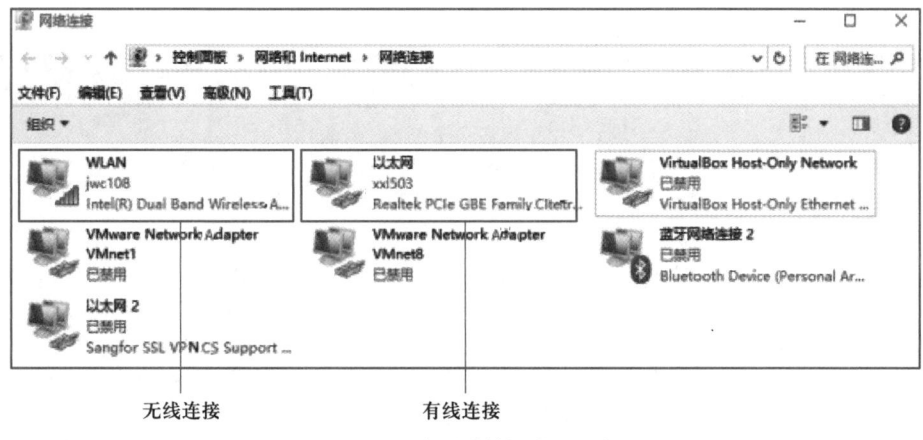

图 7-21　查看计算机联网方式

微课 7-3
绑定 IP 地址和域名

【任务拓展】

拓展任务:绑定 IP 地址和域名。请为用户的计算机绑定一个域名,绑定 IP 地址和域名前后的测试效果如图 7-22 所示。

1. 给出配置过程和结果图示。
2. 给出 hosts 文件的解析。
3. 写出配置过程中所遇到的问题及解决方法。

提示:修改 Windows 系统中的 hosts 文件,可参考网络资源进行修改配置。

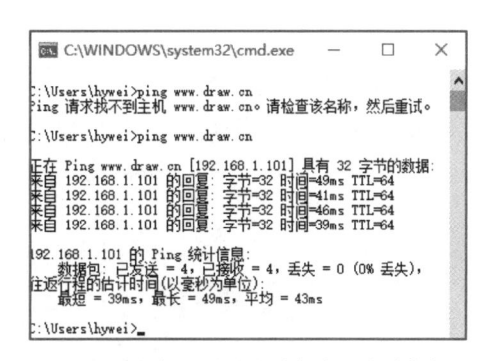

图 7-22　绑定 IP 地址和域名前后的测试效果

任务 7.2　在故宫博物院官网中查看近期展览信息

PPT:
在故宫博物院官网中查看近期展览信息

【任务概述】

故宫博物院位于北京,是在明清皇宫及其收藏基础上建立起来的大型综合性博物馆,也是中国最大的古代文化艺术博物馆。故宫博物院不仅保存了大量的珍贵文物,同时也通过各种展览和活动向公众展示了这些文物的魅力。小刘同学对此仰望已久,他决定通过"故宫博物院"网站,来感受中国文化艺术的博大精深。

【任务实施】

1. 认识和定制浏览器
（1）查看常见的浏览器
一般而言,Windows 操作系统安装完毕后,都配有自带的浏览器 Microsoft Edge 系

微课 7-4
认识和定制浏览器

列。除此之外，使用较多的浏览器还有 360 浏览器等。通过网络查询主流的国产浏览器都有哪些，并按表 7-1 的形式做记录（不少于 5 个）。

表 7-1　主流的国产浏览器

国产浏览器的名称	性能特点	开发企业
360 浏览器	提供了广告拦截、网页加速、病毒防护等功能，并整合了许多实用工具，如截图、网盘等	奇虎 360 公司

（2）定制浏览器界面——以 360 浏览器为例

360 浏览器工作界面的定制，可通过使用"选项"设置工具进行，如图 7-23 所示。可在地址栏输入"se://settings/"并按 Enter 键，打开"选项"设置工具。

图 7-23　360 浏览器"界面设置"标签页

① 设置浏览器默认打开网页为百度首页。

步骤1：在图7-23的选项设置页面中，选择"基本设置"选项，在其右侧窗口中修改"启动时打开"设置，如图7-24所示。

图7-24　基本设置—启动时打开

步骤2：单击"修改主页"按钮，打开"主页设置"对话框，如图7-25所示，输入百度官网的网址，单击"确定"按钮，完成默认主页设置。

图7-25　"主页设置"对话框

步骤3：验证设置效果。先关闭360浏览器，然后重新启动，设置成功效果如图7-26所示。

图7-26　设置浏览器默认页效果图

② 使用"标签设置"：设置标签显示在地址栏下方。

操作步骤：在图7-23的设置页面，选择"标签设置"选项，然后在"标签栏位置"进行设置，如图7-27所示，设置后效果如图7-28所示。

图 7-27　设置"标签栏在下（经典样式）"

图 7-28　设置标签栏在下效果图（经典界面）

2. 浏览网页信息——查看故宫博物院近期展览

（1）进入"故宫博物院"网站

使用信息检索技术查找故宫博物院的官方网站。通过百度搜索"故宫博物院",打开其官网首页,如图 7-29 所示。在地址栏单击,可显示该网站的 URL 地址（俗称网址）。

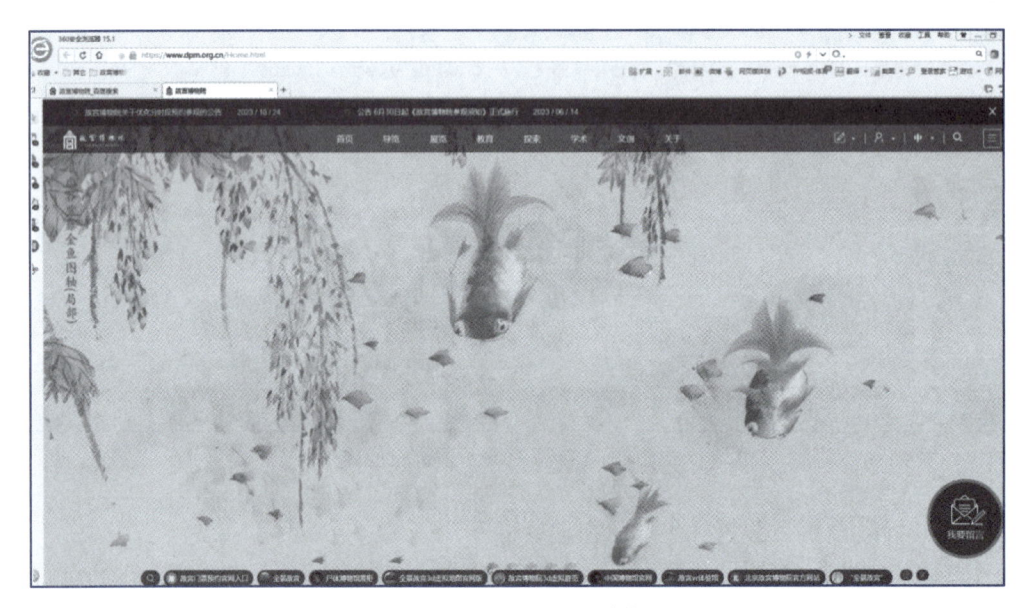

图 7-29　故宫博物院网站首页

（2）查看故宫博物院近期展览

步骤1：进入近期展览页面。将光标移动到"展览"导航菜单后，即刻显示出其级联菜单，如图7-30所示。然后单击"近期展览"超链接后，在网页自动定位到相应位置，如图7-31所示。

图7-30　查看"展览"导航菜单

图7-31　近期展览信息－图文列表

步骤2：进入展览信息详情页面。在图7-31所示的列表中，将光标移动至图文列表的标题或图片上方，然后单击，即可进入详情页，如图7-32所示。通过滚动鼠标滚轮，可进行查看全部介绍信息。

（3）收藏网页——收藏"历史之遇"页面

1）新建"故宫博物院"收藏夹

在如图7-28所示的360浏览器界面中打开"收藏"菜单，选择"收藏的收藏夹"命令，如图7-33所示。

图 7-32 "历史之遇"详情页

图 7-33 "添加到收藏夹"命令

随后,在打开的"添加收藏"对话框中,先选中"本地收藏夹",再单击"新建文件夹"按钮,并修改文件夹名称为"故宫博物院"。

2)将"历史之遇"网页保存到"故宫博物院"收藏夹

在图 7-34 中,新建完收藏夹后,若单击"添加"按钮,将当前网页保存到选定的收藏夹;若单击"取消"按钮,则仅建立收藏夹,不收藏网页。收藏后的效果如图 7-35 所示。若需要再收藏其他网页到"故宫博物院"收藏夹中,则可以在打开网页后,移动鼠标光标到地址栏,双击鼠标选中网址,然后拖曳到"故宫博物院"收藏夹后,松开鼠标。

(4)保存网页——保存"历史之遇"页面

① 保存网页的操作方式。操作步骤:在浏览器上方菜单栏中选择"文件"→"保存网页"或"保存网页为图片"命令,可保存网页到本地计算机或保存为图片文件,如图 7-36 所示。

② 保存网页为"E:\故宫博物院\历史之遇.html"。操作步骤:按快捷键 Ctrl+S,打开"另存为"对话框,设置保存路径和文件名后,单击"保存"按钮,如图 7-37 所示。

任务 7.2　在故宫博物院官网中查看近期展览信息

图 7-34　新建"故宫博物院"收藏夹

图 7-35　查看"故宫博物院"收藏夹

图 7-36　保存网页操作路径

图 7-37 保存"历史之遇"网页

3. 使用浏览器"开发人员工具"

在浏览故宫博物院近期展览各页面时,网站设置了"禁用鼠标右键和复制"等基本操作。当前,各类浏览器都提供了相应的工具,以协助开发人员查看渲染后网页的结构、数据内容等。主流浏览器提供的查看网页工具及其快捷键信息,见表 7-2。

表 7-2　主流浏览器提供的查看网页工具其快捷键信息

工具名称	浏览器	打开工具的快捷键
开发人员工具	360 浏览器、Edge 浏览器	F12
开发者工具	Chrome 浏览器	Ctrl+Shift+I 或 F12
Web 开发者工具	Firefox 浏览器	Ctrl+Shift+I 或 F12

（1）启动"开发人员工具"——以 360 浏览器为例

在浏览网页时,可随时按 F12 快捷键,实现打开或关闭"开发人员工具"。打开工具时的浏览器如图 7-38 所示。

（2）使用"开发人员工具"

1）查看网页代码

开发人员工具界面的"元素"标签页中显示了当前网页的代码,如图 7-39 所示。

① 折叠或展开网页代码。在网页代码中,用鼠标单击代码前面的 ▶ 按钮实现代码折叠或展开。

图 7-38 打开开发者工具的浏览器界面

图 7-39 开发人员工具界面

② 查看代码及对应网页元素。在网页代码中移动或单击鼠标,覆盖一段程序代码时,观察浏览器网页内容的变化,如图 7-40 所示。

2)查看网页图文

在实际工作时,用户的需求是要查看某个页面元素对应的页面代码,例如,需要查看图 7-32 所示的"历史之遇"详情页中那张图片的尺寸等详情信息。

步骤 1:单击开发工具最左侧的按钮 ![] (用于"选择网中的相应元素进行检查")或按快捷键 Ctrl+Shift+C。

步骤 2:用鼠标单击要查看的页面元素(在网页中要查看的元素,此时即使该元素有超链接,但此时页不会进行页面的跳转),此时查看开发工具"元素"标签页中,自动选取了与页面元素对应的代码,如图 7-41 所示。

图 7-40　移动鼠标覆盖网页代码及同步显示对应页面元素

图 7-41　检查网页元素代码

步骤 3：查看图片基本信息。移动光标至相应代码部分，就自动打开当前图片汇总信息和超链接地址，如图 7-42 所示。单击该图片后，在新标签页打开图片。

图 7-42　检查图片详情

【任务拓展】

任务：使用 360 浏览器管理网站账号和密码。

在日常的网络使用中，人们经常需要登录不同的网站，如社交媒体、电子邮件等。为了方便记忆和快速登录，360 浏览器提供了账号密码保存功能。请给出以下要求的实现过程及结果图示，并记录实现过程中遇到的问题及解决方法。

1. 注册"故宫博物院"账号，并实现登录。
2. 使用 360 浏览器实现登录"故宫博物院"网站时，自动填充密码。
3. 查看 360 浏览器已保存的"故宫博物院"账号密码。

任务 7.3　现代通信技术应用实践基础知识测验

一、单选题

1. 下列选项中不是国产浏览器的是（　　）。
   A. 360　　　　　　　　　　　　B. Chrome
   C. QQ　　　　　　　　　　　　D. UC
2. 下列交流方式中不属于即时信息交流方式的是（　　）。
   A. QQ　　　　　　　　　　　　B. E-mail
   C. MSN　　　　　　　　　　　D. 微信
3. 下列关于电子邮件的描述，错误的是（　　）。
   A. 电子邮件是 Internet 提供的一种信息浏览服务
   B. 用户可以通过一台联入 Internet 的计算机向世界任何地方的用户发送电子邮件
   C. 电子邮件具有快速、高效、方便、廉价的特点
   D. 电子邮件既可以传输文本，也可以传输声音、图像、视频等多媒体信息
4. 计算机网络最突出的优点是（　　）。
   A. 资源共享和快速传输信息　　　B. 高精度计算和收发邮件
   C. 运算速度快和快速传输信息　　D. 存储容量大和精度高
5. 下列选项中正确的 IP 地址是（　　）。
   A. 192.168.111.2　　　　　　　B. 192.4.4.2.2
   C. 192.192.2　　　　　　　　　D. 192.192.257.13
6. 在 http://www.126.com 上申请了一个用户名为 xiaoliu 的信箱，电子邮件地址为（　　）。
   A. https://xiaoliu@126.com　　　B. xiaoliu&126.com
   C. xiaoliu@126.com　　　　　　D. http://www.xiaoliu.126.com
7. 查看计算机所有网卡的全部信息，应使用的命令是（　　）。
   A. ipconfig /all　　　　　　　　B. ping /all
   C. ipconfig　　　　　　　　　　D. ping
8. 用于标识网卡全球唯一性的是（　　）。
   A. IP 地址　　　　　　　　　　B. DNS 地址
   C. MAC 地址　　　　　　　　　D. 网关地址

9. 用于实现文件传输的协议是（　　）。
   A. HTTP　　　　　　　　　　　　B. FTP
   C. SMTP　　　　　　　　　　　　D. TCP/IP
10. WWW 实现信息浏览的协议是（　　）。
    A. HTTP　　　　　　　　　　　　B. FTP
    C. SMTP　　　　　　　　　　　　D. TCP/IP
11. 邮件收发服务使用的协议是（　　）。
    A. HTTP　　　　　　　　　　　　B. FTP
    C. SMTP　　　　　　　　　　　　D. TCP/IP
12. 在 360 浏览器中，实现设置标签显示在地址栏下方，应用选用的选项是（　　）。
    A. 基本设置　　　　　　　　　　B. 安全设置
    C. 标签设置　　　　　　　　　　D. 界面设置
13. 在 360 浏览器中，要更改下载内容保存位置，应用选用的选项是（　　）。
    A. 基本设置　　　　　　　　　　B. 安全设置
    C. 标签设置　　　　　　　　　　D. 界面设置
14. 以下关于"飞行模式"说法中，正确的是（　　）。
    A. 飞行模式下计算机无法联通网络
    B. 飞行模式仅对无线上网方式有影响
    C. 飞行模式仅对有线上网方式有影响
    D. 飞行模式对计算机联网没任何影响
15. 在 360 浏览器中，实现快速打开"添加收藏"对话框的快捷键（　　）。
    A. Ctrl+D　　　　　　　　　　　B. Ctrl+M
    C. F12　　　　　　　　　　　　　D. Ctrl+Shift+I
16. 按传输介质分，光纤通信系统属于（　　）系统。
    A. 无线通信　　　　　　　　　　B. 有线通信
    C. 移动通信　　　　　　　　　　D. 固定通信
17. 物联网 IoT 的英文全称是（　　）。
    A. Internet of Matters　　　　　　B. Internet of Things
    C. Internet of Theories　　　　　　D. Internet of Clouds
18. 智慧城市是（　　）与（　　）相结合的产物。
    A. 数字乡村 物联网　　　　　　B. 数字乡村 互联网
    C. 数字城市 物联网　　　　　　D. 数字城市 互联网
19. 物联网的核心技术是（　　）。
    A. 射频识别　　　　　　　　　　B. 集成电路
    C. 操作系统　　　　　　　　　　D. 无线电
20. 物联网射频识别技术，主要是基于（　　）进行信息传输。
    A. 电磁场　　　　　　　　　　　B. 声波
    C. 双绞线　　　　　　　　　　　D. 同轴电缆

二、多选题

1. 下列属于物联网关键技术的有（　　　）。
   A. RFID　　　　　　　　　　　B. 传感器
   C. 智能芯片　　　　　　　　　D. 无线传输网络
2. 下列属于物联网基本特征的是（　　　）。
   A. 互联化　　　　　　　　　　B. 网络化
   C. 感知化　　　　　　　　　　D. 智能化
3. 下列属于传感设备的是（　　　）。
   A. RFID　　　　　　　　　　　B. 红外感应器
   C. 全球定位系统　　　　　　　D. 激光扫描器

实训项目 8

人工智能及相关技术应用

【项目概述】

当前，人工智能（Artificial Intelligence，AI）及其相关技术已成为推动各行各业革新的核心力量。从日常工作到学术研究，从商业分析到生活服务，人工智能的应用无所不在。因此，掌握人工智能技术及其应用对于适应未来社会的需求至关重要。本项目旨在通过实际操作和案例实践，使学习者深入理解并掌握人工智能的基本技能和应用。

【项目目标】

知识目标

1. 掌握人工智能的基本概念及相关技术的简单应用。
2. 掌握 WPS 云盘和 WPS 云文档的基本功能，如实现 WPS 文档的存储、备份和协同工作等。
3. 掌握人工智能文本生成工具文心一言的工作原理及操作方法。

技能目标

1. 掌握使用 WPS 云盘进行文件的备份、同步与分享等。
2. 掌握使用 WPS 云文档实现多人在线协同编辑。
3. 能够利用文心一言等 AI 工具自动生成文档内容。

素养目标

1. 具备应用人工智能工具来高效完成文档创建和编辑任务的能力。
2. 具备团队协作意识和跨学科交流能力。
3. 具备自我学习和适应新技术的能力。

任务 8.1 使用 WPS 云盘备份求职简历

PPT：
使用 WPS 云盘备份求职简历

【任务概述】

对于即将踏入职场的应届毕业生小刘来说，一份精心准备的求职简历是获得理想工作机会的重要"钥匙"。为了确保他的求职材料既专业又随时可得，小刘决定利用 WPS 云盘的强大功能来备份和整理他的求职简历。通过这个任务，小刘不仅能够保障自己的简历安全，还可以在多个设备上随时随地访问和进行更新，从而更好地规划和应对求职过程。简历效果如图 8-1 所示。

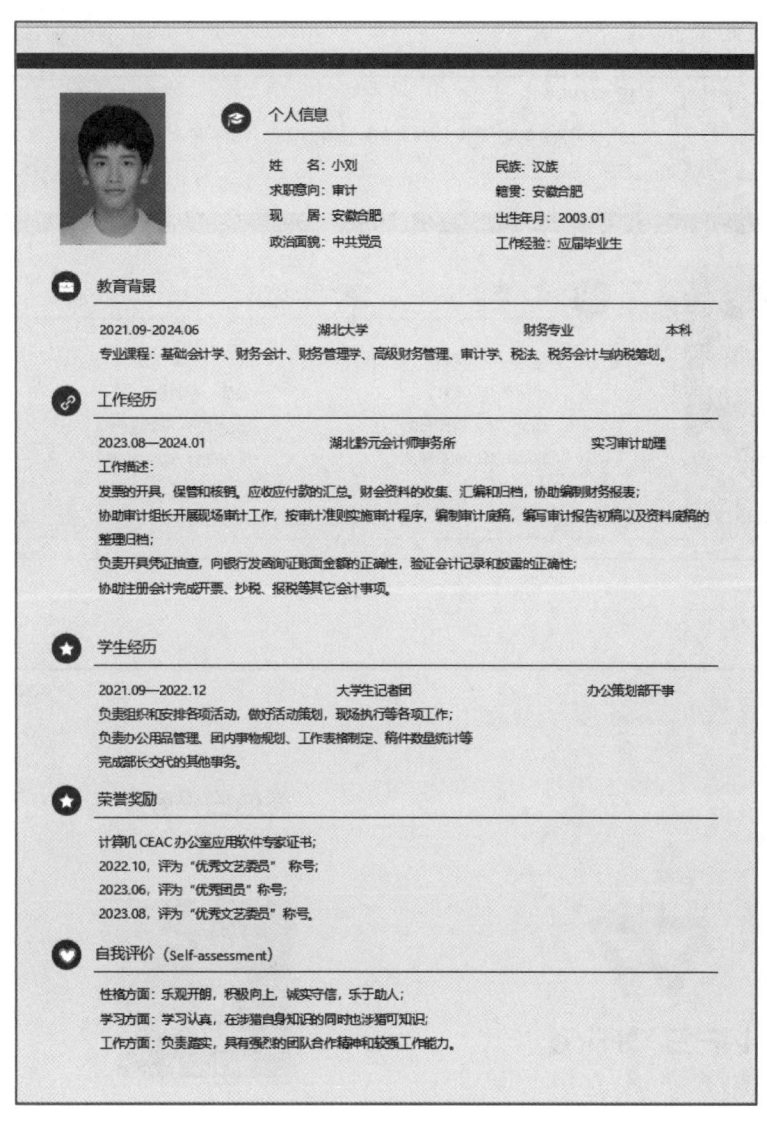

图 8-1 求职简历效果

【任务实施】

1. 登录 WPS Office 账号

（1）确认计算机已连接到互联网，打开给定的实训素材"求职简历.docx"。
（2）单击"立即登录"按钮，如图 8-2 所示。
（3）登录 WPS Office 账号

1）使用微信扫码登录

选中"已阅读并同意金山办公在线服务协议和 WPS 隐私政策"复选框，打开手机微信，选择"扫一扫"，识别如图 8-3 所示的二维码，扫码后微信将提示"使用该微信授权金山办公账号"的信息，如图 8-4 所示，单击"确认"按钮。

微课 8-1
登录 WPS 云盘

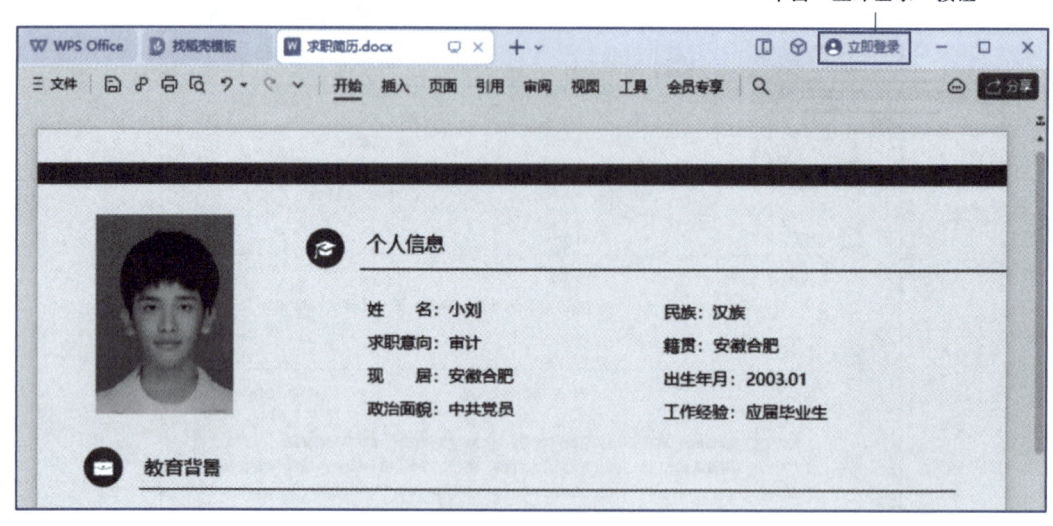

图 8-2 求职简历

图 8-3 微信扫码登录界面

确认后,如图 8-5 所示,手机微信显示授权成功的页面。
2)使用手机验证码登录
选中"已阅读并同意金山办公在线服务协议和 WPS 隐私政策"复选框,单击"手机"按钮,如图 8-6 所示,进入手机登录界面,如图 8-7 所示。

图 8-4　手机微信扫码登录界面

图 8-5　手机微信授权成功界面

图 8-6　微信扫码登录界面

如图 8-8 所示，单击"立即登录/注册"按钮后，在"手机号"栏输入自己的手机号，然后单击"发送验证码"按钮，在"短信验证码"栏中输入接收到的短信验证码，确认短信验证码无误后，单击"立即登录/注册"按钮。

（4）设置受信任设备

登录成功的同时，WPS Office 会跳出"设置受信任设备"界面，如图 8-9 所示，根据此时打开 WPS Office 的个人计算机进行选择。

图 8-7　手机登录界面（1）

图 8-8　手机登录界面（2）

图 8-9 "设置受信任设备"界面

如果此时使用的是自己的个人计算机或长时间使用的个人计算机,可单击左侧的"受信任设备",之后再次登录 WPS Office 账号的时候,就不需要再次进行安全验证,如果在图 8-3 的页面中选中了"自动登录"复选框,那么 WPS Office 将保存这个账号,即使关闭了 WPS Office 软件,或者关机,再次打开 WPS Office 时,WPS Office 会自动登录该账号,不需要再次登录,如图 8-10 所示。

如果此时使用的是学校机房的个人计算机、其他公用个人计算机或仅临时登录而非长期使用,可单击右侧的"临时登录设备",如果关闭了 WPS Office 软件,或者关机,WPS Office 将自动退出该账号,并自动清理本次使用 WPS Office 产生的缓存文件以及使用痕迹,当下次打开 WPS Office 软件时,需要重新登录,并进行安全验证,如图 8-11 所示。

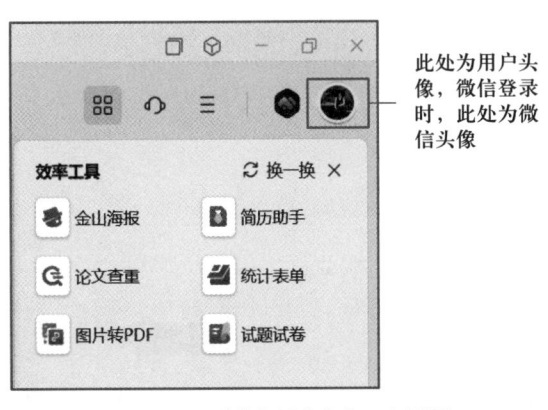

图 8-10 "受信任设备"的用户界面

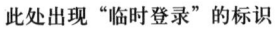

图 8-11 "临时登录设备"的用户界面

2. 将"求职简历.docx"保存到云文档

（1）使用"另存为"命令保存

在"文件"菜单中选择"另存为"命令，如图 8-12 所示，打开"另存为"对话框，如图 8-13 所示。

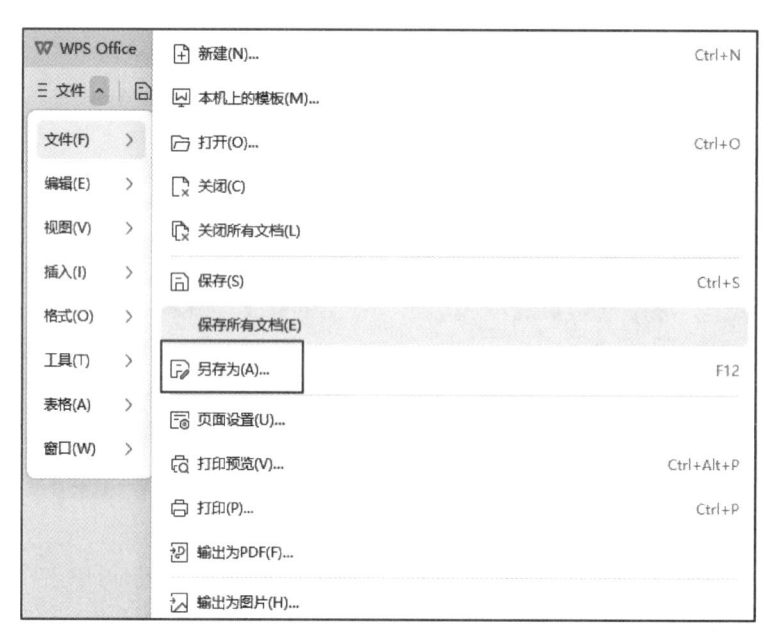

图 8-12 "文件"菜单命令列表

微课 8-2 使用 WPS 云盘备份求职简历

图 8-13 将"求职简历.docx"保存到云文档

在对话框中选择"我的云文档"选项卡,确认文件名称为"求职简历.docx",文件类型为"Microsoft Word 文件(*.docx)"后,单击"保存"按钮,即可将文件"求职简历.docx"保存到云文档。

(2)使用"上传至云空间"保存到云盘

将光标移动到文档的标题栏处,此时会出现文件状态浮窗,单击"上传到云空间"按钮后,单击上传至云空间界面的"立即上传"按钮,就可以将文件"求职简历.docx"保存到云文档了,如图 8-14 所示。

(3)使用文档云同步实现保存

单击右上角的"云同步状态"按钮(图 8-15),打开如图 8-16 所示的"上传至云空间"对话框,单击"立即上传"按钮,就可以将文件"求职简历.docx"保存到云文档了。

图 8-14　文件状态浮窗 　　　图 8-15　上云图标 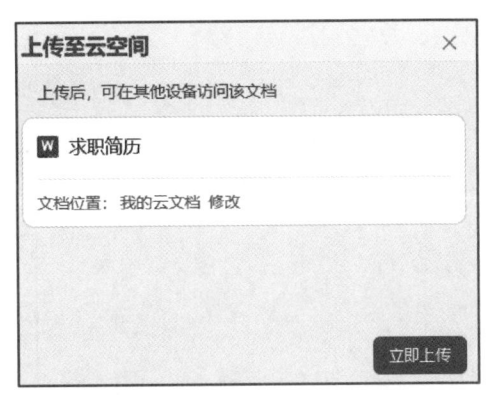　　　图 8-16　"上传至云空间"对话框

3. 查看 WPS Office 云文档文件

(1)查看本机 WPS Office 云文档文件

启动 WPS Office,在左上角选择"WPS Office"选项卡,如图 8-17 所示,选择"我的云文档",在"我的云文档"中找到保存的"求职简历.docx",如图 8-18 所示,双击打开"求职简历.docx"文件,对比这个文件和之前保存的"求职简历.docx"是否存在区别。

图 8-17　选择"WPS Office"选项卡

(2)在其他计算机上查看 WPS Office 云文档文件

在另一台计算机上启动 WPS Office,并临时登录账号,在左上角选择"WPS Office"选项卡,选择"我的云文档",在"我的云文档"中找到保存的"求职简历.docx",双击打开"求职简历.docx"文件,对比这个文件和之前保存的"求职简历.docx"是否存在区别。

(3)在 WPS Office 手机客户端查看云文档文件

下载 WPS Office 手机客户端。如图 8-19 所示,在手机应用市场上搜索"WPS Office",并单击"安装"按钮,在手机上安装 WPS Office 手机客户端。

登录 WPS Office 账号。选中"我已阅读并同意《金山办公在线服务协议》和《WPS 隐私政策》"复选框,单击"微信登录"按钮,如图 8-20 所示,此时应登录与计算机端 WPS Office 账号相同的微信号。

双击"求职简历.docx"

图 8-18 "我的云文档"界面

在微信授权界面单击"允许"按钮,如图 8-21 所示,在"开启 WPS 云服务"界面中单击"立即开启"按钮,如图 8-22 所示,即可成功登录 WPS Office 手机客户端。

图 8-19 搜索"WPS Office"　　图 8-20 WPS Office 手机客户端登录界面　　图 8-21 微信授权界面

在个人主页上单击"云文档"按钮,在云文档中找到之前保存的"求职简历.docx",如图 8-23 所示,单击打开"求职简历.docx"文件,对比该文件和之前保存的"求职简历.docx"是否存在区别如图 8-24 所示。

(4) 更改文档

在 WPS Office 手机客户端编辑文档。单击左上角的"编辑"按钮,进入编辑模式,此时"求职简历.docx"处于可编辑状态,在手机上将教育背景上出错的"湖北大学"修改为"芜湖职业技术学院","本科"修改为"专科",修改完成后,单击云形按钮,将修改后的"求职简历.docx"上传至云文档,单击右上角的"完成"按钮,退出编辑模式,如图 8-25 所示,此时"求职简历.docx"不可编辑。

任务 8.1 使用 WPS 云盘备份求职简历

图 8-22　开启 WPS 云服务

图 8-23　云文档选项卡界面

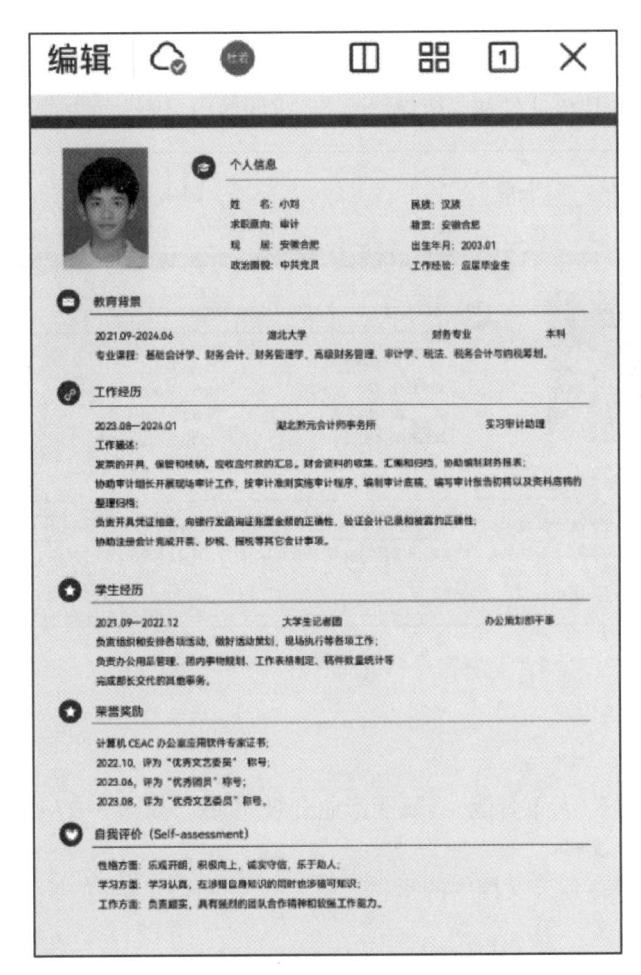

图 8-24　"求职简历.docx"效果

图 8-25　编辑模式

在计算机上登录同一 WPS Office 账号，在"我的云文档"中找到保存的"求职简历.docx"，双击打开"求职简历.docx"文件，对比该文件和手机端修改的"求职简历.docx"是否存在区别，如图 8-26 所示。

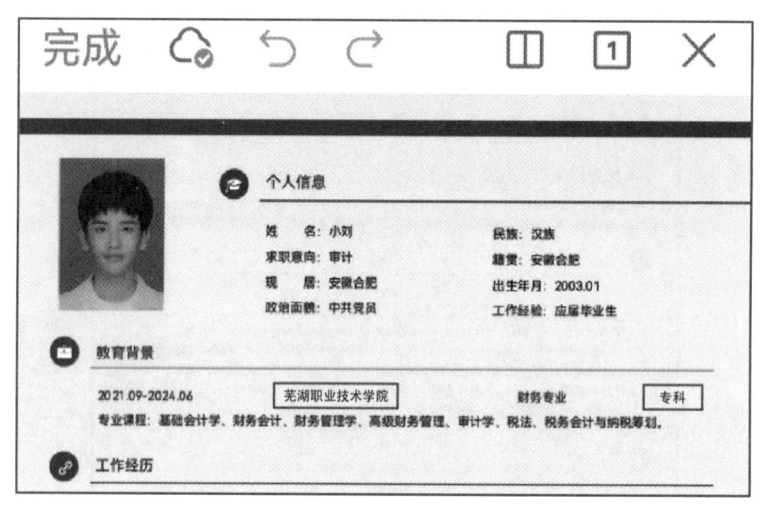

图 8-26　"求职简历.docx"效果

【任务拓展】

根据给定素材"用好'人工智能+'赋能产业升级.docx"，如图 8-27 所示，完成以下设置。
1. 将素材保存到云文档。
2. 通过手机打开保存到云文档中的素材。

```
用好"人工智能+" 赋能产业升级
    文生视频、智能家居、智慧工厂……近年来,人工智能发展速度之快、应用范围
之广备受瞩目。
    政府工作报告提出,深化大数据、人工智能等研发应用,开展"人工智能+"行动,
打造具有国际竞争力的数字产业集群。
    如何加快推动人工智能技术发展?怎样应用人工智能赋能产业升级?如何有效应
对新技术带来的风险与挑战?这些成为今年全国两会上代表委员热议的话题。
    "要推动人工智能技术的发展,需要从人工智能的三大基石上发力,即算料、算
力、算法。"重庆邮电大学校长高新波委员表示,算料方面,需要打破数据壁垒,建立
开放共享的多模态数据标准和大数据中心,构建合理高效的知识图谱;算力方面,需
要构建统一的算力调度平台,避免政府和企业无序投入;算法方面,需要加强基础研
究,培养更多富有创新精神的高素质人才,发挥新型举国体制作用,开展关键技术集
中科研攻关。
```

图 8-27 "用好'人工智能+'赋能产业升级"素材

任务 8.2 使用 WPS 云文档协同编辑出游计划

📄 PPT:
使用 WPS
云文档协同
编辑出游计
划

【任务概述】

小刘与几位好友计划在大学一年级的春季假期期间进行一次短途旅行。为了确保行程安排合理且每个参与者的意见都能被充分考虑,他们决定使用 WPS 云文档来协同创建一个出游计划。每位成员都可以实时查看和编辑文档,从而可有效地规划出行日期、目的地、交通方式、住宿、预算分配以及备选活动等。出游计划如图 8-28 所示。

```
出游计划
  目的地:黄山
  行程安排:
    第1天:
      上午出发,乘坐高铁前往黄山市。
      下午抵达并入住预定好的酒店,稍作休息。
      傍晚时分,游览屯溪老街,品尝当地美食。
    第2天:
      早晨前往黄山风景区,登山观光。
      中午在山上的餐厅享用午餐。
      下午继续游览,包括迎客松、光明顶等著名景点。
      傍晚下山,返回酒店休息。
    第3天:
      早上参观宏村或西递古村落。
      中午在当地尝试徽州特色菜肴。
      下午返回市区,进行轻松购物或参观当地博物馆。
      晚上乘坐高铁返回。
  预算:
    交通费:往返高铁票约为 400 元/人。
    住宿费:两晚酒店费用预计为 600 元/人(假设双人标间)。
    餐饮费:每日约 150 元/人,共计 450 元。
    门票及杂费:黄山门票+缆车费约为 250 元/人;古村落门票约为 100 元/人,
其他杂费预计 100 元/人。
    总计:每人预算约为 1800 元。
  交通方式:
    往返选择高铁,城市间交通选择出租车或公共交通工具。
    黄山风景区内部根据体力情况选择徒步或乘坐缆车。
  备注:
    根据季节和天气情况提前准备适宜的衣物和鞋子。
    请随身携带身份证件、现金、信用卡以及必要的药品。
    提前一周开始预定酒店和车票,以确保行程顺利。
    注意保持环境卫生,尊重当地风俗习惯。
```

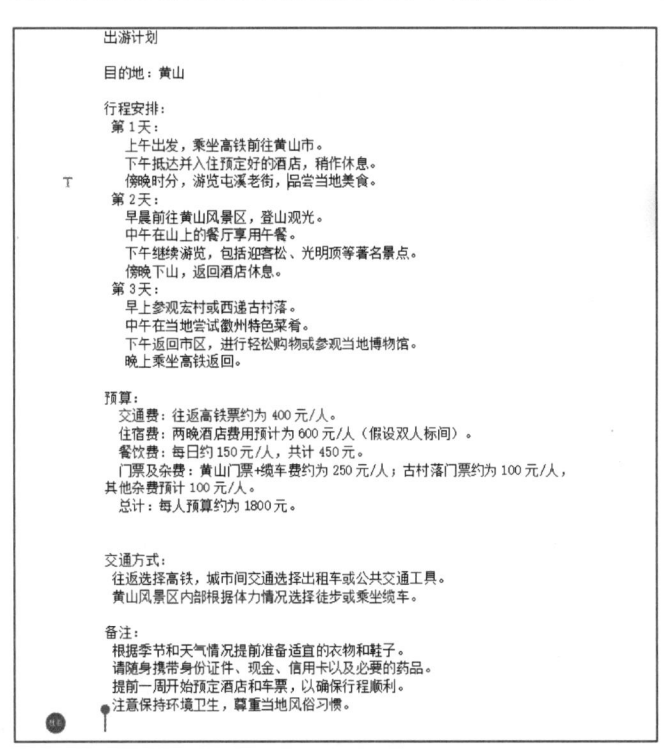

图 8-28 出游计划

【任务实施】

1. 新建文档并邀请协作人员

（1）登录 WPS 云文档

启动 WPS Office 程序，登录 WPS Office 账号。

（2）创建出游计划文档

在 WPS 文字中新建空白文档，将文档命名为"出游计划.docx"，将素材"出游计划.txt"行程安排的内容复制并粘贴到"出游计划.docx"的页面，将该文档保存到云文档，如图 8-29 和图 8-30 所示。

微课 8-3
使用 WPS 云文档发起协同编辑出游计划

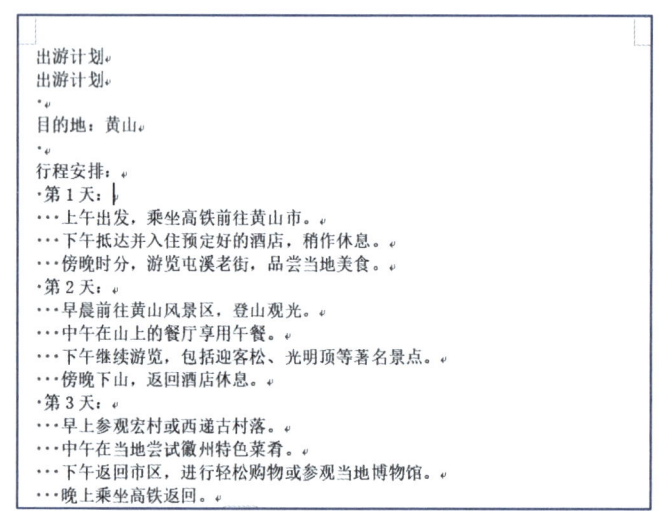

图 8-29 "出游计划.docx"的页面

图 8-30 将"出游计划.docx"保存到云文档

（3）分享文档进行协同编辑

如图 8-31 所示，单击文档页面右上角的"分享"按钮。在打开的分享设置窗口中，启用"协作"选项中的"和他人一起编辑"开关，如图 8-32 所示，此时用户和所有接收到分享指令的好友都可以看到最新的文档内容，所有人都可以对文档进行编辑。单击"复制链接"按钮，如图 8-33 所示，选择合适的分享方式，将复制链接发送给其他团队成员（这里发送给 QQ 好友），如图 8-34 所示。链接权限为"所有人可编辑"。

图 8-31　"分享"按钮

图 8-32　分享设置窗口界面（1）

图 8-33　分享设置窗口界面（2）

图 8-34　QQ 发送页面

微课 8-4
使用 WPS 云文档协同编辑出游计划

2. 协同编辑文档

（1）接收链接

当被邀请的好友登录 PC 端腾讯 QQ 后，即可接收到好友分享的文档链接，如图 8-35 所示。

图 8-35　QQ 接收页面

（2）登录金山文档

单击该链接，进入"金山文档—多人实时协作的在线 Office"网页界面并登录，单击"登录并加入编辑"按钮，如图 8-36 所示，进入金山文档在线编辑页面，如图 8-37 所示。

（3）权限确认

此时邀请者可以修改被邀请者申请权限的信息。邀请者在打开的协同编辑文档中会显示被邀请者的 QQ 昵称。单击邀请者文档页面右侧的新消息头像，在展开的列表中单击被邀请者头像后的可编辑，即可修改被邀请者申请权限的信息，如图 8-38 所示。"可编辑"意味着被邀请者可以对该文档进行修改，"可查看"意味着被邀请者可以查看该文档，但不可以对该文档进行修改，"可评论"意味着被邀请者可以查看该文档，可以对该文档进行评论，但不可以对文档进行修改，"移出协作"意味着被邀请者不可以再查看该文档。

图 8-36　多人协作页登录界面

（4）修改"出游计划.docx"

开始编辑文档。被邀请者在打开的协同编辑文档中会显示邀请者的 QQ 昵称。将素材"出游计划.txt"预算的内容输入文档，如图 8-39 所示。

同时，文档的创建者（即邀请者）也可同步看到该内容，如图 8-40 所示。被邀请者与邀请者分工合作，完成文档内容的输入，如图 8-41 所示。

图 8-37　金山文档在线编辑页面

图 8-38　修改被邀请者申请权限的信息

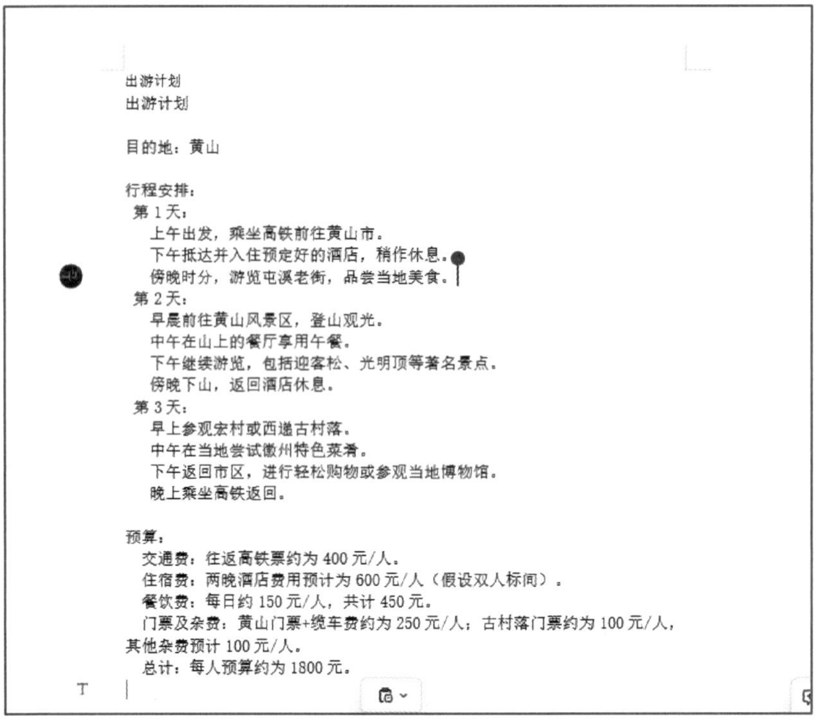

214　实训项目 8　人工智能及相关技术应用

图 8-39　被邀请者在文档中输入内容

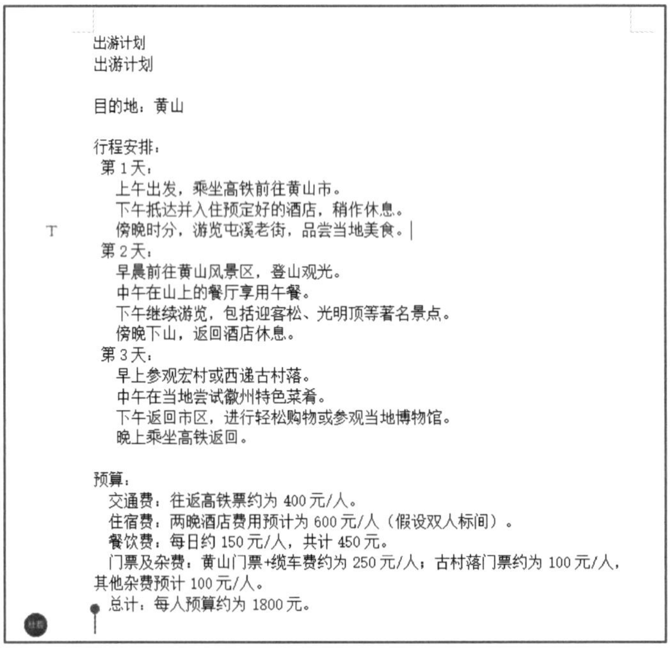

图 8-40　文档创建者同步看到输入的内容

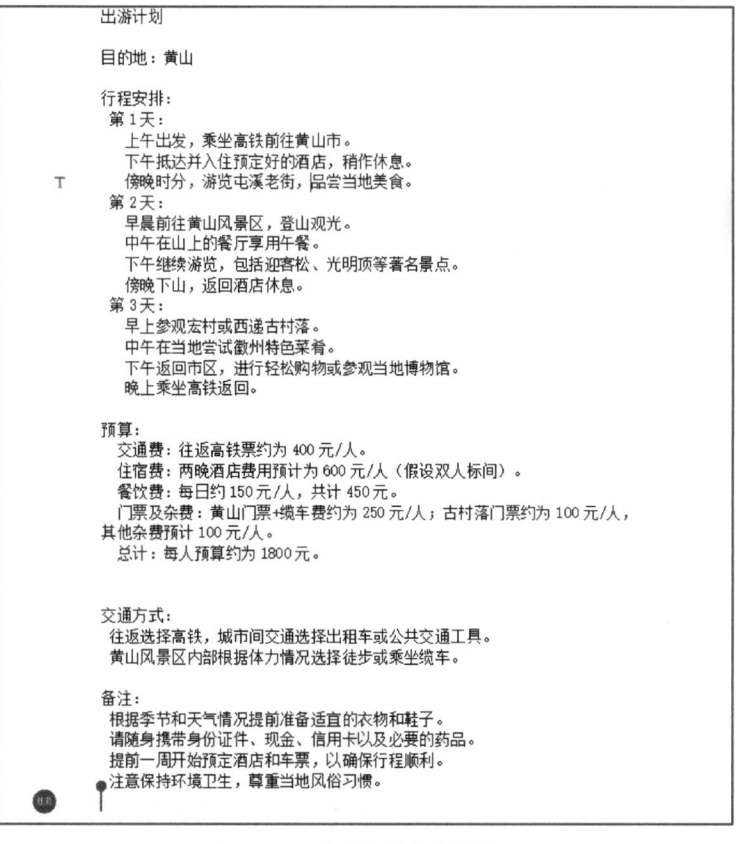

图 8-41　完成文档内容的输入

3. 取消分享并下载文档

（1）取消分享

协作文档编辑完毕，文档创建者可以取消协作成员对该文档的访问。为此，可单击文档窗口右上方的"分享"按钮，打开"分享"界面，单击"仅下方指定人可查看/编辑"超链接，在展开的下拉列表中关闭"和他人一起编辑"开关，即可取消该文档的分享状态，如图 8-42 所示。与此同时，被邀请者会收到取消对该文档访问的提示信息，并随之关闭该文档，如图 8-43 所示。

（2）下载文档

文档创建者可将该协作文档下载到本地计算机中。为此，可单击文档窗口左上角的"文件"按钮，在展开的下拉列表中单击"下载"按钮，如图 8-44 所示，打开"另存为"对话框，接下来的操作方法与保存文档相同。

图 8-42　取消文档的分享状态 　　　图 8-43　取消文档访问提示信息 　　　图 8-44　下载文档

【任务拓展】

根据给定素材"咖啡厅营销策划书 .txt",利用 WPS 云文档协同编辑一份营销策划书,效果如图 8-45 所示。

图8-45 咖啡厅营销策划书效果

任务8.3 使用"文心一言"生成年度总结

【任务概述】

小刘作为大学一年级新生,在忙碌而充实的一年里,参与了许多学校的活动,学习上也有了长足的进步。为了总结过去一年的成长历程,并为来年的学习与生活制订目标和计划,小刘决定利用"文心一言"来帮助自己生成一份全面的年度总结。年度总结效果如图8-46所示。

【任务实施】

1. 准备工作

(1)打开"文心一言"的官方网站

打开浏览器,在搜索栏输入"文心一言",如图8-47所示,单击"搜索"按钮,结果如图8-48所示,单击"文心一言"官网超链接,打开如图8-49所示的"文心一言"官网。

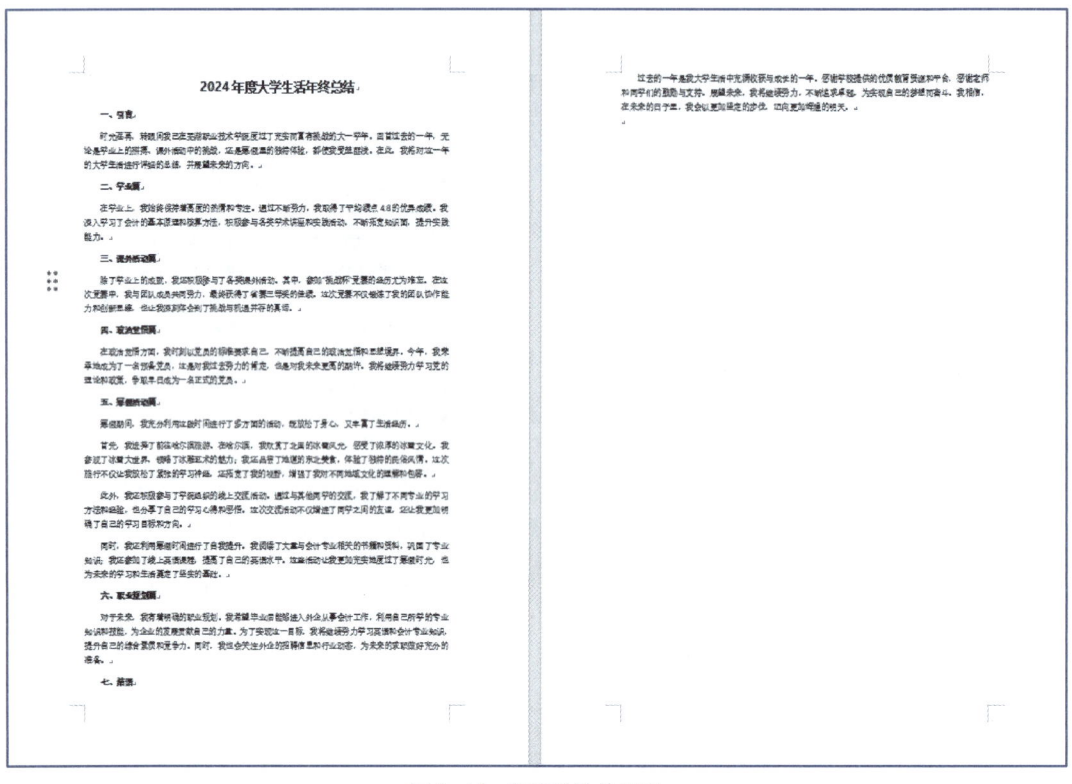

图 8-46　年度总结效果图

图 8-47　在搜索栏输入"文心一言"

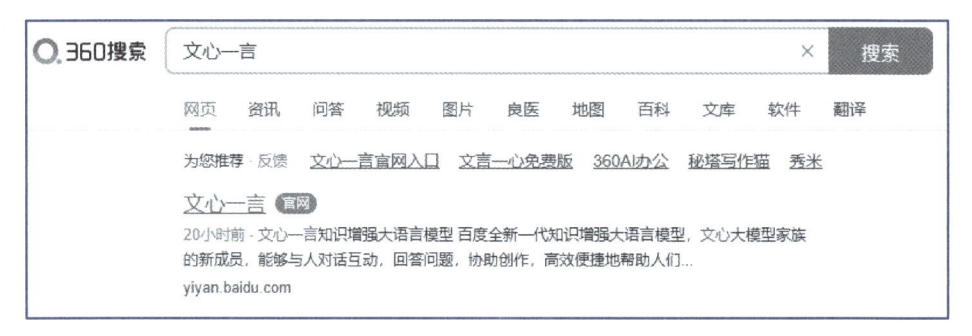

图 8-48　"文心一言"检索结果

图 8-49 "文心一言"官网

（2）注册并登录"文心一言"

单击页面右上角的"立即登录"按钮或者页面下方蓝色的"登录"按钮，进入登录页面。

如果手机中已下载百度 App，可以使用百度 App 扫码登录，如果拥有百度账号，可以通过百度账号以及密码进行登录，如图 8-50 所示。如果没有百度账号，可通过短信登录，如图 8-51 所示，选择"短信登录"选项卡，然后在第 1 行输入手机号，随后单击"发送验证码"按钮，在第 2 行输入手机收到的验证码。

如图 8-52 所示，在弹出的"文心一言用户协议"界面中单击"接受协议"按钮，即可完成"文心一言"的登录。

图 8-50 "文心一言"登录页面

图 8-51 "文心一言"短信登录页面

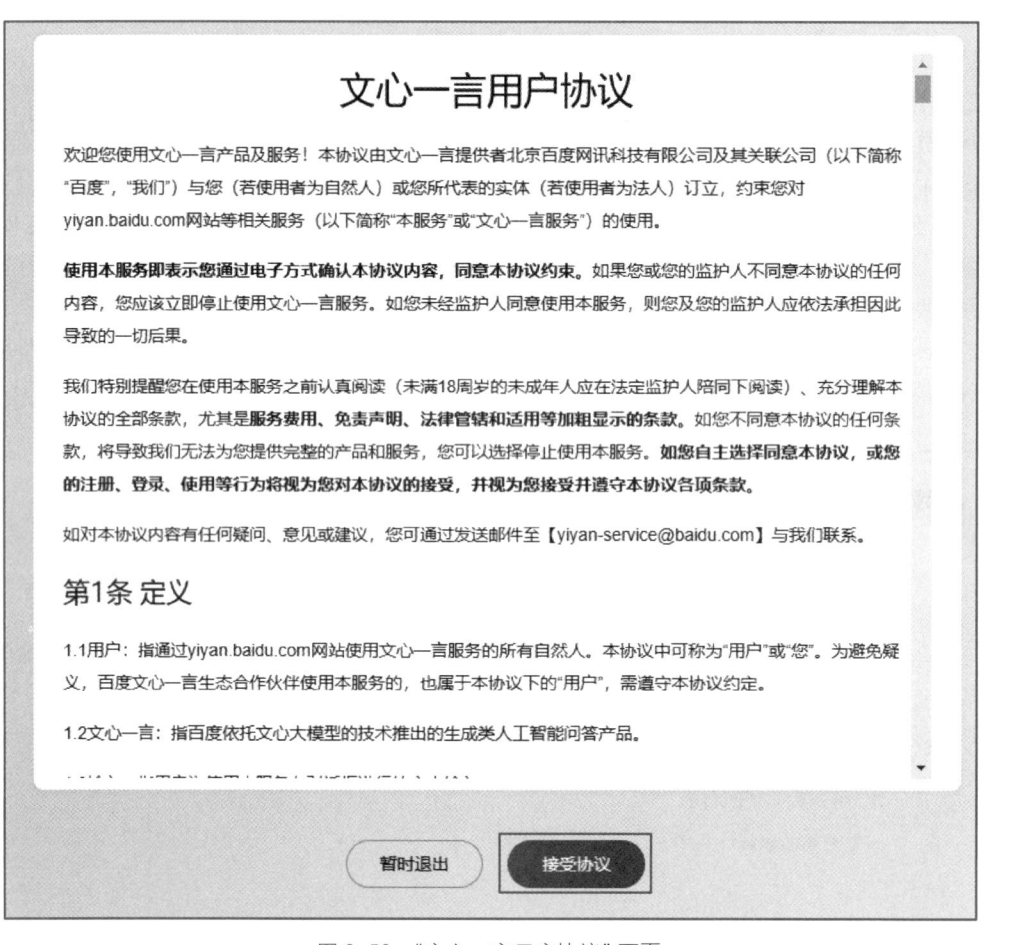

图 8-52 "文心一言用户协议"页面

任务 8.3 使用"文心一言"生成年度总结

登录成功后的页面如图 8-53 所示。

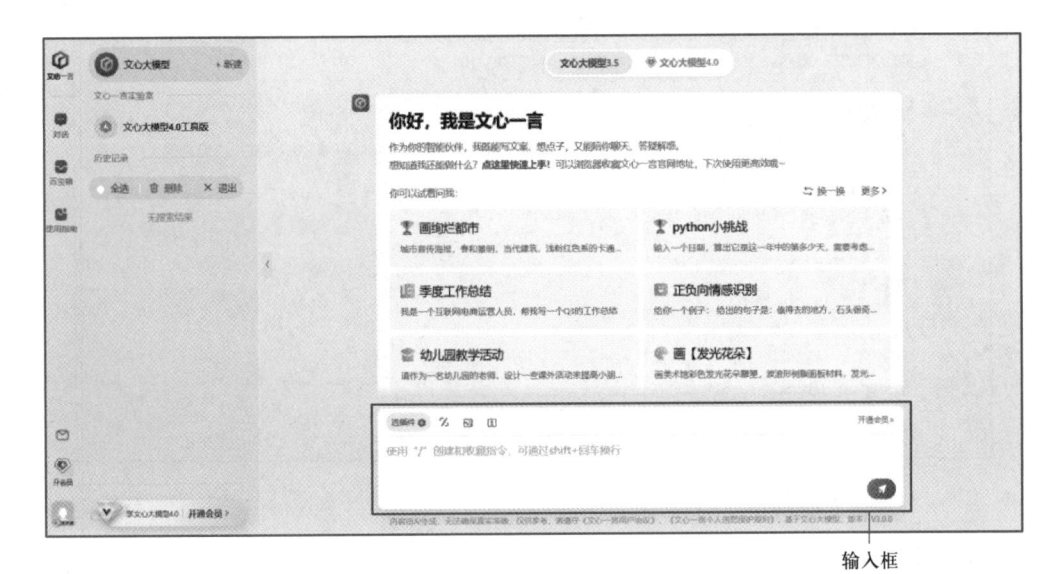

图 8-53 "文心一言"登录成功页面

2. 使用"文心一言"生成年度总结

（1）尝试使用"文心一言"

在"文心一言"的输入框中，输入"生成一份年终总结"，生成结果示例如图 8-54 和图 8-55 所示。

很显然，这是一份工作年终总结，不符合"大学一年级新生小刘利用'文心一言'来帮助自己生成一份全面的年度总结"的需求，在这种情况下，需要增加关键词，在输入框中输入"我是××学校××专业，大学×年级的学生，请帮我生成一份年终总结"，可以极大程度地改进年终总结的生成效果。

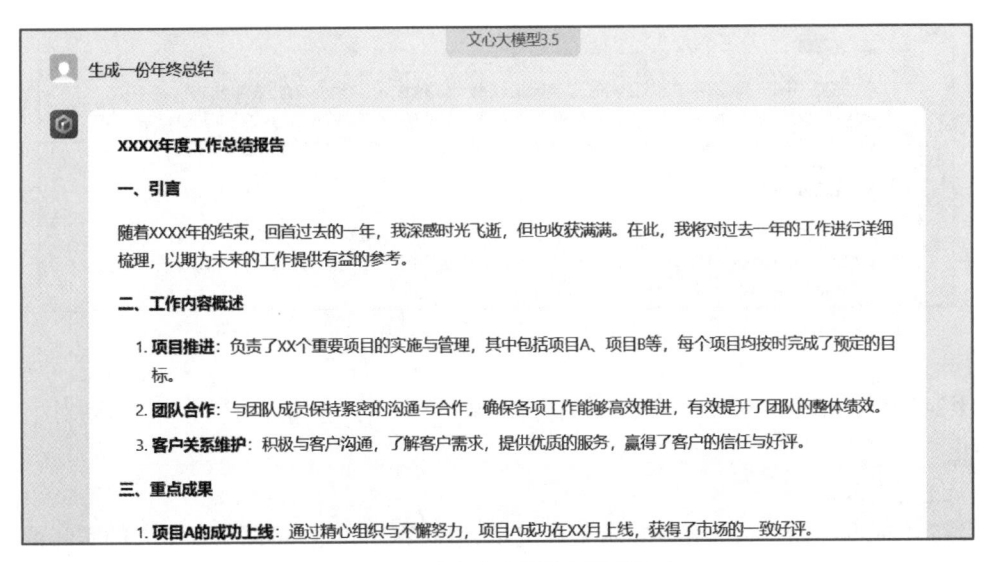

图 8-54 生成结果示例 1 页面（1）

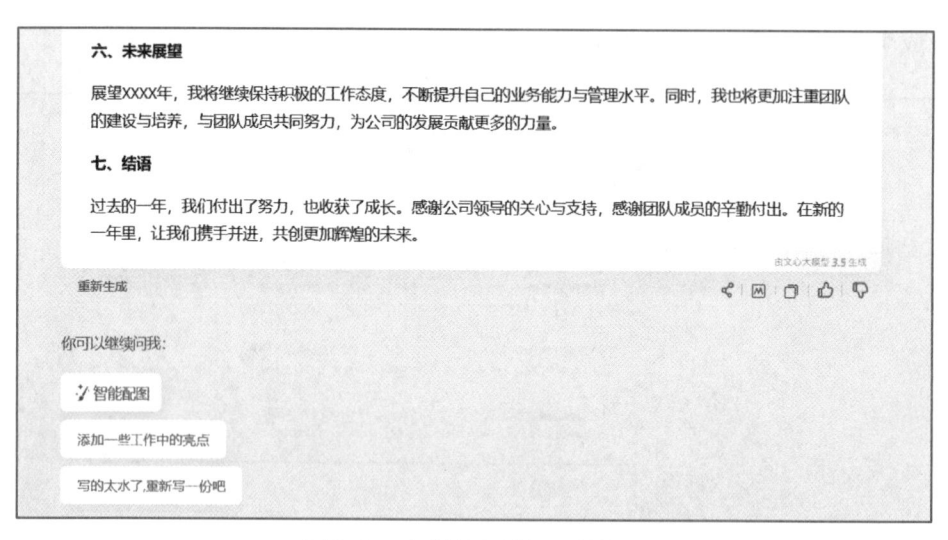

图 8-55　生成结果示例 1 页面(2)

（2）完善个人身份

在"文心一言"的输入框中，输入"我是芜湖职业技术学院会计专业，大学一年级的学生，请帮我生成一份年终总结"，生成结果示例如图 8-56 和图 8-57 所示。

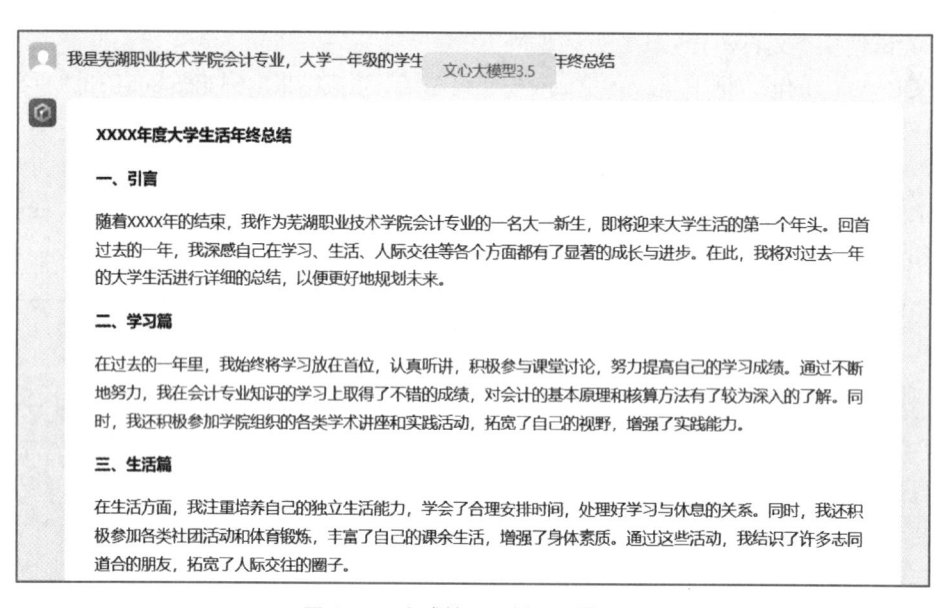

图 8-56　生成结果示例 2 页面(1)

如果对于生成结果不满意，可以单击生成结果左下方的"重新生成"按钮，直到对生成结果满意为止。

（3）优化生成式

示例 2 生成的年终总结已经和需求很接近了，但内容比较空，可以根据个人的实际情况补充内容，可补充的内容包括但不限于：

五、展望篇

展望未来,我将继续保持积极向上的心态,努力学习专业知识,提高自己的综合素质。同时,我还将积极参加各类实践活动和社团活动,锻炼自己的组织能力和领导能力。我相信,在未来的大学生活中,我会取得更加优异的成绩,为自己的人生增添更多的色彩。

六、结语

过去的一年是我大学生活中充满挑战与收获的一年。感谢学校、老师和同学们的关心与支持,让我在这个大家庭中茁壮成长。展望未来,我将继续努力,不断追求卓越,为自己的梦想而奋斗。

图 8-57 生成结果示例 2 页面(2)

学习内容:我学习了××课程,我参加了××活动等

学习成果:我的平均绩点是××,我的××课程的成绩是××,我的××课程的成绩是第×名等

学习体会:我的××(学习、生活、思想等)体会是,我的规划(学习、生活、职业)等

重要事件:我参加了××比赛,获得了××奖,我去了××地方旅游,我去了××实习等

在"文心一言"的输入框中,输入"我的平均绩点4.8,参加挑战杯获得了省赛三等奖,已成为一名预备党员,今年寒假去了哈尔滨旅游,我毕业后想从事会计工作",生成结果示例如图 8-58 和图 8-59 所示。

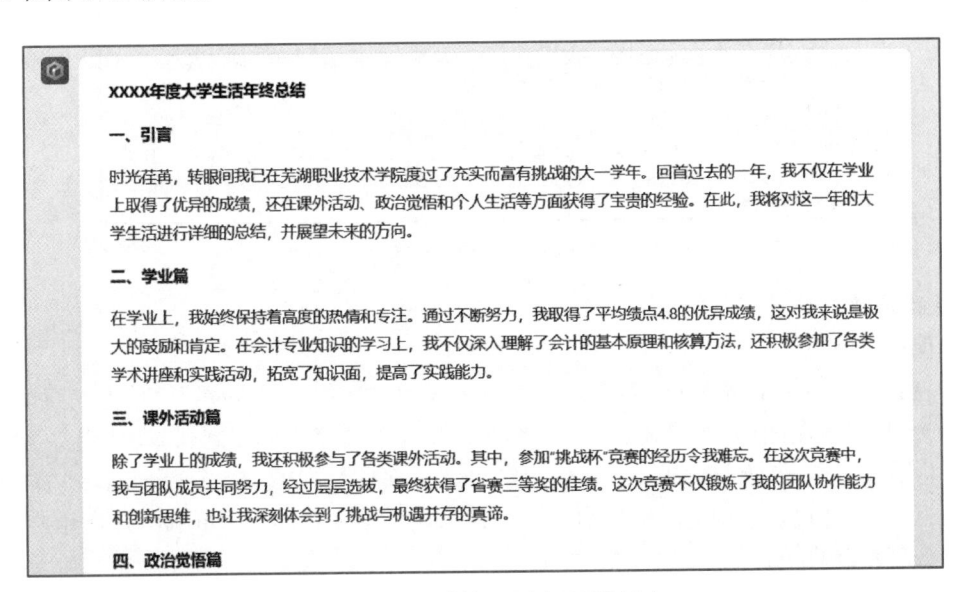

XXXX年度大学生活年终总结

一、引言

时光荏苒,转眼间我已在芜湖职业技术学院度过了充实而富有挑战的大一学年。回首过去的一年,我不仅在学业上取得了优异的成绩,还在课外活动、政治觉悟和个人生活等方面获得了宝贵的经验。在此,我将对这一年的大学生活进行详细的总结,并展望未来的方向。

二、学业篇

在学业上,我始终保持着高度的热情和专注。通过不断努力,我取得了平均绩点4.8的优异成绩,这对我来说是极大的鼓励和肯定。在会计专业知识的学习上,我不仅深入理解了会计的基本原理和核算方法,还积极参加了各类学术讲座和实践活动,拓宽了知识面,提高了实践能力。

三、课外活动篇

除了学业上的成绩,我还积极参与了各类课外活动。其中,参加"挑战杯"竞赛的经历令我难忘。在这次竞赛中,我与团队成员共同努力,经过层层选拔,最终获得了省赛三等奖的佳绩。这次竞赛不仅锻炼了我的团队协作能力和创新思维,也让我深刻体会到了挑战与机遇并存的真谛。

四、政治觉悟篇

图 8-58 生成结果示例 3 页面(1)

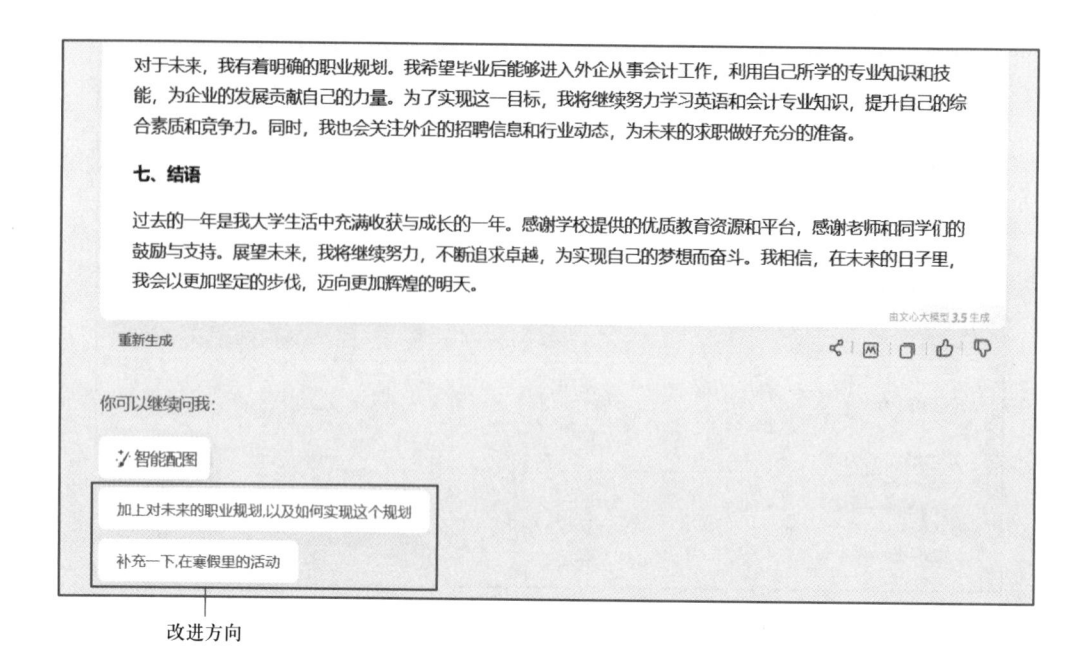

> 对于未来,我有着明确的职业规划。我希望毕业后能够进入外企从事会计工作,利用自己所学的专业知识和技能,为企业的发展贡献自己的力量。为了实现这一目标,我将继续努力学习英语和会计专业知识,提升自己的综合素质和竞争力。同时,我也会关注外企的招聘信息和行业动态,为未来的求职做好充分的准备。
>
> **七、结语**
> 过去的一年是我大学生活中充满收获与成长的一年。感谢学校提供的优质教育资源和平台,感谢老师和同学们的鼓励与支持。展望未来,我将继续努力,不断追求卓越,为实现自己的梦想而奋斗。我相信,在未来的日子里,我会以更加坚定的步伐,迈向更加辉煌的明天。
>
> 由文心大模型 3.5 生成
>
> 重新生成
>
> 你可以继续问我:
>
> 智能配图
>
> [加上对未来的职业规划,以及如何实现这个规划] ← 改进方向
> [补充一下,在寒假里的活动]

图 8-59　生成结果示例 3 页面(2)

如果对于生成结果不满意,可以单击生成结果左下方的"重新生成"按钮,直到对生成结果满意为止。依据个人的需求,选择让"文心一言"根据改进方向生成更多的内容,直到满意为止。

以"补充一下在寒假里的活动"为例,生成结果示例部分如图 8-60 所示。

> **五、寒假活动篇**
> 寒假期间,我充分利用这段时间进行了多方面的活动,既放松了身心,又丰富了生活经历。
>
> 首先,我选择了前往哈尔滨旅游。在哈尔滨,我欣赏了北国的冰雪风光,感受了浓厚的冰雪文化。我参观了冰雪大世界,领略了冰雕艺术的魅力;我还品尝了地道的东北美食,体验了独特的民俗风情。这次旅行不仅让我放松了紧张的学习神经,还拓宽了我的视野,增强了我对不同地域文化的理解和包容。
>
> 此外,我还积极参与了学院组织的线上交流活动。通过与其他同学的交流,我了解了不同专业的学习方法和经验,也分享了自己的学习心得和感悟。这次交流活动不仅增进了同学之间的友谊,还让我更加明确了自己的学习目标和方向。
>
> 同时,我还利用寒假时间进行了自我提升。我阅读了大量与会计专业相关的书籍和资料,巩固了专业知识;我还参加了线上英语课程,提高了自己的英语水平。这些活动让我更加充实地度过了寒假时光,也为未来的学习和生活奠定了坚实的基础。

图 8-60　生成结果示例 4

3. 保存年终总结

（1）保存年终总结

打开 WPS Office 并新建 WPS 文字文档,将其保存为"年终总结 .docx"。单击满意的生成结果下方的 按钮复制图标,如图 8-61 所示,将生成结果的文字全部复制到剪贴板上。然后返回到"年终总结 .docx",选择"粘贴"命令,生成结果就全部粘贴到了"年终总结 .docx"文档上,根据个人喜好,调整年度、文字的字体、字号、段落等后,保存该文档即可,如图 8-62 所示。

（2）分享年终总结

如图 8-63 所示,单击满意的生成结果下方的 按钮,弹出分享页面,如图 8-64 所示。

任务 8.3　使用"文心一言"生成年度总结

图 8-61　生成结果下方图标

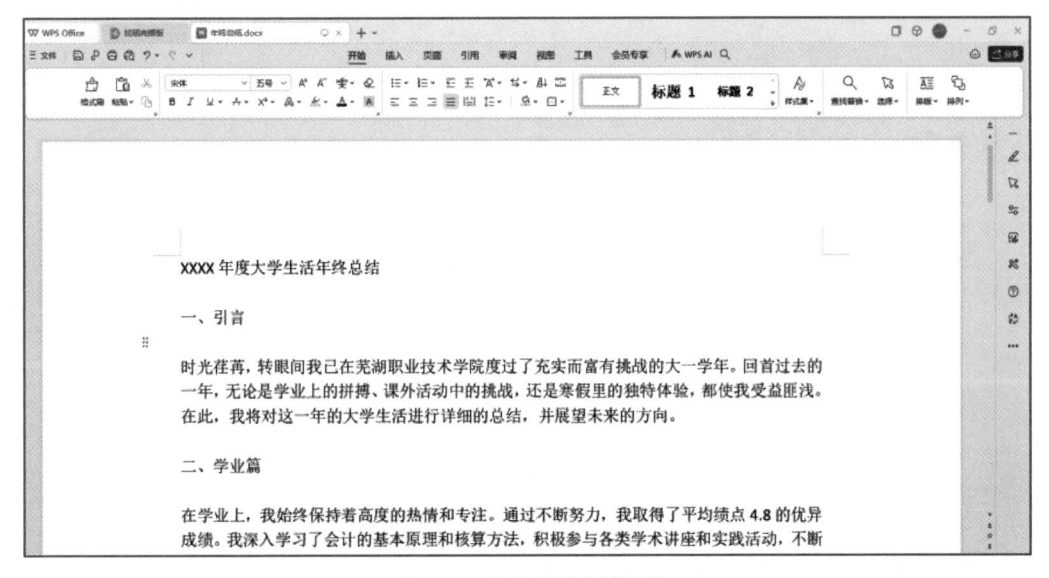

图 8-62　年终总结文档初稿

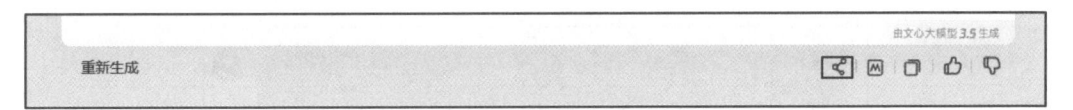

图 8-63　生成结果下方图标

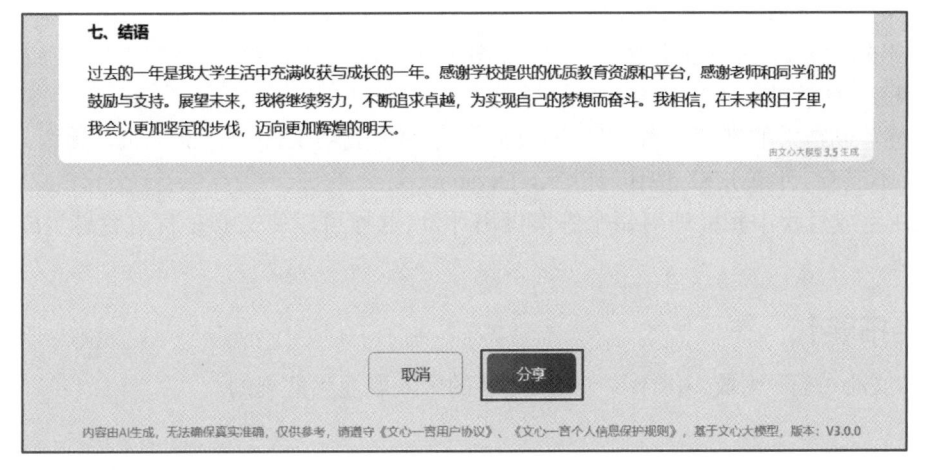

图 8-64　分享页面

单击"分享"按钮,显示分享链接,单击"复制链接"按钮,如图 8-65 所示,即可将生成结果所在地址分享给其他人,以 QQ 为例,分享结果如图 8-66 所示。

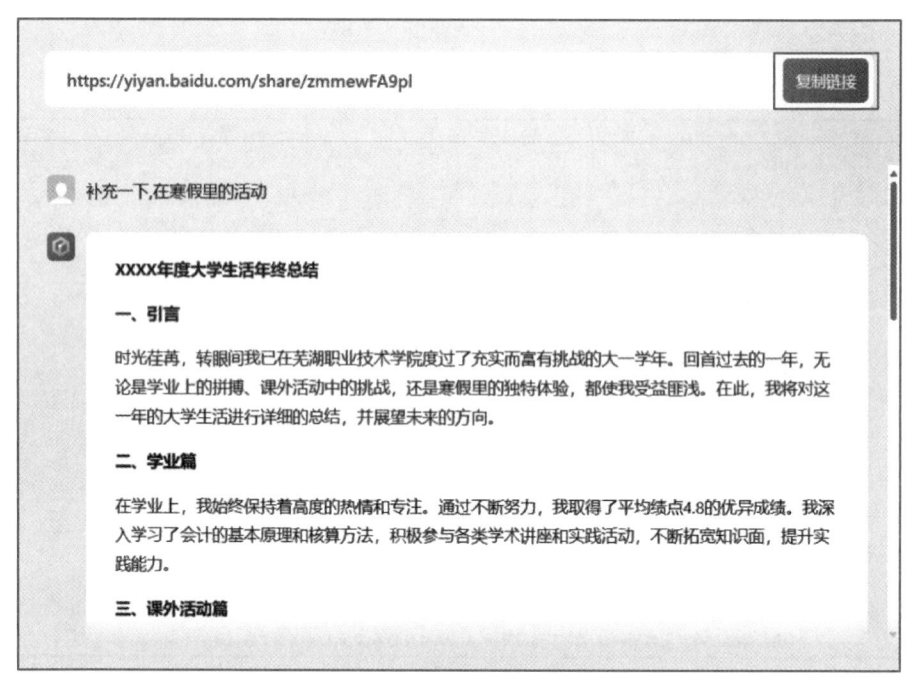

图 8-65 复制页面

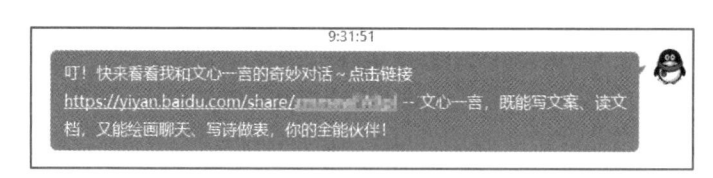

图 8-66 QQ 对话

单击超链接后会弹出生成结果的网页,如图 8-67 所示。

(3)评价生成结果

根据对生成结果的满意与否,可以对文心一言的生成结果进行评价。如果满意,可单击 👍 按钮;如果不满意,可单击 👎 按钮,如图 8-68 所示。

建议在生成过程中积极地对每个答案做出评价,这样可以使文心一言更容易生成满足个人想法的结果。

【任务拓展】

使用"文心一言"生成一份不少于 1 000 字的个人职业生涯规划。

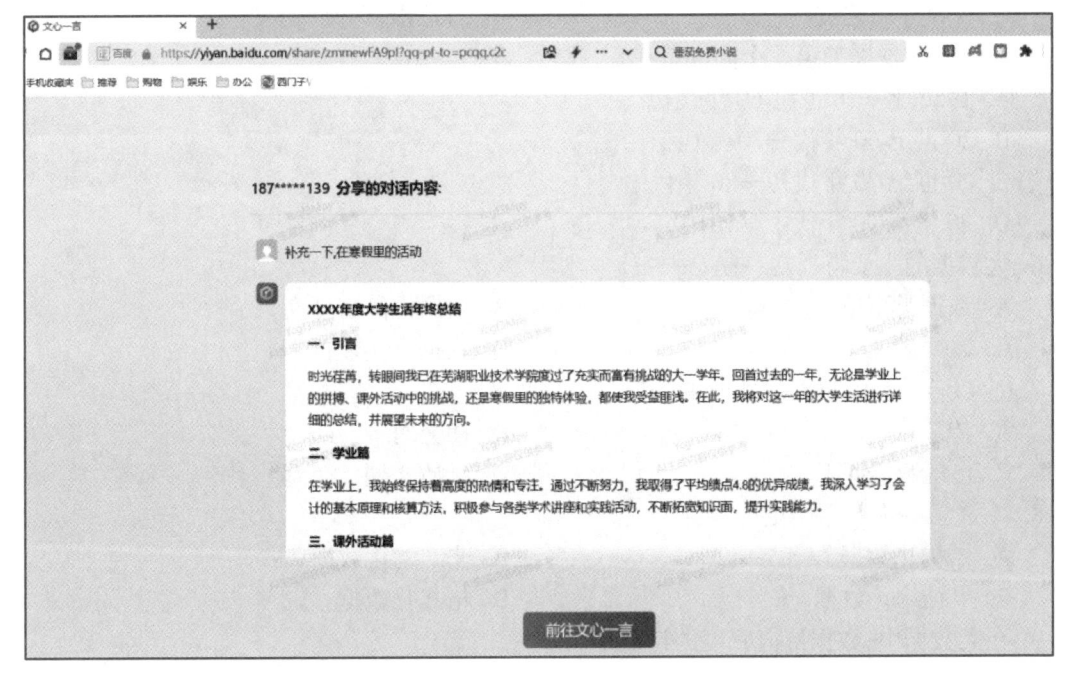

图 8-67　生成结果的网页显示

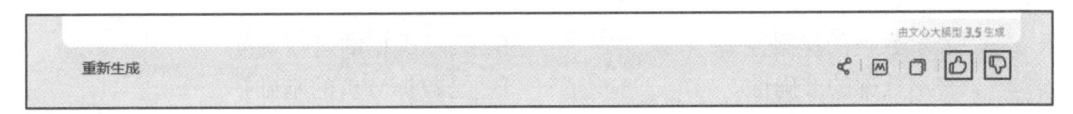

图 8-68　生成结果下方图标

任务 8.4　人工智能及相关技术应用基础知识测验

一、单选题

1. (　　)不是人工智能关键技术之一。
   A. 机器学习　　　　　　　　　　B. 深度学习
   C. 量子计算　　　　　　　　　　D. 自然语言处理
2. ChatGPT 是由(　　)公司发布的大型语言模型。
   A. 搜狐　　　　　　　　　　　　B. 微软
   C. 百度　　　　　　　　　　　　D. OpenAI
3. (　　)不是人工智能的应用领域。
   A. 语音识别　　　　　　　　　　B. 人机对弈
   C. 宇宙探索　　　　　　　　　　D. 自动驾驶汽车
4. 艾伦·麦席森·图灵被誉为(　　)。
   A. 人工智能之父　　　　　　　　B. 机器学习之父

C. 深度学习之父 D. 自然语言处理之父
5. 人工智能发展的第一个高潮是在（　　）。
   A. 1956年—20世纪60年代初
   B. 20世纪60年代—70年代初
   C. 20世纪70年代初—80年代中
   D. 20世纪90年代中—2010年
6. 大数据的主要特征之一是（　　）。
   A. 数据类型单一 B. 数据价值密度高
   C. 数据量大 D. 数据真实性低
7. （　　）不是大数据的主要来源。
   A. 传感器 B. 社交网络
   C. 传统数据库 D. 纸质文档
8. （　　）在大数据中更为常见。
   A. 结构化数据 B. 非结构化数据
   C. 半结构化数据 D. 格式化数据
9. 在大数据中，数据价值密度的特点是（　　）。
   A. 高 B. 低
   C. 适中 D. 不可预测
10. 关于大数据的真实性（Veracity）的描述错误的是（　　）。
    A. 表示数据的虚假性 B. 表示数据的可信赖度
    C. 表示数据的准确性 D. 是数据分析的基础
11. 在云计算中，（　　）用于保证数据的高可靠性。
    A. 虚拟化技术 B. 分布式技术
    C. 负载均衡技术 D. 容器化技术
12. 在云计算服务模型中，SaaS代表（　　）。
    A. 软件即服务 B. 基础设施即服务
    C. 平台即服务 D. 网络安全即服务
13. 下列选项中不是云计算的特点的是（　　）。
    A. 弹性伸缩 B. 高可靠性
    C. 数据本地化 D. 按需自助服务
14. （　　）不是云计算的主要优势。
    A. 降低成本 B. 灵活性和可扩展性
    C. 数据高度集中 D. 提高效率
15. 在云计算服务中，PaaS指的是（　　）。
    A. 软件即服务 B. 网络安全即服务
    C. 平台即服务 D. 基础设施即服务

二、多选题
1. ChatGPT在（　　　　）领域展现出令人惊艳的可靠性、高效性与逻辑性。

A. 文本生产 B. 数据分析
C. 代码编写 D. 医疗诊断
2. 人工智能的关键技术包括(　　　　)。
A. 机器学习 B. 深度学习
C. 自然语言处理 D. AI 芯片
3. 人工智能技术的广泛应用带来的影响包括(　　　　)。
A. 导致了大量失业 B. 改变了人们的生活方式
C. 提高了生产效率 D. 推动了科技进步
4. 人工智能的定义中提到的能力包括(　　　　)。
A. 会听 B. 会看
C. 会做饭 D. 会思考
5. 在人工智能的发展过程中,(　　　　)事件标志着重要的里程碑。
A. 深蓝战胜国际象棋世界冠军 B. 互联网的普及
C. ChatGPT 的发布 D. AlphaGo 战胜围棋世界冠军
6. 大数据的主要特征包括(　　　　)。
A. 数据量大 B. 数据类型繁多
C. 数据价值密度高 D. 数据处理速度快
7. 大数据处理过程中可能涉及的步骤有(　　　　)。
A. 数据采集 B. 数据清洗
C. 数据存储 D. 数据挖掘
8. 在下列选项中,(　　　　)技术可以用于大数据的存储。
A. 分布式文件系统 B. 关系型数据库
C. 云计算 D. 内存数据库
9. 在大数据分析中,(　　　　)因素可能决定数据价值的高低。
A. 数据量的大小 B. 数据类型的多样性
C. 数据分析的深度 D. 数据处理的速度
10. 在下列选项中,(　　　　)技术或工具可能用于大数据的采集。
A. 传感器 B. 网络爬虫
C. 数据库连接器 D. API 接口
11. (　　　　)的云服务提供商来自中国。
A. AWS B. 阿里云
C. 腾讯云 D. 华为云
12. 云计算的主要优势包括(　　　　)。
A. 降低成本 B. 灵活性和可扩展性
C. 数据高度集中 D. 提高效率
13. (　　　　)属于云计算的服务模型。
A. IaaS B. PaaS
C. SaaS D. FaaS

14. 云安全技术通过（　　　　）帮助保护云计算环境。
    A. 防止恶意攻击　　　　　　B. 保护数据完整性
    C. 确保系统可用性　　　　　D. 提高硬件性能
15. 云安全技术可能涉及的领域有（　　　　）。
    A. 防火墙　　　　　　　　　B. Web 渗透
    C. 漏洞攻击　　　　　　　　D. 数据加密

实训项目 9 数字媒体技术与虚拟现实技术的应用

【项目概述】

数字媒体技术与虚拟现实技术是当今信息技术领域的热点,它们的应用正在逐渐改变人们的生活方式和工作模式。数字媒体技术涵盖了图像处理、音频和视频编辑、动画设计等多个方面,而虚拟现实技术则通过模拟真实环境,为用户提供了沉浸式的体验。本项目将围绕数字媒体技术与虚拟现实技术的应用展开,通过实践操作,使学习者掌握相关技能,提升信息素养和创新能力。

【项目目标】

知识目标

1. 掌握主流数字媒体编辑软件的操作方法。
2. 熟悉虚拟现实技术及其应用平台的运用。
3. 了解信息技术应用,提升信息技术素养。

技能目标

1. 能够使用数字媒体处理软件进行简单的视频制作。
2. 能够使用虚拟现实应用平台获取资讯。

素养目标

1. 具备理解能力和审美能力。
2. 具备创新思维和创造能力。

任务 9.1 制作古诗词短视频

PPT:
制作古诗词
短视频

【任务概述】

小刘同学一直对中国古典诗词情有独钟,近期通过学习数字媒体技术,他突发奇想,计划结合这两者的爱好,制作一系列古诗词短视频,希望结合古诗词的意境和情感,运用画面、音效和文字等多种元素,营造出一种独特的氛围,通过本任务,进一步加深对古诗词的理解和感悟。通过制作这些短视频,不仅能够提升自身数字媒体技术的实践能力,还能够更加深入地领略中国古典诗词的精髓和内涵。本任务使用剪映个人计算机端软件制作《游子吟》朗诵的短视频,视频截图如图 9-1 所示。

实训项目 9　数字媒体技术与虚拟现实技术的应用

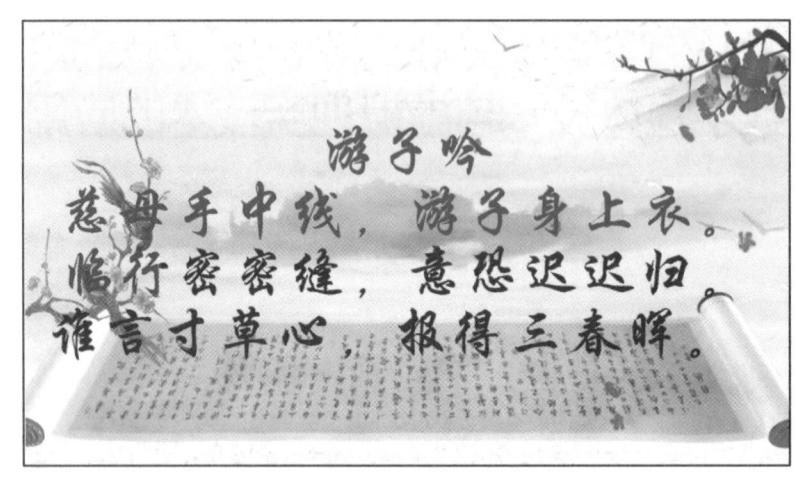

图 9-1　《游子吟》短视频最终效果

【任务实施】

1. 下载安装软件

在其官方网站下载剪映视频制作软件，下载完成后，将软件安装到指定的位置。

2. 使用软件

（1）打开剪映软件

该软件的启动页面如图 9-2 所示，本软件在使用过程中需要联网，应保证网络通畅，否则会有很多效果不能下载到应用程序。

微课 9-1　制作古诗词短视频

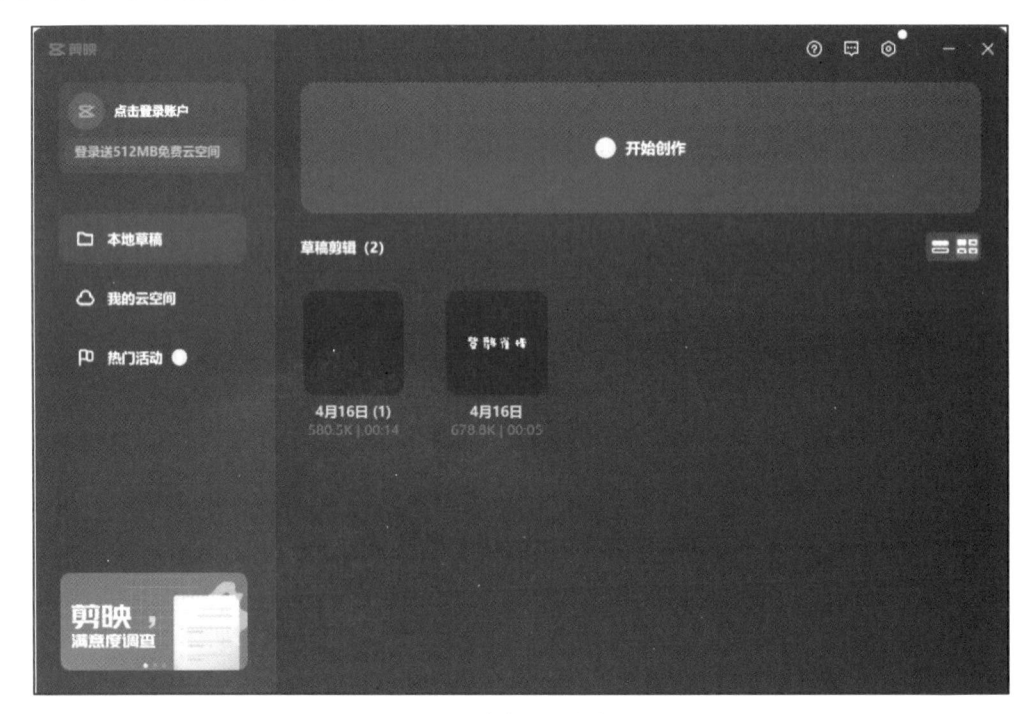

图 9-2　剪映软件启动界面

如果要长期使用本软件,可以登录账号,剪映的账号与抖音账号是互通的。登录账号后可以在多终端设备上同步数据。

(2)认识软件界面

单击开始页面上的"开始创作"按钮,进入视频编辑的工作页面,如图9-3所示。

图9-3 剪映软件工作界面

该工作页面主要分以下四大部分:

① 媒体库:用于存放和管理各种媒体素材,如视频片段、图片、音频文件和文本等。素材可以从媒体库中拖曳到时间线中,进行进一步的编辑。

② 时间线面板:是编辑过程中的核心区域,用于对素材进行排序、裁剪和其他编辑操作。每个轨道都可以独立调整,以实现复杂的编辑效果。

③ 预览窗口:实时显示编辑效果,使得编辑操作的反馈即时可见,便于进行调整和优化。

④ 效果库:其包含了丰富的视频效果、转场、滤镜和标题模板等资源,可以根据需要选取并应用到素材中,以增强视觉效果。

3. 制作《游子吟》诗词视频

(1)添加视频背景

在媒体库区单击"媒体"按钮,在下方选择"素材库"选项卡,在右侧的搜索框中输入"中国古风梅花卷轴背景",按Enter键,选择搜索到的第1个素材,单击右下角的"+"按钮,将素材添加到时间线面板中,在预览区可以看到预览效果,如图9-4所示。

(2)添加《游子吟》文字及效果

在媒体库区单击"文本"按钮,在下方选择"默认"选项卡,将光标移动到右侧窗口中"默认文本"的右下角的"+"号,将文字添加到时间线面板中。将光标移动到右侧"效果库"窗口中,在包含"默认文字"字的文本框中输入"游子吟"诗句,换行时,可直接按Enter键。完成后,可以调整字体为"毛笔行楷,16 磅",字体颜色为"黑色"。在效果库中切换到动画,在"入场"选项区内找到"卡拉 OK",双击添加该动画。继续在效果库中切换到"朗读",找到"萌娃"效果,单击其下方"开始朗读"按钮,完成后在"时间线"面板添加一个音轨轨道。完成界面如图 9-5 所示。

图 9-4　插入"背景"素材

图 9-5　设置"文字"及效果

（3）调整时间线

① 在时间线面板上选中文本轨道，将文本轨道的时间长度调整至与"游子吟"朗读声音轨道长度一致。单击效果库中的"动画"标签，将动画时长调整至与文本轨道相同。

② 选择背景轨道，然后在其右键菜单中选择"复制"命令，接着在时间线面板上单击右键，在弹出的快捷菜单中选择"粘贴"命令，将复制的背景轨道粘贴到时间线面板上，然后单击该背景轨道并按住鼠标左键，将新粘贴的背景轨道的起始点拖动与之前轨道结束点对齐，再将该轨道上超过"游子吟"朗读声音的部分拖到与之对齐。

③ 降低背景音乐音量。选中一个背景轨道后，按住 Ctrl 键选中另一个背景轨道，在效果库中找到并单击"音频"标签，将音量调整到 –10 dB。单击预览窗口的"播放"按钮，查看视频效果。完成后的界面如图 9-6 所示。

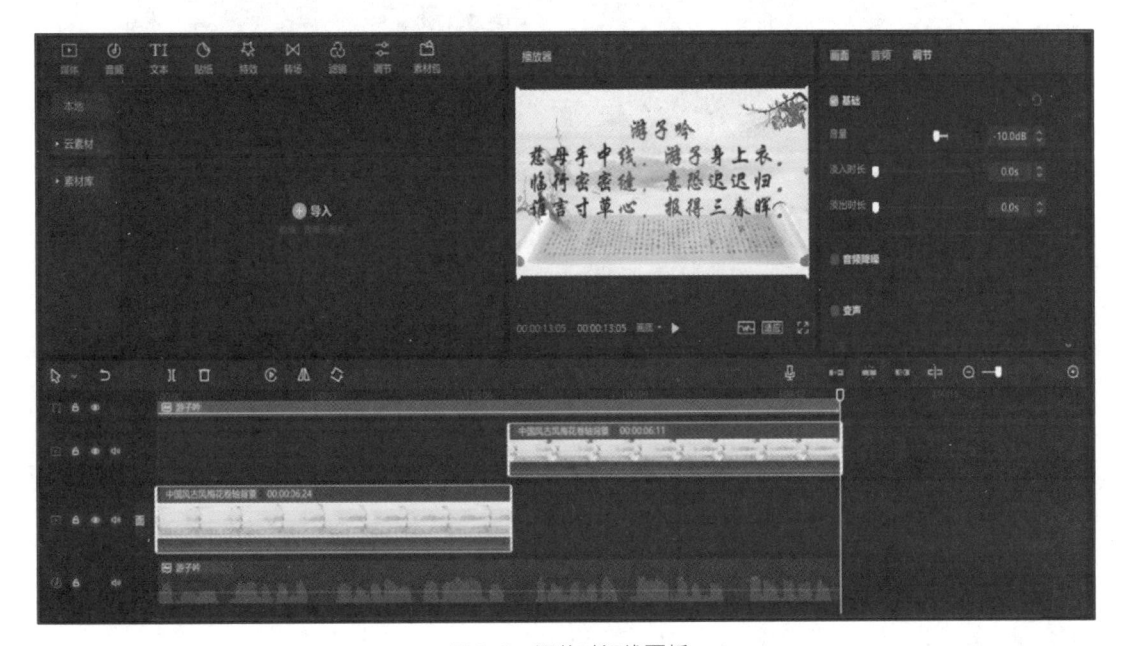

图 9-6　调整时间线面板

4. 导出《游子吟》诗词视频

完成视频的制作后，在软件界面顶部的菜单栏中选择"文件"→"导出"命令，打开如图 9-7 所示的"导出"对话框。

在该对话框中可以设置作品名称、导出位置、分辨率、码率、编码、格式、帧率等视频参数设置。设置完成后，单击"导出"按钮，即可将视频导出，视频至此制作完成。

【任务拓展】

在信息爆炸的时代，短视频成为了人们获取信息的主流方式之一。请制作一个学校简介短视频，全面展示对学校的认识。

任务步骤：

（1）确定视频的主题和内容，要展示的学校特色和学生生活。

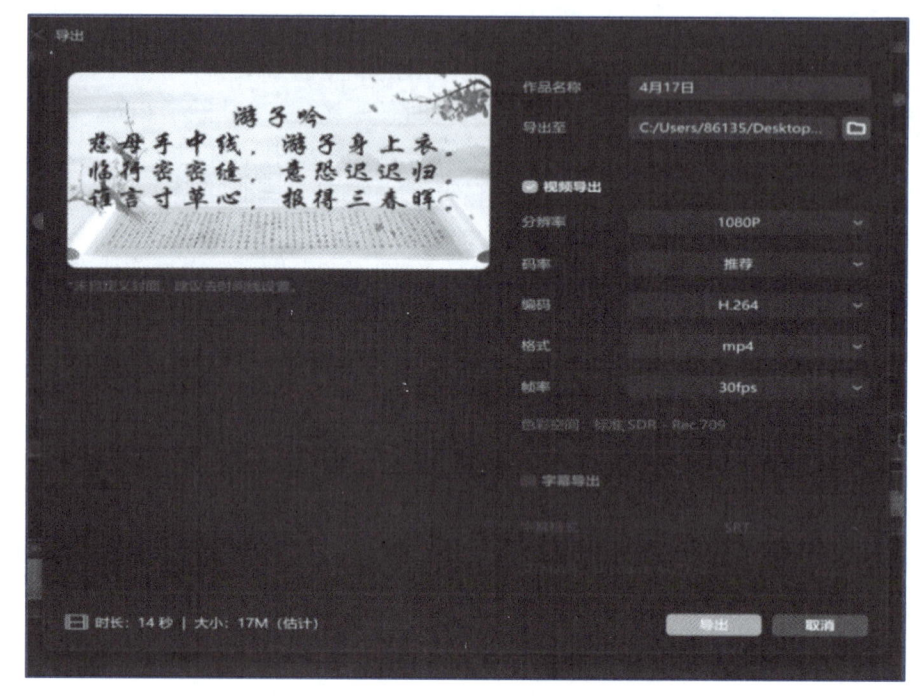

图 9-7　视频导出设置界面

（2）搜集学校的相关资料，包括发展历程、课程等。
（3）在校园实地拍摄，包括校园风光、教学场景、学生活动等。
（4）剪辑视频，添加必要的字幕、特效和背景音乐。
任务要求：
（1）突出学校的独特之处，如学校特色、校园文化等。
（2）介绍学校的教育质量，包括师资力量、课程设置、教学设施等。
（3）展示图书馆、实验室、体育设施等重要校园设施。
（4）将收集素材制作成视频，视频时长建议控制在 3～5 分钟以内。

任务 9.2　体验全景故宫

PPT：
体验全景
故宫

【任务概述】

小刘同学即将迎来大三暑假的游学之旅，目的地是历史悠久的北京。为了确保此次游学之旅充实而有意义，他提前做了周密的准备。故宫作为北京的文化地标，自然是此行的必游之地。为了能在游玩时深入了解故宫的每一个细节，小刘计划借助虚拟现实技术（Virtual Reality，VR），提前进行一次故宫的全景之旅。

【任务实施】

全景故宫是一项利用信息技术手段对故宫进行全景拍摄和呈现的项目。通过虚拟现实技术，即可在计算机或移动设备上浏览故宫的各个角落，感受身临其境的游览体验。

1. 进入"全景故宫"页面

① 使用个人计算机端访问网页。使用信息检索技术查找全景游故宫的相关资源。通过百度搜索"全景故宫"，打开"全景故宫"的官方网页，如图9-8所示。

图9-8 "全景故宫"网页

② 使用手机端访问。在微信中搜索"故宫博物院"小程序，在页面中找到"全景故宫"按钮，如图9-9所示，单击进入即可。

图9-9 "全景故宫"微信小程序页面

微课9-2
体验VR全景故宫

2. 体验"虚拟游故宫"

① 在页面的右上角找到"故宫概述"页面,单击进入,将打开"故宫博物院"的概述页面,如图 9-10 所示,在该页面中,可以单击"外朝"或"内廷"按钮,仔细阅读,以进一步了解故宫。

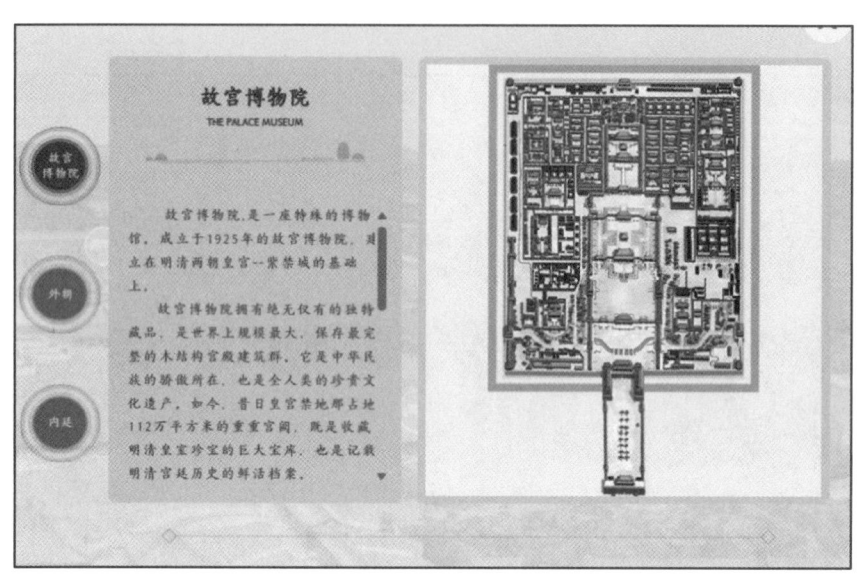

图 9-10 "故宫博物院"的概述页面

② 设计游览线路。为了更好地对"故宫"进行游览,小刘打开了百度地图网页版,搜索"故宫",并在地图上标记了自己计划的游览线路,如图 9-11 所示。

③ 在"全景故宫"网页中,可浏览故宫的各个场景,通过鼠标或手势操作进行视角的切换和移动。可以仔细观察故宫的建筑风格、装饰细节和文物陈列,了解故宫的历史和文化内涵。可以尝试网页中提供的交互功能,如缩放、旋转等,以获得更加丰富的视觉体验。

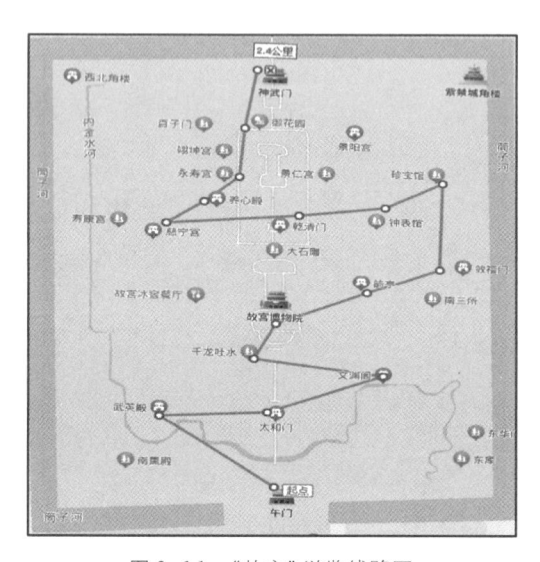

图 9-11 "故宫"游览线路图

操作过程为：单击对应的图标进入到实景中，例如，单击"太和殿"图标，即可进入太和殿广场的实景，如图 9-12 所示。此时可以按住鼠标左键不放，上下左右移动光标，可以 360° 全景观看太和殿，也可以单击页面中的"旋转"按键，自动地进行旋转播放实景图片。单击"进入太和殿"按钮，可以进入到"太和殿"室内实景。

图 9-12 "全景故宫"操作页面

【任务拓展】

手机体验百度希壤元宇宙。百度希壤是百度公司推出的一款元宇宙产品，它提供了一个沉浸式的虚拟空间，与物理世界平行。在这个空间中，用户可以创建专属的虚拟形象，并参与各种活动，如听会、逛街、交流和看展等。百度希壤的开发基于百度对元宇宙项目的深入研究，目的是为用户提供一种全新的虚拟体验。

请在手机上完成以下操作：

1. 在手机端下载并安装百度 App，同时注册一个百度账号。
2. 访问百度希壤的官方网站，以了解希壤元宇宙的产品特性、应用场景和未来发展计划。
3. 利用平台提供的工具或选项创建自己的虚拟形象，可以自定义外貌、服饰和动作等。
4. 在希壤元宇宙中自由移动，探索包括城市街道、公园、广场在内的各种虚拟场景。
5. 利用希壤元宇宙的拍照或录像功能，记录自己在虚拟世界中的精彩时刻。
6. 将照片或视频整理成体验报告或分享日志，详细描述在希壤元宇宙中的观察、经历和感受。

任务 9.3 数字媒体技术与虚拟现实技术的应用基础知识测验

单选题

1. 虚拟现实（VR）技术的核心特点是（　　）。
   A. 交互性　　　　　　　　　　　　B. 真实性
   C. 沉浸感　　　　　　　　　　　　D. 立体感

2. 虚拟现实技术中的 3D 建模指的是（　　）。
    A. 使用二维图像创建三维效果　　　　B. 使用三维软件创建虚拟世界的对象
    C. 将现实世界的物体转化为数字模型　　D. 将三维图像转化为二维图像
3. 增强现实（AR）技术与虚拟现实（VR）技术的主要区别是（　　）。
    A. AR 是真实的，而 VR 是虚拟的
    B. AR 在真实环境中添加虚拟元素，而 VR 创建完全虚拟的环境
    C. AR 需要特殊眼镜，而 VR 不需要
    D. AR 用于游戏，而 VR 用于教育
4. 在数字媒体技术中，"数字动画"是指（　　）。
    A. 静态的图片序列
    B. 使用数字技术创建的动态图像
    C. 将真实世界的动作转化为数字形式
    D. 对数字图像进行色彩调整
5. 数字媒体技术中的"压缩技术"的主要目的是（　　）。
    A. 提高图像质量　　　　　　　　　　B. 减少文件大小
    C. 增加音频的采样率　　　　　　　　D. 加快数据处理速度
6. 数字媒体中技术的"分辨率"通常指的是（　　）。
    A. 图像或视频的清晰程度　　　　　　B. 音频的采样率
    C. 数据传输的速度　　　　　　　　　D. 设备的存储容量
7. 在数字媒体技术中，（　　）格式常用于存储静态图像。
    A. MP3　　　　　　　　　　　　　　B. AVI
    C. JPEG　　　　　　　　　　　　　　D. WAV
8. 虚拟现实技术中的"沉浸式体验"主要依赖的因素是（　　）。
    A. 高质量的音频　　　　　　　　　　B. 高速的数据传输
    C. 逼真的视觉呈现　　　　　　　　　D. 大容量的存储设备
9. 数字动画中使用的"帧"是指（　　）。
    A. 静态的图像　　　　　　　　　　　B. 动态的图像
    C. 视频的音频部分　　　　　　　　　D. 数字文件的大小单位
10. 在数字媒体开发中，以下（　　）软件主要用于跨平台游戏开发。
    A. Adobe Photoshop　　　　　　　　B. AutoCAD
    C. Blender　　　　　　　　　　　　D. Unity
11. 下列选项中不是全景故宫提供的功能是（　　）。
    A. 缩放　　　　　　　　　　　　　　B. 旋转
    C. 游戏互动　　　　　　　　　　　　D. 视角切换
12. 数字媒体技术通常不包括（　　）。
    A. 图像处理　　　　　　　　　　　　B. 音视频编辑
    C. 动画设计　　　　　　　　　　　　D. 建筑设计
13. 虚拟现实技术主要通过（　　）提供用户体验。

A. 2D 显示 　　　　　　　　　B. 3D 模型
C. 沉浸式体验　　　　　　　　D. 文本交互

14. 在制作古诗词短视频的任务中,小刘同学主要应用了(　　)软件。
    A. Photoshop　　　　　　　　B. Premiere
    C. 剪映　　　　　　　　　　D. After Effects

15. 通过制作古诗词短视频,主要提升了(　　)。
    A. 写作能力　　　　　　　　B. 数字媒体技术的实践能力
    C. 体育活动能力　　　　　　D. 财务规划能力

参 考 文 献

［1］眭碧霞．信息技术基础（WPS Office）[M]．2版．北京：高等教育出版社，2021．
［2］敖建华，叶聪，杨青．信息技术基础[M]．2版．北京：高等教育出版社，2024．
［3］武马群，贾清水，刘瑞新．信息技术基础（WPS Office）[M]．北京：高等教育出版社，2024．
［4］钟正，冯思佳，曹兰．体验式教学理念下全景技术融入语文教学的路径分析——以《故宫博物院》为例[J]．中国信息技术教育，2022（22）:72-75．
［5］沈金萍，杨宇卓．产业平台的元宇宙先行实践——百度希壤的创新方向及应用展望[J]．全媒体探索，2023（1）:23-24．
［6］王志军．WPS Office 2019使用全攻略[J]．电脑知识与技术（经验技巧），2019（8）．
［7］精英资讯．WPS Office高效办公从入门到精通（微课视频版）[M]．北京：中国水利水电出版社，2023．
［8］喻晓和．虚拟现实技术基础教程[M]．2版．北京：清华大学出版社，2017．
［9］杨忆泉．数字媒体技术应用基础教程[M]．北京：机械工业出版社，2023．
［10］张寺宁．大数据技术导论[M]．西安：西安电子科技大学出版社，2021．
［11］刘鹏．云计算[M]．3版．北京：电子工业出版社，2020．

郑重声明

高等教育出版社依法对本书享有专有出版权。任何未经许可的复制、销售行为均违反《中华人民共和国著作权法》，其行为人将承担相应的民事责任和行政责任；构成犯罪的，将被依法追究刑事责任。为了维护市场秩序，保护读者的合法权益，避免读者误用盗版书造成不良后果，我社将配合行政执法部门和司法机关对违法犯罪的单位和个人进行严厉打击。社会各界人士如发现上述侵权行为，希望及时举报，我社将奖励举报有功人员。

反盗版举报电话　（010）58581999　58582371
反盗版举报邮箱　dd@hep.com.cn
通信地址　北京市西城区德外大街 4 号　高等教育出版社知识产权与法律事务部
邮政编码　100120

读者意见反馈

为收集对教材的意见建议，进一步完善教材编写并做好服务工作，读者可将对本教材的意见建议通过如下渠道反馈至我社。

咨询电话　400-810-0598
反馈邮箱　gjdzfwb@pub.hep.cn
通信地址　北京市朝阳区惠新东街 4 号富盛大厦 1 座　高等教育出版社总编辑办公室
邮政编码　100029

资源服务提示

授课教师如需获得本书配套的课程标准、授课用 PPT、案例素材等教学资源，请登录"高等教育出版社产品信息检索系统"（xuanshu.hep.com.cn）搜索下载，首次使用本系统的用户，请先进行注册并完成教师资格认证。